Wunderuhren

Manfred Schukowski

WUNDER UHREN

Astronomische Uhren in Kirchen der Hansezeit

THOMAS HELMS VERLAG

Bibliografische Informationen der Deutschen Bibliothek
Die Deutsche Bibliothek verzeichnet diese Publikation in der Deutschen Nationalbibliografie; detaillierte bibliografische Daten sind im Internet über *http://dnb.ddb.de* abrufbar.

Wallstraße 46, D-19053 Schwerin
0385^TEL^564272 0385^FAX^564273
thv@thv.de
www.thv.de

Druck: Digital Design GmbH, Schwerin
Stein + Lehmann, Die Buchbinder, Berlin

ISBN 3-935749-03-1

Inhalt

Die Bilder gleichen sich: Täglich stehen Besucher bewundernd und fragend vor den monumentalen astronomischen Uhren. Wohl jeder empfindet spontanen Respekt vor den Leistungen derjenigen, die diese »Wunderuhren« vor 600, 500 oder 400 Jahren planten, erbauten und gestalteten. Aber was wird angezeigt? Warum fehlt der Minutenzeiger? Warum dreht sich der Stundenzeiger in Münster ›falsch‹ herum? Was bedeuten die verwirrend vielen Linien auf manchen der Uhrscheiben? Und dann die unverständlichen Zahlen-, Buchstaben- und Datenkolonnen auf den Kalenderscheiben! Um diese und weitere Fragen wird gerätselt, oder sie bleiben offen.
Dies Buch ist aus der Absicht erwachsen, Antworten zu geben und Zusammenhänge darzustellen. Wohl gibt es gute Monografien zu einzelnen dieser Uhren (Danzig, Lübeck, Lund, Münster, Rostock), aber das Übergreifende bleibt vielfach offen. Mit dieser Zusammenstellung soll auf diese einmaligen technischen, wissenschaftlichen und künstlerischen Denkmale aufmerksam gemacht und zu ihrem Verstehen beigetragen werden. Denn die Beachtung durch die Besucher und das Verständnis für sie sind der beste Dank sowohl an ihre Erbauer als auch an diejenigen, die sich für ihren Erhalt oder ihre Wiederherstellung eingesetzt haben. Und letztlich rechtfertigt die öffentliche Aufmerksamkeit die Mühen derjenigen, die diese Uhren in unauffälliger, zuverlässiger Arbeit über Jahre hinweg pflegen und ihr Bestehen sichern.
In Deutschland sind die monumentalen mittelalterlichen astronomischen Uhren in zwei Gebieten konzentriert: Im hansischen Raum finden sie sich in Kirchen, in Baden-Württemberg an Rathäusern. Außerdem gibt es in Mittel- und Süddeutschland eine ganze Anzahl repräsentativer Uhren, deren astronomische Anzeige sich auf die Mondphase beschränkt. Sie sind überwiegend an Rathäusern angebracht.
In diesem Buch konzentriere ich mich auf die astronomischen Monumentaluhren in hansischen Kirchen. Sie sollen miteinander verglichen und ihre Gemeinsamkeiten und Unterschiede dargestellt werden. Im ersten Teil des Buches steht die vergleichende Analyse im Vordergrund. Im zweiten Teil werden Geschichte, Aussehen und Anzeigen der einzelnen Uhren dargestellt. Neben den vollständig oder weitgehend existierenden Uhren von Danzig, Lübeck (Dom), Lund, Münster, Rostock, Stendal und Stralsund (St. Nikolai) sind das die Uhren von Doberan, Stralsund (St. Jakobi) und Wismar (St. Nikolai), von denen nur noch Reste vorhanden sind. In die Darstellungen werden auch die im Zweiten Weltkrieg zerstörten Uhren von Lübeck (St. Marien und St. Petri) und Wismar (St. Marien und St. Georgen) einbezogen. Zum einen gewinnen die Aussagen, wenn ein möglichst großer Teil der Kirchenuhren des hansischen Raumes betrachtet wird. Zum anderen scheint mir notwendig, die Erinnerung an diese kulturgeschichtlich bedeutenden Objekte wachzuhalten, bevor sie gänzlich vergessen werden.
Eine Sonderrolle nimmt die neue Lübecker Marienkirchuhr ein. Sie entstand erst in der 2. Hälfte des 20. Jahrhunderts. Aber eine genaue Betrachtung zeigt, dass sie in vielen Details an ihre Vorgängeruhr erinnert. Eine weitere moderne astronomische Uhr wird erwähnt, um die Besucher der Domuhr Lund aufmerksam zu machen, dass es in der Nähe eine bemerkenswerte moderne astronomische Uhr gibt. Schließlich wird begründet, warum ich vermute, dass es in der Stralsunder Marienkirche ehemals eine astronomische Uhr gab, auf die es nur noch indirekte Hinweise gibt.
Das Material zu diesem Buch ist in vielen Jahren gewachsen. Ihm liegen Literatur- und Archivstudien und ungezählte Beobachtungen und Untersuchungen an und in den Uhren zugrunde. Ich bin dankbar für die mir in den Stadtarchiven von Rostock, Stralsund und Wismar, vom Museum für Kunst- und Kulturgeschichte der Hansestadt Lübeck und vom Stadtgeschichtlichen Museum Wismar gegebene Unterstützung. In den Kirchgemeinderäten und bei den Pastoren der Kirchen fand ich Verständnis und Entgegenkommen.
Besonders wichtig waren mir der langjährige Gedankenaustausch mit Professor Dr. Andrzej Januszajtis aus Danzig, Pastor i.R. Ulrich Nath aus Rostock, Diplomingenieur Herbert Schmitt aus Ulm und dem Gymnasiallehrer i.R. Otto-Ehrenfried Selle aus Münster. Ihnen verdanke ich wichtige Anregungen zu diesem Buch. Darüber hinaus bin ich weiteren Persönlichkeiten und Institutionen dankbar, die mich in scheinbaren Detailfragen berieten, mir Einsicht in ihre Materialien gewährten oder anderweitig halfen. Mein besonderer Dank gilt dem Verlag. Herr Thomas Helms und Frau Prof. Dr. Sabine Bock haben nicht nur das Erscheinen dieses Buches ermöglicht, sondern sich darüber hinaus als ausgewiesene Fachleute seiner Gestaltung angenommen.

Rostock, Dezember 2005 — *Manfred Schukowski*

Was ist Zeit?
»Wenn mich niemand danach fragt, weiß ich es; will ich es einem Fragenden erklären, weiß ich es nicht.«
Aurelius Augustinus (354–430)

Mittelalterliche Uhrmacherwerkstatt.

Nachrichtenmittel in den mittelalterlichen Städten

Zur Erfindung der Uhren

Seit wann gibt es Uhren? Vor der Antwort auf diese Frage steht die Verständigung darüber, was unter Uhren zu verstehen ist. »Uhren = Zeitmesser« wäre offenbar zu weit gefasst, denn der Ablauf der Zeit lässt sich durch die Bewegung der Sonne am Taghimmel, durch das Abbrennen einer Kerze, durch die Menge auslaufenden Wassers oder rinnenden Sandes – kurz: durch jeden einigermaßen regelmäßigen Vorgang messen. In der Tat wurden und werden Sonne, Kerze, Wasser und Sand zur Zeitmessung verwendet. Aber solche ›Uhren‹ sind mit der obigen Frage nicht gemeint. Sie zielt vielmehr auf die mechanischen Uhren mit Rädern, Gewicht und Hemmung. Diese neue Art Uhr tauchte im letzten Drittel des 13. Jahrhunderts aus dem »Dunkel der Geschichte«. Das ist ein bildhaft verschwommener, aber nicht unberechtigter Ausdruck. Denn weder der oder die Erfinder noch der (die) Ort(e) der Erfindung sind bekannt.
So unauffällig die Räderuhren erschienen, so rasant war ihr Siegeszug, insbesondere in den Städten. In der 2. Hälfte des 14. Jahrhunderts gehörte wenigstens eine öffentliche Uhr zur Standardausstattung jeder Stadt, die auf sich hielt.

Räderuhren mit Hemmung – mittelalterliches Hightech

Wellen, Seilrollen, gezähnte Räder und Zahnradverbindungen (Getriebe) waren im 13. Jahrhundert von Wasseruhren (Klepsydren), Mühlen und aus dem Bergbau bekannt. Das entscheidend neue Element der Räderuhren war die Hemmung. Wird an ein von einem Räderwerk aufgewickeltes Seil ein Gewicht gehängt, so drehen sich die Räder mit wachsender Geschwindigkeit, wenn das Gewicht frei fallen kann. Eine solche Belastung hält kein Getriebe lange aus. Bringt man am Räderwerk aber zusätzlich eine Hemmung an (z. B. aus Waag, Spindel und Steigrad bestehend), so geschieht folgendes:

❋ Das vom Gewicht angetriebene Räderwerk läuft nicht mehr ungebremst, sondern in gleichförmigen kleinen Schritten ab.

❋ Das Gewicht setzt dabei über das Räderwerk (Getriebe) das Steigrad in Bewegung. Ein Zahn des Steigrades liegt an einem Lappen der Spindel an und nimmt diesen in Drehrichtung mit. Die mit der Spindel verbundene Waag wird ebenfalls in Drehung versetzt. Bei einem bestimmten Drehwinkel der Spindel gleitet der Steigradzahn am Spindellappen vorbei. Währenddesssen fängt der zweite Spindellappen der Spindel die Fallbewegung des Steigrades auf. Die Waag wird durch den Widerstand des Steigradzahnes gebremst und dann in die entgegengesetzte Richtung gedreht, bis der Steigradzahn erneut am Spindellappen vorbeigleitet. Dabei ist der erste Spindellappen wieder in die Ausgangsstellung zurück geschwungen und fängt den nächsten fallenden Steigradzahn auf. Der Vorgang beginnt von vorn: Bremsen der Waagschwingung, Einleiten der entgegengesetzten Drehrichtung usw. Durch die Hemmung wird erreicht, dass die im hochgezogenen Gewicht gespeicherte potenzielle Energie über das Räderwerk in kleinen Portionen zum Antrieb der Waag verwendet wird, welche ihrerseits durch ihre träge Masse den ungebremsten Ablauf des Räderwerkes verhindert. So schwer sich dieser Vorgang beschreiben läßt, so wirkungsvoll hat er sich in der Praxis erwiesen. Der Geist hatte die »Schwerkraft … mit listigen Strichen zu melken begonnen. … Wer die Hemmung ersann, muß als Erfinder der Uhr gelten« (Ernst Jünger, 1954).
Die hier skizzierte Spindel-Waag-Hemmung hat sich als Regler an Turmuhren über rund vier Jahrhunderte (!) bewährt. Dann wurden die schwingende Waag durch das Pendel und Spindel und Spindelrad

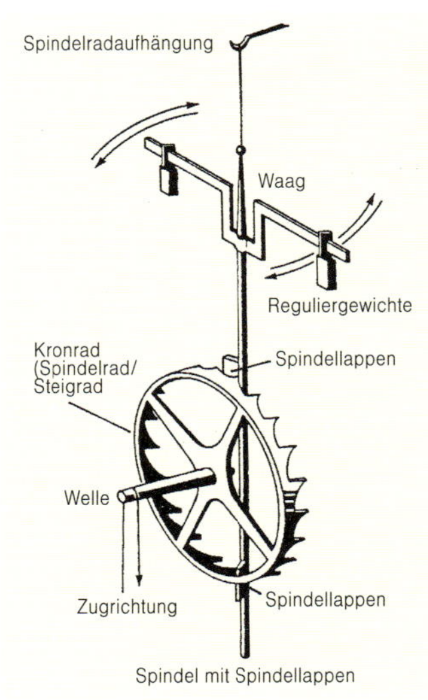

◁◁◁ Spindel-Waag-Hemmung.

◁◁ Rostock, Marienkirche, Pendel-Haken-Hemmung im Werk der Uhr, 1710 eingesetzt.

◁ Das Zifferblatt der astronomischen Uhr im Doberaner Münster zeigt die ungleich langen (temporalen) und die gleich langen (äquinoktialen) Stunden an.

durch effektivere Hemmungen ersetzt. Das Werk der Rostocker astronomischen Uhr z.B. wurde 1710 durch eine Pendel-Haken-Hemmung auf den technisch neuesten Stand gebracht. Am Prinzip der Uhr hat sich dadurch nichts geändert. Es hat sich seit 700 Jahren bis heute behauptet. Schon das rechtfertigt, von mittelalterlichem Hightech zu sprechen.

Wird die hohe Kunst der Schmiede hinzugenommen, die aus Eisenstücken mit ihrer Hände Kraft und Können Räder mit bis zu 379 Zähnen schufen, das Wissen der Mathematiker und Astronomen, die die Räderwerke so berechneten, dass sie den Lauf der Himmelskörper wiedergaben, der Künstler, die diese Uhren schmückten – so wird die obige Feststellung nur bekräftigt.

Änderungen des Zeitbewußtseins und der Tageseinteilung

Die Uhr der Bauern, der Burgherren und der Mönche war die Sonne. Die beginnende und endende Tageshelligkeit bestimmte den Lebensrhythmus auf dem Lande.

In den Klöstern mit ihren strengen Vorschriften zu den kanonischen Tagzeiten mit den Stundengebeten war das schon schwieriger. Die Benediktsregel z.B. wies sieben Gebetszeiten (Horen) aus, die mit der Matutin eine Stunde vor Sonnenaufgang in der Morgendämmerung begannen und mit der Komplet bei Sonnenuntergang endeten.

Obwohl der Tagesablauf auch hier vom Sonnenlauf bestimmt wurde, war die Tageseinteilung verfeinert. Das Bedürfnis nach einem objektiven Zeitmesser war größer. Tatsächlich ist die Vermutung nicht unbegründet, die Hemmung sei von Mönchen erfunden worden.

Anders war die Situation in den Städten. Das Zusammenleben von einigen tausend Menschen schuf Abhängigkeiten, forderte eine regelnde und organisierende städtische Verwaltung. Ganz besonders traf das für die handwerkliche Produktion und den Handel zu. Zeitpunkte und Zeiträume wurden zu Faktoren der inneren Ordnung, der Produktivität und der Geschäftstätigkeit. Für die Hansestädte, deren wirtschaftliche Lage ganz entscheidend vom Handel und vom Gang der Geschäfte bestimmt wurde, traf das in besonderem Maße zu.

In den Städten änderte sich das Zeitbewusstsein. Zeit wollte genutzt sein. Der Spruch »Zeit ist Geld« hat hier eine Wurzel.

In dieser Situation kamen die neuartigen Räderuhren wie gerufen. Mit ihrer Hilfe gelang die Organisation des Stadtlebens effektiver und erfolgreicher. Hier liegt der entscheidende Grund für den Siegeszug der mechanischen Uhren im 14. Jahrhundert in praktisch allen bedeutenden Städten.

Mit der Entwicklung eines neuen Zeitbewusstseins ging die allmähliche Abkehr von der herkömmlichen zu einer zweckmäßigeren Tageseinteilung einher. Bis dahin wurde jeder lichte Tag zwischen Sonnenaufgang und -untergang in zwölf Stunden geteilt – ganz gleich, ob es sich um Sommer- oder Wintertage handelte. Die Tagesstunde war in unseren Breiten darum im Sommer doppelt so lang wie im Winter. So merkwürdig uns das heute auch erscheint – bis ins 15. Jahrhundert waren den Menschen diese temporalen oder ungleichen, auch ka-

▷ *Die Nikolaikirche in Rostock besaß ehemals eine Turmuhr. (Aus dem Prospect der Stadt Rostock des Zacharias Voigt von 1737.)*

▷▷ *Die Schlagglocken auf den Türmen der Marienkirche Rostock. (Aus der Bildfolge des Vicke Schorler, 1578/86.)*

nonisch genannten Stunden ganz selbstverständlich. Die Forderung nach einheitlichen, vergleichbaren Stunden hängt wiederum mit den Bedürfnissen von Handel und Produktion zusammen. Auch hier brachte die Räderuhr mit ihrem gleichmäßigen Ablauf Hilfe. Der Tag ließ sich nun unabhängig von Helligkeit oder Dunkelheit in eine Anzahl immer gleichlanger (= äquinoktialer) Stunden einteilen, deren Ablauf hörbar und sichtbar gemacht werden konnte.
Es muss gesagt werden, dass sich dieser Prozess der Änderung des Zeitbewusstseins und der Tageseinteilung ganz allmählich, im Zeitraum von rund 150 Jahren vollzog. An der Stralsunder Uhr von 1394 (160 Jahre nach der Stadtgründung) z. B. finden sich sowohl die Linien der Temporalstunden wie der Ziffernring der Äquinoktialstunden – Beleg dafür, dass damals in den Hansestädten neben der ›modernen‹ auch noch die alte Stundenzählung lebendig war.

Uhren und Glocken regelten das städtische Leben

Uhren erleichterten und verbesserten die Organisation des städtischen Lebens. Seit jeher waren Glocken und Hörner Signalgeber in den Städten: Die Kirchenglocke rief zu Gottesdiensten und Gebeten, die Torglocke kündete das Öffnen und Schließen der Stadttore an, die Marktglocke signalisierte Beginn und Ende des Marktes, die Ratsglocke forderte die Ratmannen zur Beratung, die Gemeindeglocke rief die Bürger zur Versammlung oder zur Abwehr von Gefahren, die Feuerglocke mahnte des Abends zum sorgsamen Umgang mit Feuer und Licht, die Wein- oder Bierglocke kündete Schankschluß, usw.

Die Uhr schuf Möglichkeiten, viele der Signale auf die mit ihr verbundene Stundenglocke und später auch die Viertelstundenglocke zu konzentrieren. War bekannt, wann die Stadttore geöffnet oder geschlossen, der Markt begonnen oder beendet werden, die Ratssitzung oder Bürgerberatung stattfinden solle – so brauchte man nunmehr nur auf die Uhrglocke zu achten oder auf das Zifferblatt an Kirchturm oder Rathaus zu blicken.
Die Signale für alles, was geplant oder regelmäßig ablief, konnten auf die Uhr delegiert werden. Es verblieben nur verhältnismäßig wenige ›Sondersignale‹, die dadurch an Auffälligkeit gewannen.
In der Sprache hat sich manches aus jener Zeit bis heute erhalten: Im Plattdeutschen hat ›Klock‹ sowohl die Bedeutung von ›Uhr‹, als auch von ›Glocke‹. Nach der Uhrzeit fragt man hier »Wat is de Klock?«, und als Antwort kommt z. B. »Klock teigen« (zehn Uhr). Im Englischen heißt die Turm- und Wanduhr bis heute »clock«. In Süddeutschland und in der Schweiz ist die Uhr die Zeitglocke bzw. Zytglogge.

In den Städten gab es ein besonderes, sachlich begründetes Bedürfnis für zuverlässige öffentliche Zeitverkündung. Die Uhren halfen, die Ordnung des bürgerlichen Alltags durchzusetzen, Pflichten und Abläufe zu regeln. Uhren erwiesen sich als nützliche Regulatoren im Stadtleben.

◃◃ *Teilansicht des Werkes der Stralsunder Nikolaikirch-Uhr von 1394. Die großen Räder haben 365, 236 und 120, das Spindelrad 33 Zähne, der Laternentrieb 8 Stecken.*

◃ *Detail der Mondzeigerwelle mit dem aufgeschrumpften 236-zähnigen Rad.*

▹ *Die Uhr am Altstädter Rathaus in Prag.*

▹▹ *Die Ulmer Rathausuhr.*

▹▹▹ *Der Uhrengiebel des Heilbronner Rathauses.*

▹▹▹▹ *Die Kunstuhr am Berner Zytglogge.*

Objekte handwerklicher Kunst

Für den Bau der Monumentaluhren waren Handwerker verschiedener Gewerke gefragt. Zimmerleute errichteten die Baugerüste, fügten die Balken des Gehäuses zusammen, bauten die Böden ein, auf die die Uhrwerke gesetzt wurden. Tischler beplankten das Gehäuse. Bildschneider schmückten es mit Ornamenten, Figuren und Ähnlichem. Maler bemalten das Gehäuse und schwärzten die Eisenteile. Kleinschmiede stellten Nägel, Beschläge und andere eiserne Kleinteile her. Seiler fertigten die Gewichts- und Zugseile. Glockengießer gossen die Schlagglocken. Mancherorts wurden Glaser, Drechsler oder Maurer benötigt. Vor allem aber fertigten Schmiede die vielen eisernen Einzelteile der Uhrwerke und ihrer Gehäuse. Manche von ihnen spezialisierten sich auf solche Arbeit. So entstand der Beruf des Uhrmachers.

Im zeitweiligen Zusammenwirken dieser Handwerker beim Bau eines repräsentativen Objektes bildete sich so etwas wie eine mittelalterliche ›Uhrenfabrik‹. Nur wenn jeder sein Bestes gab, konnte das Werk gelingen – zum Ruhme Gottes, zur Ehre der Stadt und zum Ansehen seiner Erbauer.

Dass aber auch die handwerkliche Uhrmacherkunst sich schon früh auf Abwegen befand und missbraucht wurde, kann in einem Bericht Hans Heinrich Klüvers aus der Zeit des Dreißigjährigen Krieges nachgelesen werden: »Ao. 1645. gab sich zu Wismar ein Verrähter vor einen Käsekäuffer aus, und logirte bey 14 Tage in einem Wirthshause, in welchem sich Schwedische Schiffs=Officierer und Bothsleute aufhielten, ward aber endlich aus seinen Discoursen im Verdacht gehalten, seine Güter besucht, und bey ihm 2 Kuffer gefunden, welchwe mit Stroh, Pech, Schwefel und Pulver gefüllet waren. Unter diesen Kasten war einer mit einem Uhrwerk und auf 12 Stunden zugerichteten Feuer=Schlosse versehen, welches, wann es aufgezogen wäre, seine Verrichtung thun und eine grosse Feuersbrunst zuwege bringen können. Da dann die eine Kiste auf des General Wrangels und die andere auf des Admiral Blumens Schiff hätte gebracht werden sollen, wie dieser vermeinte Käsehändler in der Tortur bekandt. Er ward darauf seinem Verdienst nach zu Wismar abgestrafft und durch einen langsamen Rauch zu Tode geschmauchet.« (In: Beschreibung des Hertzogthums Mecklenburg. Hamburg 1728/29, T. III, S. 281 f.)

Die Kunstfertigkeit der Uhrenmacher

Ein Uhrwerk sei in Gedanken zerlegt. Dann liegen da: Zahnräder verschiedenen Durchmessers mit vier oder sechs Speichen und unterschiedlicher Anzahl von Zähnen in abweichenden Formen. Triebe in Rad-, Walzen- oder Laternenart. Wellen und Achsen, Lageraugen und -gabeln, Lagerstützen und Haltelaschen. Ferner die Spindel und die Waag oder das Pendel und das Ankerrad, Walzen und Umlenkrollen. Dazu Zeiger in Stab- oder Scheibenform. Weiterhin die Stäbe, Streben, Stützen und Keile des Werkgestells sowie manches spezielle Stück: Auslösemechanismen, Glocken, Windräder, Stiftenräder, Mondphasenkugeln, Zeigerhüllen u. a. m.

Bei komplizierten Uhrwerken und Werkkombinationen – und die der astronomischen Uhren mit Schlag-, Musik-, Kalenderwerken und Figurenspielen gehören zweifellos dazu – vervielfachte sich nicht nur die Zahl der Teile, sondern es kamen ganz spezielle, auf die Besonderheiten und Erfordernisse der einzelnen Uhr genau zugeschnittene Teile dazu. Und alles das hatte der Uhrmacher von Hand und in guter Qualität zu fertigen. Verwunderlich ist nicht, dass manche dieser Uhren nach 50, 70 oder 100 Jahren bei oft mäßiger Wartung stillstanden. Erstaunlich ist vielmehr, dass sie so lange gingen.

Um ein Zahnrad herzustellen, musste der mittelalterliche Uhrmacher:

- das Eisen für den Radkranz in genau dem geforderten Durchmesser kreisrund schmieden,
- die vorgegebene Anzahl von Zähnen – bis zu 379 – in immer gleicher Form und Größe und in gleichen Abständen herausarbeiten,
- die Speichen schmieden und mit dem Radkranz verbinden und
- das fertige Rad auf die Welle oder Achse schrumpfen.

Die Zahnräder und alle weiteren Teile mussten in ihrer Größe aufeinander abgestimmt sein, damit sie sich zusammenfügen und in Funktion setzen ließen.

Die Leistung der Uhrenmacher wird jedem deutlich, der einmal versucht, ein Zahnrad mit 365, 366 oder 379 Zähnen (das sind bei astronomischen Uhren häufig vorkommende Zähnezahlen) auf Pappe zu zeichnen. Und doch sind die Schwierigkeiten solcher Aufgabe ungleich geringer als die des Handwerkers, der solches Werk aus Eisen anzufertigen hatte – und nicht nur ein Zahnrad, sondern viele verschiedene Räder und Teile.

Manchmal wird herablassend über die Arbeit mittelalterlicher Uhrenbauer geschrieben: »Seine Uhr ging nur wenige Jahrzehnte«, »ihre Ganggenauigkeit ließ zu wünschen übrig«, »der Verschleiß an den Rädern war hoch« u. ä. Dabei wird vergessen, dass den Meistern keine Maschinen, sondern nur einfache Werkzeuge und Messinstrumente zur Verfügung standen und das damalige Eisen nicht mit den Eigenschaften heutiger Stahlsorten zu vergleichen ist. Außerdem wurde das fertige Werk oftmals unregelmäßig und wenig sachkundig gewartet. Natürlich gab es auch damals Qualitätsunterschiede zwischen der Arbeit der einzelnen Meister und ihrer Helfer. Generell aber ist gerechtfertigt, das von ihnen Geleistete hoch einzuschätzen.

Das Gehäuse bzw. der Uhrengiebel wird zum städtischen oder kirchlichen Prunkstück

Sehr bald nach der Erfindung der Räderuhr wurde der neuartige, teure Zeitmesser zum Symbol für Ordnung, Reichtum und Kunstfertigkeit. In den Städten fand er seinen Platz an den wichtigsten öffentlichen Gebäuden, am Rathaus oder an bzw. in einer Kirche, seltener an Stadttoren. In Südeuropa, insbesondere in Italien und der Schweiz, manchmal auch in Frankreich und Kroatien, baute man für die Uhren eigene Türme (Zeitglockenturm, Kampanile). In den hansischen Städten waren die Hauptpfarrkirchen der bevorzugte Ort für die monumentalen astronomischen Uhren.

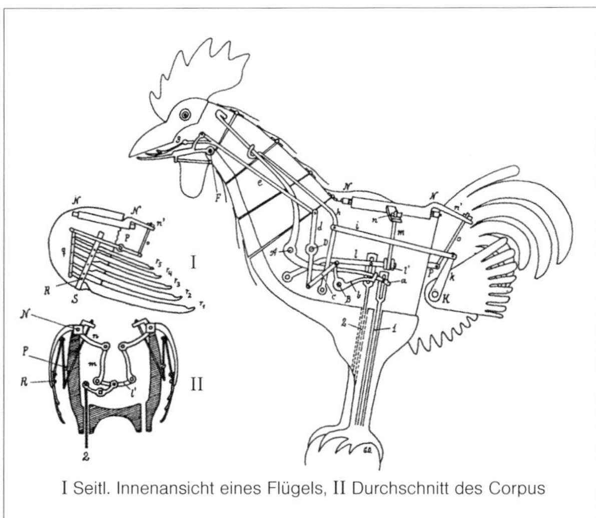

I Seitl. Innenansicht eines Flügels, II Durchschnitt des Corpus

◁◁ Monduhr an der Nürnberger Liebfrauenkirche.

◁ Der Hahn ist das einzige erhaltene Stück der ersten Straßburger Münsteruhr von 1354. Aus Eisen, Kupfer und Holz gefertigt, werden seine Einzelteile allein durch Keile zusammen gehalten. Höhe 122 cm.

▷ An der Rostocker Uhr ziehen sechs Apostel um 12 Uhr und um 24 Uhr an Christus vorüber. Fünf von ihnen wenden sich ihm zu, werden gesegnet und verlassen die Bühne durch die linke Tür. Vor Judas, dem Letzten in der Reihe, der sich weder Christus zuwendet noch von ihm gesegnet wird, schließt die Tür.

▷▷ Das Werk des Figurenumlaufes der Rostocker Marienkirch-Uhr.

▷▷▷ Teil des Musikautomaten in der Rostocker astronomischen Uhr mit der Musiktrommel und dem Hebelwerk.

Auftraggeber wie Meister legten ihren Ehrgeiz darein, das Uhrengehäuse oder die Fläche um die Uhr kunstvoll zu schmücken. Maler und Bildschneider wurden beauftragt, die Uhrengehäuse oder -giebel prächtig zu gestalten. Die Zeitverkündung vereinte sich mit der Repräsentation.

Berichte von Händlern und Reisenden über »Wunderuhren« in anderen Städten waren immer wieder Herausforderung zu prüfen, ob die eigene Uhr nicht noch prächtiger gestaltet werden könne. Städte und Pfarrgemeinden, Honoratioren wie einfache Bürger waren stolz auf ›ihre‹ Uhr. Technik und Kunst trafen und verbündeten sich.

Figurenspiele als Wunderwerke

Die Unterschrift zur Abbildung der Nürnberger Liebfrauenkirche hätte auch lauten können: »Männleinlaufen an der Uhr an der Nürnberger Frauenkirche«. Mittags um 12 Uhr ziehen dort die sieben Kurfürsten huldigend vor Kaiser Karl IV. vorüber. Zuvor haben zwei Fanfarenbläser ihre Instrumente an den Mund gehoben, der Flötist seine Flöte angesetzt, der Tambour die Trommel geschlagen und zwei Halbfiguren Mund und rechte Hand bewegt.

Ähnliches gab oder gibt es bei vielen astronomischen Uhren, im Hanseraum in Danzig, Lund, Lübeck, Münster, Rostock und Wismar. Bei der individuellen Beschreibung der einzelnen Uhren wird darauf näher eingegangen (→ Tabelle 1).

Schon im 14. Jahrhundert gaben sich die Uhrenbauer nicht damit zufrieden, die Mechanik der Uhren anzufertigen, so schwer schon solche Arbeit war. Vielmehr strebten sie danach, mechanisch bewegte Figuren so mit dem Uhrwerk zu verbinden, dass ihre Bewegungen zu bestimmten Zeiten ausgelöst und dem staunenden Volk vorgeführt wurden. Ein prächtiges und frühes Beispiel solcher mechanischen Spielerei und Kunstfertigkeit bietet der Hahn der ersten Straßburger Münsteruhr von 1354, das einzige von dieser Uhr erhaltene Teil. Das Aussehen der heutigen Uhr im Straßburger Münster stammt aus den Jahren 1574 und 1842.

Bei den hansischen Kirchenuhren sind bzw. waren die Motive der bewegten Figuren der biblischen Geschichte entnommen. Im Abschnitt »Das religiöse Programm …« wird darauf eingegangen, dass diese figürlichen Darstellungen mit den astronomischen Angaben und der sonstigen künstlerischen Ausstattung der Uhr zu einer einheitlichen Aussage verschmelzen.

Die Bezeichnung astronomischer Uhren als »Wunderuhren« rührt wesentlich aus den für das gemeine Volk kaum begreiflichen Automatenbewegungen her. Geht nicht auch heute noch auf die aufgeklärten Menschen des 21. Jahrhunderts von derartigen Figurenspielen eine große Faszination aus? Die Besucherzahlen vor den Uhren in Danzig, Lübeck, Lund, Münster, Prag, Rostock, Straßburg oder Wells belegen das zur Mittagsstunde eindrucksvoll. Um wieviel größer aber war der Eindruck, den diese Vorgänge auf die noch wundergläubigeren Menschen des Mittelalters ausübten!

Verstärkt wurde dieser Eindruck dadurch, dass die Bewegung der Figuren außer durch Glockenschläge auch noch durch mechanisch

ausgelöste Musikstücke unterstützt und ergänzt wurde. Den Figurenspielen wurden Musikautomaten in Form von Blasebälgen und Pfeifen für Trompeten- oder Posaunenklänge oder Musiktrommeln mit Hebeln, Hämmern und Glocken für Choräle angefügt. Solche Musikwerke gab bzw. gibt es an den Monumentaluhren von Danzig, Lübeck, Lund, Münster und Rostock.

Beim Bau der Monumentaluhren wirkten Handwerker verschiedener Ämter (so hießen die Zünfte in den Hansestädten) mit dem Uhrmacher (Schlosser) zusammen. Die Uhrwerke sind Meisterstücke mittelalterlicher Schlosser- und Uhrmacherkunst. Das Äußere der Uhren wurde prunkvoll und dem kirchlichen Raum angemessen gestaltet. Vielfach wurden den Uhren Figurenspiele und Musikautomaten angefügt. Die astronomischen Großuhren stellen mittelalterliches Hightech dar, in dem Wissenschaft und Handwerk, Kunst und Technik zu einer Einheit verschmolzen sind.

Gegenstand der Wissenschaft

Über die Angabe der Uhrzeit und ihre Ausstattung mit mechanischen Figurenspielen und Musikautomaten hinaus wurden an den monumentalen Uhren schon im 14. Jahrhundert astronomische Gegebenheiten angezeigt. An den Kirchenuhren des hansischen Raumes waren das vor allem:

- Die tägliche und die jährliche Bewegung des Sternenhimmels gegenüber dem Horizont
- Die tägliche und die jährliche Bewegung der Sonne am Himmel
- Die tägliche Bewegung des Mondes gegenüber dem Horizont im Laufe des Tages und gegenüber dem Sternenhimmel im Laufe des siderischen und synodischen Monats
- Die Phasen des Mondes
- Die Bewegung der klassischen Planeten Venus, Merkur, Mars, Jupiter und Saturn an der Domuhr in Münster und ehemals an der Uhr in der Lübecker Marienkirche.

In diesen Anzeigen steckt eine Menge naturwissenschaftlicher Erkenntnisse der vorkopernikanischen Astronomie. Die schwierige Aufgabe der Uhrenbauer war es, die astronomischen Gegebenheiten mechanisch so umzusetzen, dass sich die Zeiger der Uhren in demselben Rhythmus bewegten, wie die jeweiligen Gestirne.

Manchmal ist zu lesen, diese Uhren seien zu Zeiten des geozentrischen Weltbildes geschaffen worden, inzwischen aber sei bekannt, dass nicht die Erde der zentrale Ort im Sonnensystem ist, sondern die Sonne (= heliozentrischen Weltbild). Soweit richtig. Aber wenn daraus gefolgert wird, diese Uhren seien längst unbrauchbar, weil auf einer falschen Weltsicht beruhend, so ist das falsch. Das geozentrische Weltbild war die mittelalterliche Deutung des Beobachteten. Nur diese Deutung hat sich als Irrtum herausgestellt, beobachtet wird noch heute dasselbe wie vor 600 Jahren: Noch immer gehen

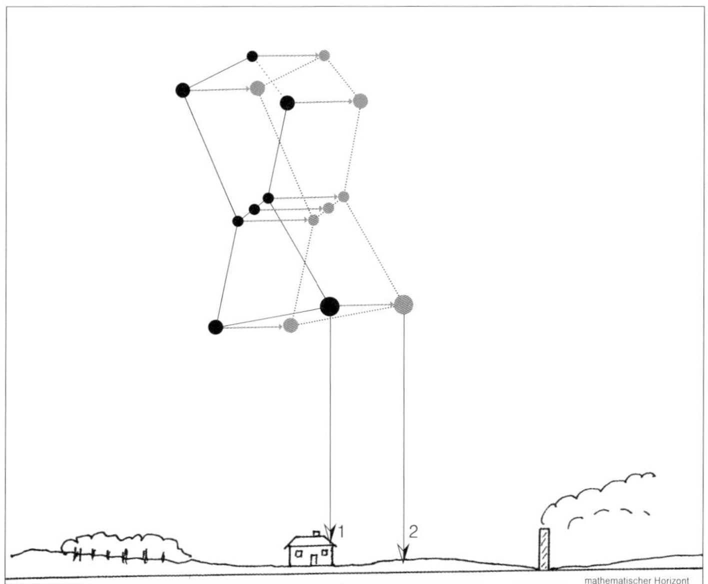

Tägliche Bewegung der Sterne. Das Sternbild Orion Mitte Februar 20 Uhr (—) und 21 Uhr (·····). Jeder Stern hat sich um 15° nach Westen bewegt. Das Lot vom Stern Rigel fiel um 20 Uhr auf den Ort ›1‹, um 21 Uhr auf den Ort ›2‹ des Horizontes. Dieselbe Veränderung ist zu beobachten, wenn der Himmel Mitte Februar und Anfang März ebenfalls um 20 Uhr beobachtet wird (jährliche Bewegung der Sterne).

Sternspuraufnahme. Während der Zeit der Belichtung haben sich alle Sterne um das gleiche Stück nach Westen bewegt.

Sonne, Mond und die Sterne für den Erdenbewohner im Osten auf und im Westen unter, wandert der Mond von Tag zu Tag ein Stück nach Osten und verändert dabei seine Gestalt, haben die Planeten ihre manchmal merkwürdig verschlungenen Bahnen. Geändert hat sich nicht die Erscheinung, sondern das menschliche Wissen über das Wesen des dahinterstehenden Naturvorganges.

An den astronomischen Uhren wird die Welt so dargestellt, wie sie von der Erde aus zu sehen ist. Zwar ist seit dem Mittelalter eine Menge an Wissen über das Wesen der Vorgänge dazugewonnen worden. Jedoch haben die Darstellungen an den astronomischen Uhren durch die Erkenntnisse von Kopernikus, Kepler und Newton ihre Gültigkeit nicht eingebüßt.

Der scheinbare tägliche Umlauf der Sterne

Nacht für Nacht wandern die Sterne über den Himmel. Sie gehen in der östlichen Himmelshälfte auf, ziehen im Bogen über das Firmament und gehen am westlichen Horizont unter. Diese Wanderung des Himmelsgewölbes mit den Gestirnen ist – so wissen wir heute – Widerspiegelung der Rotation der Erde. In bezug auf die Sterne erfolgt sie in 23 Stunden 56 Minuten 4,09 Sekunden (= 1 siderischer Tag). Die Astronomen wählen als himmlischen Bezugspunkt statt eines Sterns den »Frühlingspunkt« – auch »Widderpunkt« genannt. Das ist jener Schnittpunkt der Ekliptik mit dem Himmelsäquator, in dem die Sonne am 21. März steht. Da sich der auf diese Weise definierte Sterntag aber um weniger als 0,01 Sekunde vom siderischen Tag unterscheidet, darf dieser – für den Astronomen wichtige – Unterschied in den Betrachtungen dieses Buches unberücksichtigt bleiben.

An den älteren astronomischen Uhren vom sogenannten »Astrolabtyp« (→ Abschnitt »Zwei Uhrengenerationen«) wird die scheinbare tägliche Bewegung des Sternenhimmels durch den kreisförmigen, exzentrisch gelagerten Tierkreiszeiger wiedergegeben. Er dreht sich an einem siderischen Tag um 360°. Dabei zeigt er die Bewegung eines Ausschnittes des Sternenhimmels – die Tierkreiszone – so, wie sie ein Beobachter auf der Erde sieht.

Der täglichen Bewegung des Sternenhimmels überlagert sich eine zweite: Bei der Beobachtung des Südhimmels über einen Zeitraum von einigen Wochen stets zur gleichen Zeit und vom selben Ort ist festzustellen, dass die Sterne nach zwei Wochen um rund 14°, nach vier Wochen um etwa 28° weiter westlich stehen, als zu Beginn der Beobachtungen. Täglich rückt das Sternenheer um rund 1° weiter nach Westen. Nach einem Jahr beginnt die Wanderung von vorne.

▹ *Die Zeiger der Stralsunder astronomischen Uhr. Schnellster war der kreisförmige Tierkreiszeiger, langsamster der Mondzeiger. Der Sonnenzeiger hatte die Funktion des Stundenzeigers. Durch ihre unterschiedliche Geschwindigkeit änderte sich die Stellung der Zeiger zueinander täglich.*

▹▹ *An der Domuhr in Münster verläuft der Ziffernring ›falsch herum‹. Der Sonnen(= Stunden)zeiger dreht sich im Gegenzeigersinn.*

Ihre Ursache ist der Umlauf der Erde um die Sonne. Die Astronomen sprechen darum von der jährlichen Bewegung des Sternenhimmels.
An den astronomischen Uhren des älteren Typs dreht sich der exzentrische Tierkreisring in 24 Stunden – einem »Sonnentag« – um fast 361°. Nach 365 Tagen hat er 366 Umläufe vollendet. Genau so ist es in der Natur: Nach einem Jahr sind 365 Sonnentage, aber 366 siderische Tage vergangen.

Der Stundenzeiger folgt dem täglichen Sonnenlauf

Schon Kinder lernen: »Im Osten geht die Sonne auf. Im Süden ist ihr Mittagslauf. Im Westen wird sie untergeh'n. Im Norden ist sie nie zu seh'n.« Der aufmerksame Beobachter weiß darüber hinaus, dass der Tagesbogen der Sonne im Sommer größer, im Winter kleiner ist. Die Sommersonne erreicht an der südlichen Ostseeküste Mittagshöhen von knapp 60°, während sie im Winter nur wenig mehr als 12° über dem Horizont steht. Entsprechend unterschiedlich ist der Zeitraum zwischen Sonnenaufgang und -untergang: Zur Sommersonnenwende kann die Sonne in 54° n.Br. mehr als 17 Stunden scheinen, zur Wintersonnenwende dagegen weniger als 7 ½ Stunden.
Bei einer Uhr mit einem 24-Stunden-Ziffernring folgt der Stundenzeiger dem Sonnenlauf, wenn oben Süden, unten Norden, links Osten und rechts Westen gedacht wird. Das ist bzw. war die Zuordnung an den Uhren in Danzig, Doberan, Lübeck, Lund, Rostock, Stendal, Stralsund und Wismar. Mittags erreicht die Zeigerspitze ihren höchsten, um Mitternacht ihren tiefsten Punkt. Morgens und abends um 6 Uhr steht er waagerecht. Deshalb kann der Sonnenzeiger gleichzeitig als Stundenzeiger verwendet werden.
Fast überall dreht sich dieser Zeiger rechts herum, im Uhrzeigersinn. Nur die Domuhr von Münster macht eine Ausnahme – vielleicht zu erklären mit dem Platz ihrer Aufstellung auf der Chor-Südseite, wo sie durch ein gegenüberliegendes Fenster besseres Licht als auf der Nordseite hat. Hier bewegt sich der Stunden(=Sonnen)zeiger links herum, im Gegenzeigersinn. Entsprechend verläuft die Stundenzählung ›falsch herum‹: Morgens um 6 Uhr zeigt der Stundenzeiger waagerecht nach rechts, abends um 6 Uhr dagegen waagerecht nach links. Bei allen anderen 24-Stunden-Uhren ist es entgegengesetzt.
Uhren mit einem 24-Stunden-Zifferblatt nennt man »ganze Uhren«, weil sich der Stundenzeiger an einem vollen (ganzen) Tag einmal dreht. Dabei ist es gleichgültig, ob von 1 bis 24 oder zweimal von 1 bis 12 gezählt wird. Die letztere Zählweise ist bei allen Monumentaluhren aus dem 14. bis 16. Jahrhundert im Hanseraum üblich. Im Unterschied dazu heißen die Uhren mit 12-Stunden-Ziffernring »halbe Uhren«; denn bei ihnen dreht sich der Stundenzeiger einmal an einem halben Tag. Als Faustregel kann gelten, dass bis in die 2. Hälfte des 16. Jahrhunderts überwiegend ›ganze Uhren‹ gebaut wurden. Die ›halben Uhren‹ entstammen der Zeit nach 1550. Am Görlitzer Rathaus z.B. besitzt die Uhr an der Mondphasenscheibe einen 24-Stunden-Ring, während die unmittelbar darunter liegende jüngere Uhrscheibe von 1584 den ›modernen‹ 12-Stunden-Ring

◁◁ *Die Doppeluhr am Turm des Görlitzer Rathauses. – Die Aufnahme wurde kurz vor 12 Uhr mittags und zwei Tage vor Vollmond gemacht.*

◁ *An der Prager Rathausuhr werden die böhmischen (Außenring), die gleich langen (Ring mit den römischen Zahlen) und die ungleich langen Stunden (arabische Zahlen neben den gebogenen Linien) angezeigt. Ein kleiner Sternzeiger an der Grenze der Tierkreiszeichen Fische und Widder (auf dem Foto hinter der Mondkugel zu erkennen) gibt außerdem die Sternzeit an. – Zur Zeit der Aufnahme war es etwa 20^{40} böhmischer, 14^{15} mitteleuropäischer, 9^{00} temporaler und 9^{00} Sternzeit. Das Foto wurde um die Zeit des Jahreswechsels (Sonne im Zeichen des Steinbockes) zur Zeit des zunehmenden Halbmondes (Sonne und Mond im Rechten Winkel zueinander) aufgenommen.*

(»halbe Uhr«) und außerdem den damals neuartigen Viertelstundenkreis erhielt. Ursprünglich war der Viertelstundenzeiger kleiner als der heutige Minutenzeiger.

Heute verwendet man fast ausschließlich ›halbe‹ Uhren. Daneben aber hat sich im Sprachgebrauch auch die Stundenzählung der ›ganzen‹ Uhren (von 1 bis 24) erhalten. In der englischen Umgangssprache lebt noch die mittelalterliche Zählweise mit zweimal zwölf Tagesstunden: 20 Uhr ist 8 p. m. (post meridiem), im Unterschied zu 8 Uhr morgens = 8 a. m. (ante meridiem).

Die älteren Hanseuhren (→ Abschnitt »Zwei Uhrengenerationen«) zeigen darüber hinaus auch den unterschiedlich hohen Stand der Sonne über dem Horizont zu den verschiedenen Jahreszeiten an.

Der Tag und seine Einteilung

Schon frühzeitig wurden die allgemeinen Bezeichnungen morgens, mittags, abends, vor Sonnenaufgang, zum Mittag, gegen Abend usw. durch eine Einteilung des Tages in 24 Stunden ergänzt. Dabei wurden dem lichten Tag und der Nacht zunächst je zwölf ungleich lange (temporale oder kanonische) Stunden zugeordnet, bis im 14./15. Jahrhundert der Übergang von den ungleich langen zu den immer gleich langen (äquinoktialen) Stunden vollzogen war.

Unterschiede gab es weiterhin hinsichtlich des Beginns der Stundenzählung. Noch im 15. Jahrhundert war es insbesondere in Böhmen und Italien üblich, die Zählung mit dem Ave-Maria-Läuten bei Sonnenuntergang zu beginnen. Das entspricht dem jüdischen Tagesbeginn und -ende bei Sonnenuntergang. Z. B. beginnt der Sabbat für die Juden bei Sonnenuntergang am Freitag. Die ›italienischen‹ oder ›böhmischen‹ Stunden werden noch heute an der Monumentaluhr des Prager Altstädter Rathauses neben den temporalen und den äquinoktialen Stunden angezeigt.

Im hansischen Raum war seit dem Übergang zu den äquinoktialen Stunden die Tageszählung ab Mitternacht üblich, wie sie bis heute gebräuchlich ist.

Die Mondphase – die häufigste Darstellung an astronomischen Uhren

Der Mond ist nach der Sonne das auffälligste Gestirn. Zudem macht er durch eine von Abend zu Abend zu beobachtende auffällige Orts- und Formveränderung auf sich aufmerksam. Darum wundert es nicht, dass die Mondphase an keiner astronomischen Uhr fehlt. Die meisten dieser Uhren zeigen sogar neben der Uhrzeit allein die Mondphase.

Solche Monduhren sind in Deutschland insbesondere in Sachsen, Thüringen, Bayern und Baden-Württemberg relativ häufig; aber man findet sie auch in anderen deutschen und europäischen Ländern. Dabei gibt es ›reine‹ Monduhren und solche, die durch ein dekoratives Umfeld, durch Figurenspiele u. ä. auf sich aufmerksam machen (→ Tabelle 2).

Die Betonung der Mondphasendarstellung hat zwei Ursprünge: Zum einen war es im Mittelalter von ungleich größerer Bedeutung

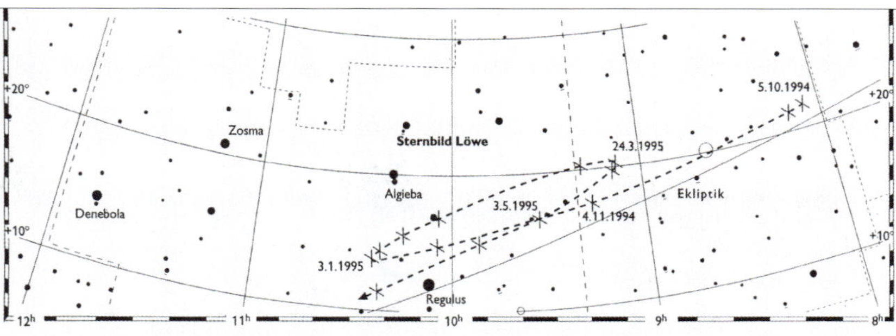

Die Bahnschleife des Mars entsteht durch die Relativbewegung zwischen der schnelleren Erde und dem langsameren Mars auf ihren Bahnen um die Sonne. Dazu kommt, daß die beiden Bahnen nicht in einer Ebene liegen.

◁ *Rathaus Ulm. Mondphasenkugel auf einem Zeiger der Uhrscheibe.*

zu wissen, ob der Mond die Nacht erhellt oder nicht. Zum anderen spielte der Mond in mystischen und astrologischen Regeln eine große Rolle dahingehend, was bei einer bestimmten Mondstellung und -phase zu tun oder besser zu unterlassen ist.

Außerdem sei erinnert, dass seit jeher wohl kein Gestirn so großen emotionalen Einfluß auf den Menschen hat, wie der Mond. Goethes »An den Mond« und Claudius' »Abendlied« sind nur zwei – allerdings besonders schöne – Beispiele für die dichterische Umsetzung solcher Empfindungen.

Der Lauf der Wandelsterne – die seltenste Darstellung an den Kunstuhren

Zur Zeit der Entstehung der monumentalen astronomischen Uhren war die Bewegung der Planeten Merkur, Venus, Mars, Jupiter und Saturn schon viele Jahrhunderte beobachtet worden. Es gehört zu den großen geistigen Leistungen der Menschheit, aus einer Fülle empirischer Daten ohne Kenntnis der wirkenden Naturgesetze die komplizierten scheinbaren Bahnen dieser Planeten mit Vorwärts- und Rückwärtslauf, mal schnellerer und dann wieder langsamerer Bewegung beschreiben und sogar vorausberechnen zu können. Denn die Bewegungsgesetze der Planeten wurden durch Kepler erst 1609 bzw. 1619 formuliert. Da waren die großen »Hanseuhren« schon ein- oder zweihundert Jahre alt!

Die Einbeziehung der Planetenbewegungen in die astronomischen Darstellungen an Monumentaluhren wurde im hansischen Raum nur an der ehemaligen Uhr in der Lübecker Marienkirche und an der Domuhr in Münster realisiert. Aus astronomischer wie aus technischer Sicht dürfen diese beiden Uhren darum als die am reichsten ausgestatteten in Hansestädten bezeichnet werden.

Da Uhren mit Planetenzeigern die wissenschaftlich und technisch anspruchsvollsten waren, brauchten sie auch eine reiche Stadt, Pfarrgemeinde oder Diözese als Auftraggeber. Denn eine Uhr, die außer den Bewegungen der beiden großen ›Wandelsterne‹ Sonne und Mond auch die der Planeten Venus, Mars, Jupiter und Saturn anzeigen sollte – Merkur wurde mit dem Sonnenzeiger fest verbunden –, benötigte ein entsprechend kompliziertes astronomisches Zeigerwerk. Schon die fünf oder sechs konzentrischen Zeigerachsen bzw. -hülsen forderten meisterhaftes Können vom Uhrenmacher. In Münster z.B. ist die zentrale Mondzeigerwelle von fünf rohrförmigen Wellen der Sonne, des Tierkreises und der Planeten umlagert! (Vgl. Peter, 1994) In Lübeck dürfte es ähnlich gewesen sein.

An den mittelalterlichen Monumentaluhren im hansischen Raum ist der Stundenring überall in 24 Stunden (zweimal I…XII) geteilt. An diesen Uhren werden u.a. die Bewegungen des Sternenhimmels, der Sonne und des Mondes, die Mondphasen, die Örter von Sonne und Mond am Himmel und ihre Auf- und Untergänge, im Ausnahmefall (Münster und ehemals Lübeck) Planetenbewegungen und -örter angezeigt.

Die hansischen Uhren – Gemeinsamkeiten und Unterschiede

Zur Uhrengeschichte in hansischen Städten

Die Termini »hansische Uhren« und »Hanseuhren« stellen eine sprachliche Vereinfachung dar. Darunter sollen immer Uhren in hansischen Städten resp. im hansischen Raum verstanden werden.
Die Geschichte der mechanischen Uhren begann in den Hansestädten wohl im 3. Viertel des 14. Jahrhunderts. Zunächst waren es reine Schlaguhren, dann kam zum akustischen Signal die optische Anzeige durch Zifferblätter. In Stralsund wurde 1376 der »Orlogist« (= Uhrmacher) Ulryk Krusen von den Bürgermeistern und Ratsherren beauftragt, das Orlogium (= die Uhr) auf seine Kosten instandzuhalten und zu bewahren und diese Verantwortung auch dann wahrzunehmen, wenn er abwesend ist. Dafür erhielt er jährlich 20 Mark, je 10 Mark zu Ostern und zu Michaelis (29. September) (»Vnd hir vore scolen em gheuen twyntich mark gheldes alle jar to twen tyden, … to Paschen 10 mark unde to synte Micheles 10 mark«. (In: Der Stralsunder Liber memorialis, Teil 4: Fol. 195a. Eintrag um Martini (= 11. November) 1376.) Dazu erhielt er zeitlebens freie »husingge und wonyngge« und war von Wachdiensten befreit. Die Stadt Stralsund besaß also spätestens 1376 ›ihre‹ Uhr und ihren Stadtuhrmacher, und beide waren ihr wichtig. In Lübeck wird es ähnlich gewesen sein. Denn die Rostocker ließen 1379 einen Uhrmacher (»magistro orlogii«) aus Lübeck kommen, damit er die Örtlichkeiten besichtige, für die er eine Uhr bauen sollte. Und während der Bauphase reiste der Ratsherr Hinrich Bertold dreimal »versus Lubeke pro orlogio« (MUB XIX, Nr. 11247, S. 476). Es wäre auch verwunderlich, wenn die Hansestädte, mit vielen anderen europäischen Städten in verschiedensten Kontakten, nicht von den wunderbaren neuen Zeitmessern gehört und von den damit gegebenen Möglichkeiten angetan gewesen wären.
Die hansischen Repräsentationsuhren tauchten im letzten Viertel des 14. Jahrhunderts auf, nachdem die Städtehanse mit dem Sieg über Waldemar IV. von Dänemark im Frieden zu Stralsund 1370 die wirtschaftliche und politische Grundlage für ihre Blütezeit gelegt hatte.
Die Art der Uhr, die von Ulryk Krusen zu warten war, ist unbekannt. So scheint die älteste Monumentaluhr im Hanseraum jene Uhr zu sein, die in der Kämmereirechnung 1379/80 der Stadt Rostock genannt wird: 212 Mark Rostockisch gab die Stadt für die bei dem erwähnten Lübecker Uhrmacher in Auftrag gegebene Uhr und deren Gehäuse (»orlogium et pixidem«) aus. Dass es sich dabei um eine astronomische Uhr gehandelt hat, ist begründet, aber nicht unumstritten. Die Argumente dafür stützen sich außer auf die genannte Rechnung (MUB a. a. O.) auf Besonderheiten der späteren Rostocker Kunstuhr von 1472. Sie machen die Existenz einer astronomischen Vorgängeruhr in der St.-Marienkirche in Rostock mit charakteristischen Merkmalen der anderen älteren astronomischen Uhren in hansischen Städten wahrscheinlich.
Die älteste original erhaltene astronomische Uhr steht in der Nikolaikirche zu Stralsund in bemerkenswert gutem Zustand von Gehäuse wie Uhrwerk. Von den Uhren im Zisterzienserkloster Doberan, den Marienkirchen Lübeck und Wismar gibt es geringe, aber nicht unbedeutende Reste. Das trifft auch auf die nach Zeiten des Umbaus und Verfalls wiederhergestellten Uhren von Danzig, Lund, Münster und Stendal zu. In hohem Maße original und in Funktion ist allein die astronomische Uhr in St. Marien zu Rostock aus der Zeit um 1472.

Mechanische Uhren waren in den Hansestädten spätestens seit dem letzten Viertel des 14. Jahrhunderts in Gebrauch. Die ersten großen Monumentaluhren sind hier aus der Zeit nach 1379 bekannt. Ihr Bau dürfte durch zunehmendes hansisches Selbstbewußtsein sowie wachsenden Reichtum und Einfluss nach dem Frieden von Stralsund 1370 gefördert worden sein.

Zwei Uhrengenerationen

Die älteren Uhren (1379 bis etwa 1435)

Nach heutiger Kenntnis sind die ältesten Monumentaluhren in den Hansestädten zeitlich etwa folgendermaßen einzuordnen:

- 1379/80 erste Uhr in der Rostocker Marienkirche (?) urkundlich belegt. Sie wurde wahrscheinlich 1398 beim Einsturz des im Bau befindlichen Langhauses stark beschädigt oder zerstört.
- Um 1390 in der Kirche des Zisterzienserklosters Doberan. Dort ist eine Schlagglocke 1390 datiert.

▹ *Die Grundscheibe der älteren astronomischen Uhren (hier die der Stralsunder Uhr) ist mit einer Fülle verschiedener Linien versehen. Die Stellung der Zeiger zu diesen Linien ergibt eine Vielzahl von Angaben.*

Mondphasenkugel der zerstörten astronomischen Uhr der Wismarer Marienkirche. Der Mondzeiger ist das einzige erhaltene Teil dieser Uhr. Die hölzerne Kugel in einer eisernen halbkugeligen Schale wurde durch die Relativbewegung zwischen Sonnen- und Mondzeiger gedreht. Bei Vollmond zeigte sie dem Betrachter ihre goldene, bei Neumond ihre dunkle Hälfte und zu dazwischen liegenden Zeiten teils die goldene, teils die dunkle Hälfte.

- 6. Dezember 1394 Weihe der Uhr in der Nikolaikirche Stralsund. Datum und Erbauer sind inschriftlich an der Uhr belegt.
- 1405 in der Marienkirche Lübeck. Bereits 1407 abgebrannt und neu aufgebaut. Erneuerung 1561/66. Daten durch Quellen und Inschriften belegt.
- 1408 in der Kathedralkirche St. Paulus Münster. Sie wurde 1534 durch die »Wiedertäufer« zerschlagen und von 1540 bis 1542 in Anlehnung an die Vorgängeruhr erneuert. Durch Quellen belegt.
- 1416 … 1431 im Dom zu Lund/Schweden. (Datierung durch dendrochronologische Untersuchungen 1999.) Die oft behauptete Entstehung um 1380 ist nicht belegt. Erste bekannte Erwähnung 1442. (Dr. Curt Roslund, Göteborg in einem Brief an den Verfasser vom 11. Mai 1999: »… the results of the dendrochronological dating of the original timber frame of oak for the calendar wheel of the astronomical clock in the Lund Cathedral is now available. Two measurements of tree-rings were made … on each of the four planks that make up the frame. … two planks, allowing an estimate of their felling years to 1423 and 1424, respectively, with an uncertainty of ±7 years. For the two other planks, we can only say that they belonged to trees felled after 1416 and 1421, respectively.«)
- 3. Jahrzehnt des 15. Jahrhunderts in St. Marien Wismar vermutet.
- 2. Viertel des 15. Jahrhunderts in der Marienkirche Stendal. Datierung aus vergleichenden Untersuchungen der astronomischen Uhren in hansischen Kirchen abgeleitet.

Gemeinsamkeiten

Die astronomischen Uhren der älteren Generation im hansischen Raum weisen charakteristische gemeinsame Merkmale auf. Sie sind unübersehbar, treten jedoch nicht immer bei allen Uhren auf. In dem Zeitraum des halben Jahrhunderts, in dem sie entstanden, waren Mode- und Mentalitätsänderungen natürlich. Außerdem spielten die Wünsche und die Finanzen der Auftraggeber sowie die Erfahrungen und das Können der Uhrmacher und der anderen am Bau beteiligten Handwerker eine Rolle. Daher ist jede dieser Uhren ein Unikat. In diesem dialektischen Sinne von Gemeinsamkeiten und Individualität sind die nachfolgenden Darstellungen zu verstehen:

1. Der charakteristische Ort der Uhren der älteren Generation in hansischen Kirchen ist der Platz zwischen den östlichsten Pfeilern des Chorumganges (Lübeck, Stralsund, Wismar; wahrscheinlich Stendal, vermutlich Rostock). Eben diesen Standort hatten auch mittelalterliche (astronomische?) Uhren in St. Jakobi und St. Marien in Stralsund sowie St. Georgen und St. Nikolai in Wismar. Davon abweichende Plätze haben oder hatten die Domuhren von Münster (Südseite des Chorumganges) und Lund (Westseite des südlichen Seitenschiffes) sowie die Uhr des Zisterzienserklosters Doberan (Westseite des südlichen Querhauses).

2. Die drei Hauptzeiger (Tierkreis-, Sonnen-/Stunden- und Mondzeiger) drehen sich täglich im Zeitraum eines Sterntages (23 h 56 min 4 s), eines Sonnentages (24 h) bzw. eines Mondtages (24 h 50 min 32 s). Der Sonnen- und der Mondzeiger sind stabförmig,

Zwei der vier Weltweisen an der Uhr in der Stendaler Marienkirche. Sie sind nicht benannt. Ihr Vorhandensein deutet darauf hin, dass die Wurzeln dieser Uhr bis ins erste Drittel des 15. Jahunderts zurück reichen.

◁◁ *Die Figur unten links trägt ein Band mit der Inschrift »Erunt in signa tempora et dies in annos«. (Zeiten werden zu Zeichen und Tage zu Jahren.)*

◁ *Auf dem Band der Figur unten rechts steht »Nolite timere a signis celi que timent gentes«. (Fürchtet nicht von den Zeichen des Himmels, was die Heiden fürchten.)*

Zwei der vier Weltweisen von der Stralsunder Nikolaikirch-Uhr. Sie sind als Ptolemäus und Hali bezeichnet.

▷ *Das Schriftband des Ptolemäus (nach 83–nach 161 n. Chr.): »Inferiora reguntur a superioribus« (Das Niedere wird vom Höheren gelenkt).*

▷▷ *Hali, wohl als Ibn Ridwan (vor 1200–zwischen 1223 und 1233) zu identifizieren, hält die Inschrift »Dies est elevacio solis super orizontem« (Der Tag ist die Erhebung der Sonne über den Horizont).*

der Tierkreiszeiger ist ein exzentrisch zum Drehzentrum angeordneter Ring.

3. Die Uhrscheibe ist innerhalb des Ziffernringes mit Kreisen, Geraden und sonstigen Linien in der Art der Bemalung der Grundscheibe (Mater) eines Astrolabiums versehen. Sie zeigen die Himmelsrichtungen, den Ortshorizont, die Wendekreise und andere Himmelslinien an. Die gebogene Horizontlinie trennt das Tagfeld vom Nachtfeld. Sie ist – außer in Münster – nach unten gekrümmt. Das Tagfeld liegt über, das Nachtfeld unter der Horizontlinie.

4. Die Uhren von Lübeck, Lund, Münster, Stralsund und Wismar besaßen bzw. besitzen auf dem einen Ende des Mondzeigers eine Mondphasenkugel. Von ihr führt zum Drehzentrum am Mondzeiger entlang eine fest mit der Kugel verbundene Welle. An ihrem freien Ende sitzt ein Zahnrad. Ein zweites befindet sich im rechten Winkel dazu mit gleich vielen Zähnen im Drehzentrum des Sonnenzeigers. Beide Zahnräder bilden ein Getriebe, und bei der Relativbewegung zwischen dem schnelleren Sonnenzeiger und dem langsameren Mondzeiger wird die Mondphasenkugel gedreht. Da der Mondzeiger im Laufe eines synodischen Monats einen Umlauf weniger als der Sonnenzeiger macht, wird die Mondphasenkugel einmal in 29 ½ Tagen gedreht. Bei Vollmond zeigt sie den Betrachtern vor der Uhr ihre helle, bei Neumond ihre dunkel gefärbte Hälfte. Bei Halbmond sind die halbe helle und die halbe dunkle Fläche zu sehen, zu dazwischen liegenden Phasen mehr oder weniger von der einen und von der anderen – genau der jeweiligen Mondphase entsprechend. Von der ersten Rostocker Uhr, der ursprünglichen Stendaler und der Doberaner Uhr ist Ähnliches zu vermuten, aber nicht zu beweisen.

5. Ein besonders typisches Kennzeichen der älteren ›Hanseuhren‹ sind »Weltweise« in den Ecken der Uhrscheibe. Ihnen sind oder waren auf Schriftbändern Sentenzen beigegeben, die in einigen Fällen im Original erhalten sind. Die Figuren an den Zifferblättern von Doberan, Lübeck und Stralsund sind/waren namentlich gekennzeichnet. Je nach Reichtum der Auftraggeber sind die Figuren geschnitzt (Lübeck, Lund) oder gemalt (Doberan, Stendal, Stralsund). Einzig die Uhr in der Marienkirche Wismar scheint von Anbeginn ein anderes ›Gesicht‹ gehabt zu haben. Hier bliesen in den Zwickeln die vier Winde, wie sie sich in einer Weltdarstellung des 15. Jahrhunderts finden, die 1493 von Hartmut Schedel (1440–1514) in seine Weltchronik übernommen wurde.

Das Aussehen der ursprünglichen Uhren von Münster und Rostock ist unbekannt. Jedoch gibt es Indizien, die die Vermutung der Existenz von Weltweisen auch hier nicht unberechtigt erscheinen lassen: An der Rostocker Nachfolgeruhr sind die Weltweisen an die Kalenderscheibe gesetzt worden, in teilweise archaisierender Gestaltung (Hegner in Schukowski 1992) – eine Reverenz an die 1472 in der Erinnerung noch lebendigen Figuren der Vorgängeruhr? Denn an der Danziger Marienkirchuhr, die als ihre ältere Schwester anzusehen ist, sind solche Figuren nicht vorhanden. An der Münsteraner Uhr von 1540 finden sich in den Zwickeln der Uhrscheibe die Evangelistensymbole des Ludger tom Ring mit Spruchbändern. Sind sie an

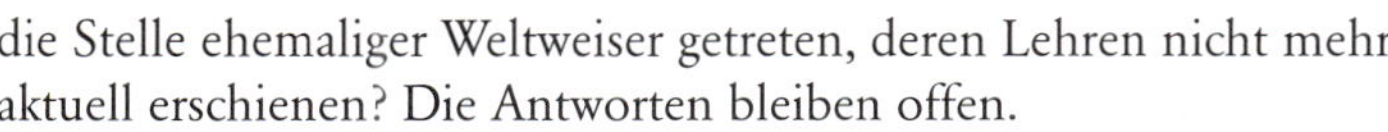

die Stelle ehemaliger Weltweiser getreten, deren Lehren nicht mehr aktuell erschienen? Die Antworten bleiben offen.
An den einzelnen Uhren finden sich:

Stralsund
Ptolemäus (o. l.), Alfons X. (o. r.), Hali (= Ibn Ridwan) (u. l.), Albumasar (u. r.). Die beiden oberen Figuren sind bekrönte stehende Halbfiguren, die unteren sitzen.
Ihre lateinischen Sprüche lauten übersetzt:
Ptolemäus: Das Niedere wird vom Höheren regiert.
Alfons X.: Die Bewegung der Sonne und der Planeten geschieht in schrägem Kreise.
Hali: Der Tag ist die Erhebung der Sonne über den Horizont.
Albumasar: Der Weise wird die Sterne beherrschen.

Doberan
Ptolemäus (o. l.), Alfons X. (o. r.), Hali (u. l.), Albumasar (u. r.). Oben bekrönte stehende Halbfiguren, unten stehende Figuren.
Ihre lateinischen Sprüche lauten übersetzt:
Ptolemäus: Der Weise wird die Sterne beherrschen.
Alfons X.: So durchläuft die Sonne den Tierkreis im Jahr.
Hali: Die Bewegung der Sonne und der Planeten geschieht in schrägem Kreise.
Albumasar: Nächst dem einzigen Herrn sind das Leben die Sonne und der Mond.

Stendal
Figuren unbenannt. Oben stehende Halbfiguren, unten sitzende Figuren. Niemand ist bekrönt.
Die Übersetzung ihrer lateinischen Sprüche lautet:
Linke Figur oben: Die Sterne machen geneigt, aber sie zwingen nicht.
Rechte Figur oben: Die Verlautbarungen der Astrologen sind nicht unabänderlich.
Linke Figur unten: Zeiten werden zu Zeichen und Tage zu Jahren.
Rechte Figur unten: Fürchtet nicht von den Zeichen des Himmels, was die Heiden fürchten.

Lübeck
Albumazer (o. l.), Plato (o. r.), Ptolemäus (u. l.), Aristoteles (u. r.). Alle Figuren saßen. Die Rudimente der Beschriftungen lauteten: ALBVMAZER, AIT (»er sagte«); PLATO IN TINEO (»in fürchte ich«); ARISTOTELES DICIT AREA SOLIS (»er sagte die Ebene der Sonne«) und PTOLEMEVS DICIT (»er sagt«) (Nach Hirsch u. a. 1906, S. 252. – Eine Liste der lateinischen Inschriften findet sich im Anhang dieses Buches.)
Keine Besonderheit der genannten Uhren ist die Sage, man habe dem Erbauer der jeweiligen Uhr nach Fertigstellung seiner Arbeit die Augen ausgestochen, damit er nicht auch anderswo solch Kunstwerk errichten könne. Der Meister aber habe als letzte Bitte geäußert, die Uhr noch einmal sehen zu dürfen. Dort aber habe er mit einem

Meistergriff das Werk so sehr in Unordnung gebracht, dass die Uhr von niemandem wieder in Gang gesetzt werden konnte. Solche Geschichte gibt es von fast jeder Monumentaluhr, ›die auf sich hielt‹. Nicht selten aber ist erwiesen, dass der ›geblendete Meister‹ später andernorts ein weiteres Kunstwerk geschaffen hat ….
Angemerkt sei, dass der Rostocker Vicke Schorler in seiner Chronik unter dem 27. September 1605 berichtete, dass »ein Kleinuhrwerckmacher mit namen meister Heinrich« wegen Geld- und Silberdiebstahls in Rostock mit dem Schwerte hingerichtet wurde. Aber das ist eine ganz andere Geschichte.

Unterschiede

Zu den individuellen Besonderheiten der einzelnen astronomischen Großuhren rechnen Eigenheiten, die

✧ den Umfang der Anzeigen und die Qualität der Ausstattung betreffen,

✧ den Traditionen in der jeweiligen Stadt und Kirche, den Vorgaben der Auftraggeber, den Fähigkeiten der Uhrenbauer oder der historischen Entwicklung, den ›Zeitmoden‹, geschuldet sind oder

✧ sich aus der Geschichte der Uhren herleiten: Ihrer Wartung oder Vernachlässigung, Bränden oder anderen Zerstörungen, anhaltendem Zerfall oder Reparaturen, Erweiterungen und Umbauten.

Zur ersten Gruppe rechnen neben der ›Standardausstattung‹ mit Tierkreis-, Sonnen- und Mondzeiger zusätzliche Zeiger für den Planetenlauf (Lübeck, Münster), Kalenderscheiben (Lübeck, Lund, Münster, Wismar; in Stralsund geplant, aber nicht ausgeführt; in Rostock I, Doberan und Stendal fraglich) sowie die gemalte oder geschnitzte figürliche und ornamentale Ausstattung (Schnitzwerk stand in höherem Ansehen). Planetenzeiger und Kalenderscheiben bedeuteten zusätzliche Mechanik, also kompliziertere, teurere Werke.

Der zweiten Gruppe sind zuzurechnen:

✧ Verschieden gemalte oder geschnitzte und unterschiedlich angeordnete und benannte Weltweise und ihnen zugeordnete Sinnsprüche. Auffällig sind die unterschiedlichen Spruchinhalte in Stralsund und Doberan einerseits und Stendal andererseits.

✧ Die abweichende Zwickelgestaltung in Wismar.

✧ Die Standorte in Doberan, Lund und Münster, die im Zusammenhang mit der besonderen Funktion dieser Kirchen (Klosterkirche, erzbischöfliche bzw. bischöfliche Kathedralen) im Unterschied zu den Bürgerkirchen in Lübeck, Rostock, Stendal, Stralsund und Wismar zu sehen sind.

✧ Die von den übrigen Uhren in hansischen Städten abweichende Art der Projektion des Himmelsgewölbes auf die Uhrscheibe in Münster, die mehr dem südwestdeutschen und französischen Vorbild als dem hansischen Beispiel gleicht.

✧ Der ›verkehrt herum‹ laufende Stundenzeiger in Münster (was sich nicht zwangsläufig aus der Projektionsart ergibt; die Straßburger Uhr z. B. ist vom gleichen Projektionstyp, aber bei ihr läuft der Stundenzeiger ›richtig‹, nämlich im gewohnten Uhrzeigersinn).

✧ Die Art der ikonografischen Bildsprache und des Figurenumlaufes: Anbetung des Kindes durch die Heiligen Drei Könige (Lund, Münster), Kurfürstenumlauf (Lübeck). Auch die Doberaner und die Wismarer Uhr hatten mit hoher Wahrscheinlichkeit Figurenumgänge. Darauf deuten die halbrunde Bühne (Wismar) und die beiden Schlitze (Doberan) am unteren Rand der Uhrscheibe hin. Ihre Art ist ebenso unbekannt, wie die Antwort auf die Frage, ob die Rostocker Uhr von 1379 etwas Derartiges besaß.

✧ Der abweichende Ort des Figurenumlaufes in Lund: Zwischen Uhrscheibe und Kalenderscheibe.

✧ Die Anzeige der astrologischen Tages- und Stundenregenten in 24 Schlitzen zweier senkrechter Fensterreihen links und rechts der Uhrscheiben von Lübeck und Münster. Eine gleichartige astrologische Anzeige gibt es an der jüngeren Rostocker Uhr, allerdings mit einer anderen technischen Lösung.

Die Änderungen im Laufe der Geschichte der jeweiligen Uhr – die als dritte Gruppe bezeichnet wurde – sind von den bisher genannten Ursachen oft schwer abzugrenzen. Die Geschichte keiner dieser Uhren ist so genau überliefert resp. erforscht, dass immer sicher gesagt werden kann, was wann hinzugefügt/verändert/entfernt wurde. Meist ist das nur partiell bekannt, und manche Frage wird ihre Antwort wohl nie finden. Nicht überall ist die Situation so glücklich wie in Münster, wo die Figurengruppe von Chronos und Tod auf einem Podest steht, an das »Positum Anno 1696« geschrieben wurde. Relativ viel ist über die Uhren von Münster (ab 1540), Rostock (ab 1640), Lübeck (ab Mitte des 16. Jahrhunderts) bekannt. Von Danzig und Lund gibt es sporadische Nachrichten. Von Stralsund und Doberan ist kaum mehr als die »Geburtsurkunde« überliefert, von Stendal nicht einmal das. Die Wismarer Marienkirchuhr ist untergegangen, ohne dass eine einigermaßen ausführliche Beschreibung zurückgeblieben ist. (Die gründlichste Darstellung findet sich bei Ungerer 1931.) Zum Glück aber gibt es, wie jüngere Untersuchungen zeigten (Schukowski 1998), im Wismarer Stadtarchiv eine Reihe bisher unbeachteter Urkunden zu Details ihrer Geschichte. Die Stendaler Uhr hat ihren Platz in der Kirche gewechselt und ist von einer ›älteren‹

Zeiger, Räder und andere Teile der alten Lübecker Marienkirch-Uhr wurden 1890 ins St.-Annen-Museum gegeben. Dort haben sie den Zweiten Weltkrieg überdauert, während die Uhr in der Marienkirche zerstört wurde.

zu einer ›jüngeren‹ Uhr mutiert – wann und warum, kann nur vermutet werden.

So sind von Anbeginn an oder im Laufe des einzelnen ›Uhrenlebens‹ manche größere Abweichungen von der »hansischen Uhrennorm« zu verzeichnen, von den Unterschieden im Detail ganz zu schweigen.

Am Beispiel der Lübecker Uhr sollen solche Veränderungen im Laufe der Zeit exemplarisch belegt werden:

✧ 2. Februar 1405 Fertigstellung der Monumentaluhr hinter dem Hochaltar. Am 1. Mai 1407 durch einen Brand beschädigt: »… in der nacht der apostele Philippi et Jacobi do verbrande to unser lewen frowen up deme hoghen altare de taffele und achter den altar de zeygher mit all der syrheit (Zierwerk)«. Unmittelbar nach der Einäscherung der Uhr wurde sie wieder aufgebaut. Die Kalenderscheibe mit Tages- und Monatseinteilung von damals ist bis heute erhalten und befindet sich im St.-Annen-Museum Lübeck.

✧ Ostern 1508 brannten der Dachreiter (»Seygertorn«) und das Kirchendach ab; dabei wurde auch der obere Teil des Chores zerstört. 1509 wurden Dachreiter und Turm erneuert (Inschrift: »1509 do wart dysse torne maket«). 1511/18 Wiederaufbau des Chores.

✧ 1561/66 Uhrwerk durch Matthias van Ost wieder hergestellt. Neue Kalenderscheibe, die alte als Rückwand der neuen verwendet. Musikwerk und Kurfürstenumgang erbaut. Kosten der Uhrmacher-, Tischler- und Malerarbeiten einschließlich Vergoldung 1497 Gulden 14 Schillinge.

Beschriftung der Kalenderscheibe für die Jahre 1562 bis 1744. Im zentralen Teil zwei Sonnen- und 22 Mondfinsternisse für 1563 bis 1572 ausgewiesen. Der Kalendermann wies mit einem Stab auf das aktuelle Datum.

✧ Im Sommer 1573 wurde die Kalenderscheibe vom Blitz getroffen. Durch Matthias van Ost für 4 Gulden ausgebessert.

✧ 1595 neues Rad und Zubehör für den Mechanismus des Kurfürstenwerkes für 140 Gulden durch den Kleinschmied und Seigermaker Pontius Inghals.

✧ 1629 umfassende Reparatur und Reinigung des ganzen Werkes durch den Uhrmacher Michael Stahl. 1631 wurde er für ein festes Gehalt von 30 Gulden mit der Beaufsichtigung und Regulierung der sämtlichen Uhrwerke beauftragt.

✧ 1663 erneuter Blitzschlag in die Kalenderscheibe: »Den 5. July, als am 3. Sonntag n. Trinit., Nachmittags, da die Glocke so eben zwei geschlagen, schlug der Blitz durch das Fenster hinter dem Altar in die Kirche und traf die große Uhrscheibe. Der Schlag zündete Gott Lob nicht, sondern zerschmetterte an der Scheibe einen Platz, dass die Splitter und Stücke innerhalb des eisernen Gitters lagen. Der Blitz ging durch 2 Kreise der Scheibe, nämlich durch den einen, in welchem das Datum und der Name des Tages enthalten war, und durch den andern Kreis mit den Jahreszahlen, und vertilgte aus diesem die Zahlen von 1610 bis 1618. Nachdem die Scheibe 4 Tage in diesem Zustande zur Ansicht des Publikums verblieben, ward mit Dank gegen Gott für Abwendung aus dieser großen Gefahr die beschädigte Stelle wieder ausgebessert. Dies Ereignis fiel während des

Nachmittagsgottesdienstes, und war die Kirche sogleich mit einem brandigen Geruch angefüllt.« (Zit. bei Jimmerthal 1861, S. 16f.)

✧ 1707 Glockenspiel durch den Uhrmacher J.J. Serner erweitert.

✧ In der ersten Hälfte des 18. Jahrhunderts gänzlicher Verfall des astronomischen Uhrwerks: »Gewichte, Walzen, Steigrad, Unruhe, Triebe sämmtlich verschwunden« (Jimmerthal a.a.O. S. 18).

✧ 1752/53 umfassende Komplettierung und Reparatur der Uhrwerke durch den Uhrmacher Georg Friedrich Kühn. Die bisherige Waag wurde durch ein Pendel ersetzt. Orgelbauer Bünting fertigte ein neues Trompetenwerk, Kauf eines neuen Glockenspiels. Neues Triebrad für das Kurfürstenwerk. Beschriftung der Kalenderscheibe für die Jahre 1753 bis 1875, von der Rostocker Scheibe übernommen. Berechnung von 36 Sonnen- und Mondfinsternissen für 1755–1800 durch den Mathematiker Matthias Rohlfs aus Buxtehude. Gesamtkosten dieser nach 1561/66 umfassendsten Restaurierung 2.100 Gulden. Erneut wurde danach ein Uhrmacher (G.F. Kühn) gegen ein festes jährliches Gehalt mit der Wartung beauftragt.

✧ 1754 Verlegung der Stundenglocke von der Orgelseite an die astronomische Uhr.

✧ 1783 wurde »eine große Unzierde der Kirche« (Jimmerthal) beseitigt: Die bis dahin frei über dem Altar von der Decke hängenden Uhrgewichte wurden mittels Rollen und Rädern über das hohe Gewölbe hinweg in den Süderturm verlegt, »durch welche Einrichtung der Gang der Uhr sehr gewann«.

✧ 1809 erneute große Reparatur der Uhrwerke. Gesamtkosten fast 4.000 Taler.

✧ Der Astronom J.E. Bode aus Berlin berechnete 57 Finsternisse von 1811 bis 1860, die in drei Kreisen auf der Kalenderscheibe verzeichnet wurden.

✧ 1858 wurde der Tierkreisring, »welcher durch sein Schwanken mehrere Male Störungen in dem Lauf der Zeiger hervorbrachte«, durch Unterlagen verstärkt und mit Rollen versehen, die die Reibung an der Uhrscheibe verhindern sollten. Die Zeigerbefestigungen wurden verbessert, das Trägerrad des Figurenumlaufes repariert und verbessert, die »Churfürsten neu gemalt, das Gewand des Kaisers vergoldet«.

✧ 1860 Neubeschriftung der Jahresringe der Kalenderscheibe bis 1999 und der Finsternisringe bis 1901.

✧ 1888/90 neues Uhrwerk durch die Turmuhrenfabrik Eduard Korfhage; astronomisches Werk und Kalenderwerk wurden ersetzt. Alle Zeiger und die Kalenderscheibe wurden erneuert. Teile der alten Uhr kamen ins St.-Annen-Museum: Räderwerk, Pendel und zwei Scheiben (Tierkreisscheibe und die alte Kalenderscheibe von 1405) (Inventarbuch 1892/145).

✧ 28./29. März 1942 alles zerstört.

So lückenhaft die Skizze der Geschichte dieser einen Uhr auch noch sein mag, so macht sie doch deutlich, wie vielgestaltig die Einwirkungen auf ihre äußere und innere Gestalt im Laufe der Jahrhunderte waren. Ähnliches könnte von anderen hier besprochenen Uhren berichtet werden, ausgenommen die schon frühzeitig beschädigten oder vernachlässigten Uhren von Stralsund, Doberan und Danzig.

Die jüngeren Uhren (seit 1460)

Zu dieser Gruppe gehören die Uhren in den Marienkirchen von Danzig und Rostock. Die Stendaler astronomische Uhr hat zwar ihr Gesicht ›verjüngt‹, trägt aber deutliche Spuren der älteren hansischen Uhrengeneration wie besonders die Weltweisen.

Auffälligstes Merkmal der jüngeren hansischen Uhrengruppe ist die Abkehr von der täglichen Umdrehung der drei Zeiger (Stern-, Sonnen- bzw. Mondtag). Vielmehr ist der Zeigerrhythmus den drei wichtigsten natürlichen Zeitmaßen angepaßt: Dem Tag, dem Mondmonat und dem Jahr. Der Stundenzeiger dreht sich in 24 Stunden, der Mondzeiger in 27,32 Tagen, der Sonnenzeiger in 365 Tagen einmal (→ Tabelle 4). Der Stundenzeiger ist stabförmig, die beiden anderen ›Zeiger‹ für den Sonnen- und den Mondumlauf sind scheibenförmig. Am Rande der beiden gleich großen, übereinander liegenden Scheiben ist je ein kleiner Zeiger mit einem Sonnen- bzw.

◁ Die Uhr der Stendaler Marienkirche hat ihr Aussehen und ihre Ausstattung im Laufe der Zeit wesentlich verändert.

▷ Die astronomische Uhr in der Marienkirche Danzig, 1463/70 von Hans Düringer aus Thorn gebaut, im historischen Kontext mit dem Barbara-Altar, um 1925.

▷▷ Ein Vierteljahrhundert nach Ende des Zweiten Weltkrieges hat man die Gehäusebretter und Kalenderscheiben wieder gefunden und sie 1983–1998 restauriert. Aufnahme 1990.

▷▷▷ Die Uhr in der Rostocker Marienkirche wurde um 1472 vermutlich ebenfalls von Hans Düringer erbaut, den seitlichen und oberen Abschluss der Uhrscheibe sowie die Umbauung des Kalenderraumes erhielt sie 1641/43.

einem Mondbild befestigt. Die untere, direkt über der Uhrscheibe befindliche Mondscheibe ist mit einem hellen Vollmond- und einem dunklen Neumondgesicht bemalt. Diese Scheibe wird durch die darüberliegende Sonnenscheibe verdeckt. Nur eine kreisrunde Öffnung mit dem Durchmesser der Mondbilder lässt einen Blick auf die Mondscheibe frei.

Die Sonnenscheibe dreht sich täglich um knapp 1°, die Mondscheibe in gleicher Richtung um reichlich 13°. Dadurch ändert sich die Lage von Sonnen- und Mondzeiger zueinander und damit das Bild des Mondes im Ausschnitt. Bei Neumond stehen die beiden kleinen Zeiger in gleicher, bei Vollmond in entgegengesetzter Richtung. Zu dazwischenliegenden Zeiten bilden sie einen Winkel ($\neq 0°, 180°$) miteinander – genau wie Sonne und Mond von der Erde gesehen in der Natur. Der Tierkreisring ist bei diesem jüngeren Uhrentyp fest auf der Uhrscheibe angebracht. Stunden-, Mond- und Sonnenzeiger bewegen sich unterschiedlich schnell über ihn hinweg.

Die »Originalausgabe« dieses Uhrentyps ist die Danziger Uhr. Sie kam aber nach rund 90 Jahren zum Stillstand. Schon die nach 76 Jahren (1538) abgelaufenen Teile der Kalenderscheibe wurden nicht erneuert. Auch später wurde sie nicht mehr instand gesetzt, zum Glück aber auch nicht abgerissen. Diese Uhr alterte in ihrer Jugendgestalt. Carl Schulte, Redakteur der »Allgemeinen Uhrmacher-Zeitung«, schrieb 1902: »Die Uhr befindet sich nun heute in einem Zustande, der kaum noch eine Verwendung der nur noch zum Teil vorhandenen Mechanismen zuläßt, trotzdem aber bildet die Uhr auch jetzt noch eine interessante Sehenswürdigkeit aus alter Zeit.« (Schulte 1902, S. 136) 1945 verlor sich die Spur der Reste, und es blieb lange offen, ob diese Uhr nun endgültig verloren war. Um das Jahr 1980 entpuppte sich ein unansehnlicher Bretterhaufen als Rest des Uhrengehäuses. Mit Leidenschaft ging ab 1983 eine Gruppe Danziger Wissenschaftler, Handwerker und anderer Bürger an die schrittweise Wiederherstellung dieses Objektes. Mit 70 Prozent des originalen Holzes wurde das Uhrgehäuse entsprechend dem Aussehen der alten Uhr an demselben Ort in der Kirche wieder hergestellt und mit einem neuen ›Innenleben‹ in Gang gesetzt. Zum Millenium der Stadt Danzig konnten diese Arbeiten bis auf die Musikwerke 1997 abgeschlossen werden. Eine beispielhafte Leistung! Die Uhr befindet sich derzeit in dem wohl besten Zustand ihrer 530jährigen Geschichte.

Die Uhren in der Rostocker und der Stendaler Marienkirche wurden im Laufe ihrer Geschichte verändert. Bei der Rostocker Uhr geschah das behutsam-erweiternd, und ihre Urgestalt ist noch deutlich zu erkennen. Die Stendaler Uhr ist in erheblichem Maße ›verfremdet‹. Dafür ein Beispiel: Obwohl der 24-Stunden-Ring beibehalten wurde, erhielt die Uhr einen Minutenzeiger, der erst gegen Ende des 17. Jahrhunderts üblich wurde. Dieser Zeiger macht in zwei Stunden einen Umlauf! Um 1 Uhr, 3 Uhr usw. steht er senkrecht nach unten, und nur um 2 Uhr, 4 Uhr usw. zeigt er – wie das beim Minutenzeiger der Uhren mit 12-Stunden-Ziffernring zu jeder Stunde üblich ist – senkrecht nach oben.

Die neue Uhr in der Lübecker Marienkirche.

◁◁ *Die Kalenderscheibe.*

◁ *Symbolische Darstellung des Evangelisten Johannes an der Kalenderscheibe.*

▷ *Das 30-zähnige Rad am Ende der Mondphasenkugel-Welle im Zentrum des Mondzeigers der ehemaligen Uhr in der Wismarer Marienkirche. Dies Rad griff in ein ebenfalls 30-zähniges im Drehzentrum des Sonnenzeigers. Beide Zahnräder standen rechtwinklig zueinander, und das Zahnrad auf dem langsameren Mondzeiger rollte auf dem des schnelleren Sonnenzeigers ab, wobei die Mondphasenkugel gedreht wurde.*

Die jüngste Uhr

Am 29. März 1942 wurde die alte Lübecker Monumentaluhr zusammen mit großen Teilen der Marienkirche und der Stadt zerstört. Seit 1955 befasste sich der Lübecker Uhrmachermeister und langjährige Kirchenvorsteher an St. Marien, Paul Behrens (1893–1984), mit ihrer Erneuerung. Am 18. Juni 1967 konnte die neue Uhr in Gang gesetzt und geweiht werden. 1976 ist sie endgültig fertiggestellt worden.

Paul Behrens hat diese Uhr und ihr Werden 1967 beschrieben (→ Literatur). Er wollte – das geht aus seinem Text hervor – keinen Nachbau der alten Uhr verwirklichen. Angelehnt an das historische Vorbild ist eine monumentale Uhr des 20. Jahrhunderts entstanden. Darin unterscheidet sich der Lübecker Neubau deutlich von der Danziger Wiederherstellung. Das sollte bedacht werden, um zu einem ausgewogenen Urteil über die neue Lübecker Uhr zu kommen.

Die große Gemeinschaftsleistung ist unbestritten. Die Spender- und Helferlisten wiesen schon 1967 über 300 Persönlichkeiten, Firmen, Innungen und Vereine aus. Hoch einzuschätzen ist die persönliche Leistung Paul Behrens', der bei Beginn der Arbeiten in seinem 7. und bei ihrem Abschluß im 9. Lebensjahrzehnt stand.

Das Vorbild der ehemaligen Uhr zeigt sich:

✧ In der Gesamtkomposition der neuen Uhr: Die Dreiteilung in Kalenderraum, Uhrscheibe und Figurenaufsatz wurde beibehalten. Die architektonische Grundanlage blieb erhalten.

✧ In der christlichen Aussage der Figuren und des Spruches.

✧ In der Gestaltung von Uhr- und Kalenderscheibe. 2 x I … XII-Stundenring, Tierkreisring, zentrale Christusfigur, Umlaufrhythmus von Sonnen- und Mondzeiger sowie Tierkreisscheibe, Mondphasenkugel; Evangelistensymbole, Angabe von Tages- und Sonntagsbuchstaben, Heiligenkalender, Goldenen Zahlen und Osterdaten sowie den für die Lübecker Uhr charakteristischen Finsternisangaben (44 Finsternisse für den Zeitraum 2000 bis 2036; zuvor 30 Finsternisse für die Jahre 1964 bis 1999).

Die wesentlichen sichtbaren Unterschiede zur ehemaligen Uhr sind:

✧ Der veränderte Standort: Ostwand des nördlichen Querhauses statt des für die hansischen Uhren typischen Standortes im Chorscheitel.

✧ Die Modernisierung des gesamten Äußeren, wobei der Ersatz der Kurfürsten des Umganges durch acht Figuren verschiedener Hautfarbe und Stände besonders auffällt.

✧ Statt der früheren Stellung von Sonne und Mond zu den astrologischen Tierkreiszeichen werden jetzt die tatsächlichen astronomischen Örter beider Himmelskörper am Sternenhimmel angezeigt. Stand die Sonne zu Frühlingsbeginn an der ehemaligen Uhr an der Grenze der Tierkreiszeichen Fische und Widder – fiktive astrologische Anzeige–, findet man sie jetzt zur gleichen Zeit zwischen den Sternbildern Wassermann und Fische, dem realen astronomischen Ort.

✧ Der exzentrische Tierkreisring wurde aufgegeben und durch einen konzentrischen ersetzt. Damit wurde auf eine Reihe von Angaben verzichtet, die das Astrolabium der ehemaligen Uhr hergab, z. B. Sonnen- und Mondauf- und -untergangszeiten, Größe der Tag- und Nachtbögen von Sonne und Mond in den verschiedenen Jahreszeiten, Mittagshöhen, Temporalstunden.

✧ Die Planetenzeiger für Merkur, Venus, Mars, Jupiter und Saturn fehlen, ebenso die Weltweisen in den Ecken der Uhrscheibe.

✧ Die geschnitzten Figuren der zwölf Tierkreiszeichen um die Kalenderscheibe sind durch 13 Sternfigurationen des Tierkreises ersetzt.

✧ Uhrwerk und Kalender berücksichtigen den 29. Februar der Schaltjahre. Am Kalender ergaben sich dadurch ungewöhnliche Zuordnungen von Tages- und Sonntagsbuchstaben zu den Tagen und Jahren.

✧ Die alte Uhr trug eine Vielzahl von Inschriften (→ Beschreibung der alten Uhr). Sie sind jetzt auf eine einzige reduziert. (→ Tabelle 9)

Das letzte Urteil über die neue astronomische Uhr in der Lübecker Marienkirche sprechen die Besucher. Wer die große Zahl und die Aufmerksamkeit der Menschen vor der Uhr um die Mittagsstunde beobachtet, weiß: Dies Urteil ist eindeutig positiv.

Im hansischen Raum sind zwei Typen monumentaler astronomischer Uhren zu unterscheiden: Die älteren Uhren (1380 bis etwa 1435) sind einem Astrolab nachempfunden und zeigen die Uhrzeit in temporalen und äquinoktialen Stunden an. Zu diesem Uhrentyp zählen die Uhren von Doberan, Lübeck, Lund, Münster, Stralsund und Wismar. Ihre Zeiger (einschließlich des Tierkreisringes) drehen sich täglich einmal. An den jüngeren Uhren (2. Hälfte des 15. Jahrhunderts) dagegen rotieren die drei Zeiger im Rhythmus des Tages, des Mondmonats und des Jahres. Ihr Tierkreisring steht fest. Zu dieser Gruppe rechnen die Uhren von Danzig, Rostock und – mit Einschränkungen – Stendal. Typisch für die älteren hansischen Uhren (außer Wismar) waren Weltweise in den Zwickeln von Uhr- oder Kalenderscheibe. Fünf der neun großen ›Hanseuhren‹ haben oder hatten ihren Standort im Scheitel des Chorumganges. Mindestens sechs dieser Uhren besitzen oder besaßen eine Kalenderscheibe.

Die astronomischen Anzeigen

Anzeigen beim älteren Typ

Die Mondphase

Die Mondphase wird oder wurde bei jeder dieser Uhren durch eine sich drehende Kugel auf dem Mondzeiger angezeigt. Die eine Kugelhälfte ist hell, oft silbern oder golden, die andere dunkel. Diese Mondphasenkugel (MPK) befindet sich in einer zum Betrachter hin offenen Halbkugel. Bei Vollmond ist dem Betrachter die helle, bei Neumond die dunkle Hälfte der MPK zugewandt. Ist mehr oder weniger von der hellen bzw. dunklen Oberfläche der MPK zu sehen, so wird die Phasengestalt des zunehmenden oder abnehmenden Mondes gezeigt.

Auch ohne die MPK ist die Mondphase aus der gegenseitigen Stellung von Sonnen- und Mondzeiger für denjenigen zu erkennen, der um die astronomischen Ursachen der Mondphasen weiß: In der Natur stehen Sonne und Mond für den irdischen Beobachter bei Vollmond einander gegenüber. Die gesamte beleuchtete Hälfte des Mondes ist von der Erde aus zu sehen. Bei Neumond befinden sich beide Himmelskörper für den Beobachter in der gleichen Richtung. Der Mond wendet der Erde seine unbeleuchtete dunkle Hälfte zu und ist darum unsichtbar. Bei zunehmendem oder abnehmendem Halbmond bilden Sonne und Mond für den Beobachter einen rechten Winkel. An der Uhr zeigen Sonnen- und Mondzeiger bei Vollmond in entgegengesetzte Richtungen und bei Neumond in dieselbe

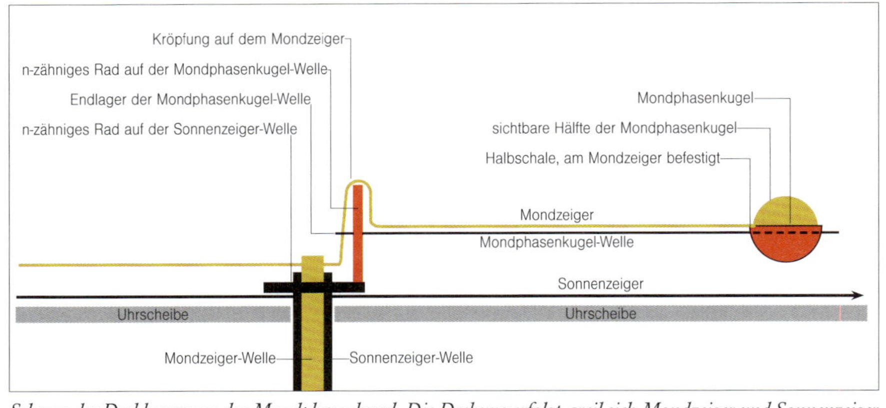

Schema der Drehbewegung der Mondphasenkugel. Die Drehung erfolgt, weil sich Mondzeiger und Sonnenzeiger unterschiedlich schnell bewegen (Verhältnis 379 : 366).

▷ *Reste des Mondzeigergetriebes an der Uhr in der Stralsunder Nikolaikirche. Zu erkennen sind das 24-zähnige Rad im Zentrum des Sonnenzeigers sowie die zentrale Kröpfung auf der einen Hälfte des Mondzeigers. In ihr lief einst das gleichfalls 24-zähnige Rad am Ende der Mondkugelwelle.*

Richtung. Bei Halbmond stehen die beiden Zeiger im Winkel von 90° zueinander – wie Sonne und Mond in der Natur.
Der Ablauf eines vollständigen Zyklus der Mondphasen (z. B. von Vollmond zum nächsten Vollmond) heißt in der Astronomie Lunation. Die durchschnittliche Dauer einer Lunation wird als synodischer Monat bezeichnet. Er umfasst einen Zeitraum von 29,53058 Tagen (29 d 12 h 44 min 2,9 s).

Zur Technik der Mondphasenanzeige an den Uhren

Vom Drehzentrum des Mondzeigers zur Mondphasenkugel (MPK) verläuft unter der Zeigerhälfte eine Welle. An ihrer einen Seite ist sie fest mit der MPK verbunden. An ihrem anderen Ende trägt sie ein Zahnrad. Ein zweites Rad mit gleicher Anzahl von Zähnen befindet sich im Drehzentrum auf dem Sonnenzeiger. Beide Zahnräder greifen im rechten Winkel ineinander. Wegen der unterschiedlich schnellen Bewegung von Sonnen- und Mondzeiger – der Sonnenzeiger dreht sich einmal in 24 Stunden, der Mondzeiger einmal in 24 h 50 min 32 s – rollt das an der Mondphasenkugel-Welle befestigte Zahnrad langsam auf dem mit der Sonnenzeigermitte verbundenen ab. Dabei wird die Mondphasenkugel allmählich gedreht. Nach einem synodischen Monat hat der Mondzeiger eine Umdrehung weniger als der Sonnenzeiger vollführt. In dieser Zeit hat sich die Mondphasenkugel einmal gedreht und hat dem Betrachter alle Phasen des Mondes vorgeführt.
Dieser Mondphasen-Mechanismus ist an den Uhren in Lund (Fassung von 1923), Lübeck (1976) und Münster (1930) in Funktion. Von den mittelalterlichen Uhren der ersten Generation in Lübeck, Lund, Münster, Stralsund und Wismar sind Reste der ehemaligen Mondphasenanzeigen vorhanden.

Stand von Sonne und Mond im Tierkreis

Der Kreisring mit den zwölf Zeichen des Tierkreises (Tierkreiszeiger, TKZ) wird vom Zeigerwerk der Uhr bewegt und rotiert in 23 h 56 min 4 s um 360°. Dieser Zeitraum heißt ein Sterntag. Der Tierkreiszeiger hat folgende Besonderheiten:

✧ Er ist in bezug auf seinen Drehpunkt exzentrisch gelagert.

✧ Werden vom Drehpunkt aus Winkel von je 30° abgetragen, so teilen sie den Kreisring in zwölf unterschiedlich breite Sektoren. Sie sind dort am schmalsten, wo der Kreisring seinem Drehpunkt am nächsten ist, und am breitesten dort, wo er dem Drehpunkt am entferntesten ist.

✧ Bei den Uhren in Lund und Stralsund und ehemals auch in Doberan, Lübeck und Wismar sind die Sektoren der Tierkreiszeichen der Zwillinge und des Krebses (Sommerzeichen) am Tierkreiszeiger breit, die des Schützen und des Steinbockes (Winterzeichen) dagegen schmal. An der Domuhr von Münster ist es entgegengesetzt. Das hängt mit der Art der für die Uhrscheibe gewählten stereografischen Projektion zusammen: In Münster wurde die nördliche Projektion verwendet, bei der man vom Südpol als Projektionszentrum nach Norden blickt. Bei den anderen genannten Uhren ist die südliche

Die Rotationsachse der Erde behält ihre Lage im Raum bei. Daher erhält die Nordhalbkugel um den 21. Juni die stärkste Sonneneinstrahlung (Sommer). Der Ort der Sonne vor dem Himmelshintergrund verschiebt sich scheinbar vor den Sternbildern des Tierkreises. Zu Frühlingsbeginn tritt sie in das Sternbild der Fische. Aus astrologischer Sicht beginnt hier das Zeichen des Widders.

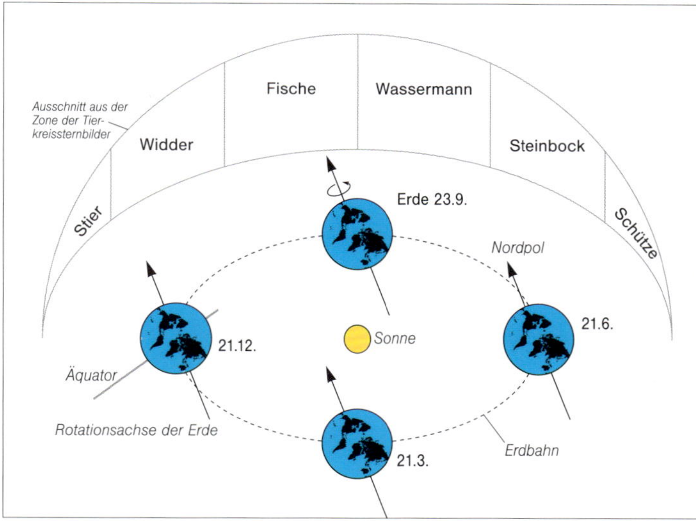

Projektion benutzt worden, bei der der Nordpol das Projektionszentrum ist und der Beobachter nach Süden schaut. In beiden Fällen entsteht auf der Uhrscheibe ein unterschiedliches Liniennetz (→ *Astrolabziferblatt*).

✧ Am Außenrand des Kreisringes ist meist noch eine Einteilung von 5 zu 5 oder von 10 zu 10 Grad angebracht: 5, 10, 15, 20, 25, 30 (oder auch: 30, 10, 20, 30 oder 0, 10, 20, 0). Sie erleichtert die Beobachtung der täglichen Ortsveränderung des Sonnen- und des Mondzeigers gegenüber dem äußeren Rand des Tierkreisringes.

Da sich Tierkreisring, Sonnenzeiger und Mondzeiger annähernd im Verhältnis 365 : 366 : 379 drehen, ändern sie fortwährend ihre Stellung zueinander: An einem Sterntag bleibt der Sonnenzeiger um knapp 1° (genau 0,982956°) gegenüber dem Tierkreiszeiger zurück. In einem Jahr hat der Tierkreiszeiger 366, der Sonnenzeiger aber nur 365 Umläufe vollendet. Dabei hat er sich durch alle zwölf Tierkreiszeichen bewegt.

Noch auffälliger sind die Veränderungen zwischen Tierkreisring und Mondzeiger. Der Mondzeiger bleibt an einem Sterntag über 13° (genau 13,176359°) hinter dem Tierkreiszeiger zurück. Nach 2 d 6 h 38 min 36 s ist er ins nächste Tierkreiszeichen gewandert. In 27 d 7 h 43 min hat er alle zwölf Tierkreiszeichen überstrichen. Ein siderischer Monat ist vorüber.

Der Ort des Sonnenzeigers bzw. des Mondzeigers über dem Tierkreisring gibt den Stand von Sonne und Mond in den Tierkreiszeichen an.

Ekliptik und Tierkreis

Die Ebene, in der sich die Erde um die Sonne bewegt, heißt Ekliptik. Die Rotationsachse der Erde steht nicht senkrecht auf der Ekliptik – dann gäbe es keine Jahreszeiten! –, sondern bildet mit ihr einen Winkel von annähernd 66,5°. Daher schneidet die Äquatorebene der Erde die Ekliptik unter einem Winkel von fast 23,5 Grad – genau 23° 26′ 22″. Dieses Phänomen wird allgemein als »Schiefe der Ekliptik« bezeichnet.

In Abwandlung der Worte von Köster Klickermann in Rudolf Tarnows plattdeutschen Gedicht »De schew Globus« (»Der schiefe Globus«) kann die Menschheit, die so vieles auf unserm Planeten veränderte, in diesem Falle beruhigt sein: »Er war schon schief, als wir ihn kriegten.«

Nahe dem Schnittkreis der Ekliptik mit der Himmelskugel befinden sich die Sternbilder Widder (lat. Aries), Stier (Taurus), Zwillinge (Gemini), Krebs (Cancer), Löwe (Leo), Jungfrau (Virgo), Waage (Libra), Skorpion (Scorpius), Schütze (Sagittarius), Steinbock (Capricornus), Wassermann (Aquarius) und Fische (Pisces). Da sieben dieser Sternbilder Tiernamen tragen, wird seit alters her für alle die Bezeichnung Tierkreissternbilder, und für das durch sie ausgefüllte Himmelsgebiet beiderseits der Ekliptik der Name Tierkreis (Zodiakus) benutzt. Das Sternbild Schlangenträger wird zwar auch von der Ekliptik geschnitten, rechnet traditionsgemäß aber nicht zu den Tierkreissternbildern. Ein Tierkreiszeichen umfaßt einen Abschnitt von 30° der Ekliptikzone.

◁◁ *Auf dem Doberaner Zifferblatt sind die Linien des Astrolabs besonders gut zu sehen, da die Zeiger fehlen.*

◁ *Der Ort, an dem der Sonnenzeiger den Außenrand des Tierkreiszeigers schneidet, ist von besonderer Wichtigkeit für die Anzeigen. Ginge die Stralsunder Uhr, so wäre diese Aufnahme gegen 14^{30} (= 8^{30} temporaler Zeit) ca. fünf Tage nach Neumond gemacht worden. Der gekennzeichnete Sonnenzeiger-Ort befindet sich über dem Ring circulus arietes et libre sive equinoxcialis. Beim Weiterdrehen von Sonnen- und Tierkreiszeiger würde der Horizontbogen gegen 6 Uhr abends (Sonnenuntergang) und dann wieder um 6 Uhr morgens (Sonnenaufgang) geschnitten. Analoges läßt sich aus dem Schnittpunkt des Mondzeigers mit dem Außenrand des Tierkreiszeigers herauslesen.*

Astrolabzifferblatt

An den astronomischen Uhren entspricht die Fläche innerhalb des Ziffernringes der Ekliptik. Bei den astronomischen Uhren vom älteren Typ ist sie wie die Mater eines Astrolabiums, eines wichtigen mittelalterlichen Messinstrumentes, gestaltet. Wie auf diese viele Linien graviert sind, ist auch auf die Uhrscheiben ein verwirrendes, aber wohldurchdachtes System von Linien – Geraden, Kreise, Bögen – gemalt. Ihre Anordnung ergibt sich aus der geografischen Breite des Aufstellungsortes der Uhr und der o. g. Art der stereografischen Projektion und enthält:

✧ Eine senkrechte Nord-Süd- und eine waagerechte Ost-West-Gerade. Erstere entspricht dem Himmelsmeridian. Der Schnittpunkt der beiden Geraden ist einer der beiden Himmelspole gemäß der gewählten Projektion. Er ist das Drehzentrum der Uhrzeiger.

✧ Drei oder sieben konzentrische Kreise um das Drehzentrum.

Das sind die Wendekreise des Steinbockes und des Krebses sowie dazwischen der Äquatorkreis (Kreis des Widders und der Waage). Sind sieben Kreise vorhanden, so sind es außerdem die Kreise von Wassermann + Schützen, Fischen + Skorpion, Jungfrau + Stier sowie Löwen + Zwillingen.

✧ Eine nach unten (südliche Projektion) oder nach oben (nördliche Projektion) gebogene Linie, der Ortshorizont (»horizont obliquus«). Seine Lage hängt von der geografischen Breite ab. Nach innen ist der Ortshorizont von dem verwaschen gemalten Dämmerungskreis umgeben. Unterhalb des Horizontbogens liegt das Nachtfeld, oberhalb das Tagfeld. Bei Uhren der südlichen Projektion ist das Tagfeld größer als das Nachtfeld. Das verbessert die Ablesemöglichkeiten. Bei Uhren der nördlichen Projektion ist das Nachtfeld größer.

✧ Die Bögen der zwölf temporalen Stunden, meist im Tagfeld, nur in Münster im Nachtfeld.

✧ An der Domuhr von Münster befinden sich auf der Uhrscheibe (der Mater des Astrolabs) noch weitere Einteilungen: Auf dem Meridian ist 38° nach Süden (oben) im Tagfeld der Zenit von Münster (geografische Breite 52°) markiert. Um ihn sind fünf konzentrische Höhenkreise gezeichnet. Außerdem gehen von ihm weitere Kreisbögen aus, die Vertikalkreise. Durch sie werden acht Himmelsrichtungen gekennzeichnet.

Ein weiteres Liniensystem geht bei dieser Uhr vom Schnittpunkt des Ortshorizontes mit dem Meridian aus. Es teilt den Himmel in zwölf astrologische Himmelshäuser.

Bedenkt man, das dies komplizierte und vielschichtige Liniensystem in Münster noch von einer seitenverkehrten Weltkarte überdeckt ist und dass sich vor dem Ganzen die Zeiger bewegen, so wird klar, dass diese Fülle von astronomischen und astrologischen Darstellungen für den ungeschulten Besucher kaum verständlich sein kann.

Auf- und Untergangszeiten von Sonne und Mond

Wie beim Astrolab ergeben sich die Anzeigen an den astronomischen Uhren dieses Typs

✧ durch die Stellung der beweglichen Zeiger zueinander und

▹ *Uhrscheibe der astronomischen Uhr im Dom zu Münster mit den Zeigern der Planeten Merkur, Venus, Mars, Jupiter und Saturn. Die Planetennamen sind auf Schildern am jeweiligen Zeiger angegeben.*

▹▹ *Im St.-Annen-Museum Lübeck hängen Teile des 1888/90 ausgebauten Zeigerwerkes der Marienkirch-Uhr.*

✧ zum anderen durch die Stellung der Zeiger zum Liniennetz auf der Grundscheibe.

Von besonderer Bedeutung ist dabei die Lage jener Stelle, an welcher der Sonnenzeiger bzw. der Mondzeiger den Außenrand des Tierkreiszeigers schneiden. Dieser Ort wird zu dem Liniengefüge auf der Grundscheibe in Beziehung gesetzt.

Auf- und Untergang von Sonne und Mond. Überschreitet der Schnittpunkt Sonnenzeiger – Außenrand des Tierkreiszeigers (im folgenden vereinfacht als »Sonnen-Schnittpunkt« bezeichnet) den Horizontkreis, so gibt die vom Endpunkt des Sonnenzeigers im Stundenkreis angezeigte Uhrzeit die Zeit des Sonnenaufgangs (morgens) oder des Sonnenuntergangs (nachmittags /abends) an.

Analog ergibt der Mond-Schnittpunkt beim Überschreiten des Horizontkreises in guter Näherung den Mondaufgang oder -untergang.

Anzeige der temporalen Stunden. Im Laufe des Tages bewegt sich der Sonnen-Schnittpunkt über die Bögen der temporalen Stunden. Bei Sonnenaufgang ist 0 Uhr, zum Mittag 6 Uhr, bei Sonnenuntergang 12 Uhr temporale Zeit.

Den mittelalterlichen Uhrenbauern ist es gelungen, auf ihren Uhren die Tageszeit sowohl in äquinoktialen Stunden (gleich lange Stunden; Ort der Sonnenzeigerspitze über dem Stundenring) als auch in temporalen Stunden (ungleich lange Stunden; Sonnen-Schnittpunkt über den temporalen Stundenbögen) anzuzeigen. Sie entsprachen damit sowohl städtischen als auch klösterlich-kirchlichen Bedürfnissen und Gewohnheiten um die Wende vom 14. zum 15. Jahrhundert. Ein halbes Jahrhundert später hatte sich die Angabe der Zeit in gleich langen Stunden schon soweit durchgesetzt, dass an den astronomischen Uhren des jüngeren Typs auf die temporalen Stunden verzichtet werden konnte.

Stand der Sonne in den Wendekreisen. Der Sonnen-Schnittpunkt befindet sich zur Sommersonnenwende über dem Wendekreis des Krebses und zur Wintersonnenwende über dem Wendekreis des Steinbockes. Zu den Zeiten der Tagundnachtgleichen (etwa 21. März und 23. September) bewegt er sich über dem mittleren der konzentrischen Kreise, dem Äquator- oder Äquinoktialkreis von Widder und Waage.

Aus dem Ort des Sonnen-Schnittpunktes in bezug auf die drei (oder sieben) konzentrischen Kreise der Grundscheibe lässt sich auch die Größe des Tagbogens der Sonne erkennen und ihre Lage gegenüber den Wendekreisen und dem Äquator ablesen.

Planetenbewegungen

An der Domuhr von Münster und ehemals an der Uhr in der Lübecker Marienkirche werden bzw. wurden auch die Bewegungen der fünf klassischen Planeten Merkur, Venus, Mars, Jupiter und Saturn angezeigt. Alle Planetenzeiger durchlaufen täglich den gesamten Stundenkreis. Es ist zu erkennen, in welcher Richtung zur Sonne sie sich befinden, ob sie über oder unter dem Horizont stehen und zu welcher Zeit sie kulminieren.

Der Merkurzeiger in Münster (in Lübeck ehemals auch der Venuszeiger) ist insofern eine Attrappe, als er starr mit dem Sonnenzeiger

◃◃ *Die Rostocker Uhrscheibe zur Zeit des abnehmenden Halbmondes kurz nach Frühlingsbeginn.*

◃ *Die Uhr in Stendal bei Neumond um den 20. November (Sonnenzeiger über dem Mondzeiger an der Grenze der Zeichen Skorpion und Schütze).*

▹ *Siderischer und synodischer Monat. Nach Ablauf eines siderischen Monats steht der Mond von der Erde gesehen wieder vor demselben Himmelshintergrund. Er hat einen Umlauf von 360° vollendet. Weil sich die Erde inzwischen auf ihrer Bahn um die Sonne weiter bewegt hat, muss der Mond noch 29,1° zurücklegen, bis es wieder Vollmond ist. Dann ist ein synodischer Monat vergangen.*

verbunden ist. Der Venuszeiger an der Domuhr von Münster dagegen bewegt sich im Winkel von 29°, seiner größten Elongation von der Sonne, in 584 Tagen um die Sonne auf dem Sonnenzeiger.

Die Zeiger der äußeren Planeten Mars, Jupiter und Saturn bewegen sich in knapp zwei bzw. in zwölf resp. 29,5 Jahren einmal über den Tierkreisring. Die früheren Werke der Uhren von Lübeck und Münster waren so konstruiert, dass nicht nur die Planetenbewegung von West nach Ost, sondern auch ihre zeitweilige Rückläufigkeit angezeigt wurde.

Die alten Zeiger der Lübecker Uhr waren 1888/90 ausgebaut und 1892 ins St.-Annen-Museum der Stadt gegeben worden. Im Inventarbuch des Museums steht unter 1892, laufende Nr. 145 bzw. 145[ab]: »Theile der alten astronomischen Uhr (Räderwerk, Pendel und zwei Scheiben). a) Thierkreisscheibe. Die in Relief geschnitzten und vergoldeten 12 Figuren des Thierkreises. Der Reifen ist umgeben von drei anderen excentrischen Kreisreifen, deren äußerster in 360 Theile getheilt ist. Auf dem zweiten wiederholen sich 12 mal die Zahlen |10.|20.|30. Der dritte Reifen ist inschriftlos. Am unteren Rande des Thierkreisreifens sind auf die einzelnen Zeichen bezügliche Inschriften, in jetziger Gestalt aus neuerer Zeit. ›Löwe truken und heis | Krebs feucht und kalt | Zwillinge feucht und heis | Stier truken und kalt | Widder truken und heis | Fisch feucht und kalt | Wasserm. feucht. Heis | Steinb. … | Schtz. tru. und heis | Scorp. feucht kalt | Waag feucht u. heis | J(ungfrau … k)alt.|‹

Die Sprossen, welche diese Reifen verbinden sind in Gestalt gothischer Strebepfeiler gebildet. Das Ganze mit Kreidegrund auf Leinen und vergoldet.«

Unter »Bemerkungen« ist verzeichnet: »Nachträglich sind noch verschiedene Radtheile, Zeiger usw. aus der Marienkirche geholt und von Hrn. Uhrmacher E. Schiller, der auch die letzte Erneuerung der Uhr bewerkstelligt hat, möglichst so wieder zusammengestellt, wie sie sich früher an der astronomischen Uhr in der Kirche selbst befunden haben …«.

Diese Materialien haben zusammen mit der damals gleichfalls ins Museum gegebenen alten Kalenderscheibe von 1405 die Zerstörungen des Zweiten Weltkrieges überdauert, während alles Übrige mit der Marienkirche zerstört wurde. Dank dieser denkmalpflegerischen und musealen Weitsicht stehen in Lübeck einige wichtige ursprüngliche Teile der astronomischen Uhr noch zur Verfügung, während ihre ›Nachfolger im Amt‹ in den Flammen des Krieges vergingen.

Anzeigen beim jüngeren Typ

Zu diesem Typ astronomischer Uhren gehören im Hanseraum die Uhren von Danzig und Rostock sowie – mit Einschränkungen – die Stendaler Uhr. Der jüngere Uhrentyp ist dadurch gekennzeichnet, dass sich die Zeiger im Rhythmus der drei natürlichen Zeitmaße Tag, Monat und Jahr drehen.

Der Stundenzeiger wird durch einen eisernen Stab gebildet, der mit seinen beiden Enden bis zu einander gegenüber liegenden Stellen des Stundenringes reicht. Seine Länge entspricht also dem Durchmesser

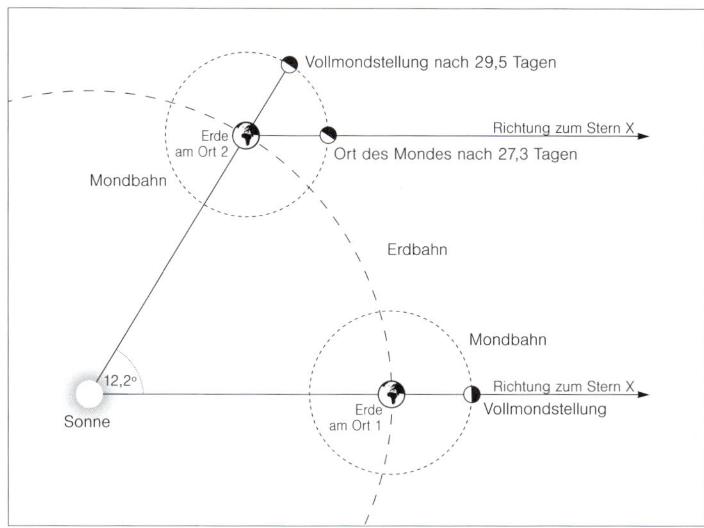

Der äußere Rand der Sonnenscheibe der Marienkirchuhr in Rostock ist mit den Zahlen 1 bis 29 versehen. Die Zählung beginnt beim Sonnenzeiger. Der Ort des Mondzeigers gibt das Mondalter an.

des Zifferblattes, während die Stundenzeiger heutiger Uhren nur von der Mitte bis zum Stundenring reichen. Er dreht sich täglich einmal und gleicht dem Sonnenzeiger an den Uhren des älteren Typs.
Als Sonnenzeiger und als Mondzeiger fungieren zwei gleich große, übereinander liegende Scheiben mit je einem Zeiger an ihrem äußeren Rand. Die Sonnenscheibe besitzt einen kreisförmigen Ausschnitt, in dem ein Teil der darunter liegenden Mondscheibe zu sehen ist. Sie dreht sich einmal im Jahr. Die Mondscheibe dagegen dreht sich in einem siderischen Monat (= 27,32 Tage) einmal. Während dieser Umläufe überstreichen die an den Scheiben befindlichen Zeiger den Ring der Tierkreiszeichen und zeigen die Örter von Sonne bzw. Mond in diesen Zeichen.

Mondphase und Mondalter

Die Mondscheibe ist mit zwei Mondbildern versehen, einem leuchtend gelben und einem dunklen. Zur Zeit des Vollmondes lacht das helle Mondgesicht aus der Öffnung in der Sonnenscheibe. Bei Neumond dagegen füllt der dunkle Mond diese Öffnung.
Beide Scheiben drehen sich entgegen dem Uhrzeigersinn (in Stendal: im Uhrzeigersinn) mit unterschiedlicher Geschwindigkeit. Während sich die Sonnenscheibe mit dem daran befindlichen Sonnenzeiger täglich um knapp 1° (genau: 360/365°) bewegt, wandert die darunter liegende Mondscheibe mit dem Mondzeiger um reichlich 13° (genau: 360/27,322°) weiter. Da sich beide Scheiben in gleicher Richtung drehen, verschiebt sich das Mondbild im Ausschnitt täglich um rund 12°. Dem vollen Mond wird täglich ein Stückchen abgeschnitten, bis er nur noch zur Hälfte zu sehen und schließlich vom dunklen Neumond ersetzt ist. Auch der wandert allmählich aus dem Bild, und das erste Zipfelchen der jungen Mondsichel wird wieder sichtbar. Monat um Monat wiederholt sich dies Wechselspiel. Zugegeben: Nicht alle Phasenbilder sind überzeugend naturgetreu. Aber den Uhrenbauern ist es gelungen, den Ablauf des Naturgeschehens mit mechanischen Mitteln erkennbar wiederzugeben.
Mit der Bewegung der Scheiben ändern der Mond- und der Sonnenzeiger ihren Ort gegeneinander und gegenüber dem Uhrscheiben-Untergrund. Bei Neumond stehen sie übereinander, bei Halbmond im rechten Winkel zueinander und bei Vollmond einander gegenüber. Ist der Drehsinn bekannt, so lässt sich die Mondphase also auch aus der Stellung der beiden Zeiger zueinander erkennen.
Siderischer Monat. Der Mond verändert seinen Ort am Himmel täglich ein Stück nach Osten. Nach 27,322 Tagen hat er einen Umlauf um die Erde vollendet und befindet sich wieder vor demselben Stern des Himmelshintergrundes. Der Zeitraum, in dem sich der Mond um 360° um die Erde bewegt hat, heißt siderischer Monat.
Besaß der Mond bei Beginn der Beobachtung sein volles Gesicht, so fehlt nach Ablauf eines siderischen Monats noch ein Stück zum Vollmond. Denn da sich auch die Erde auf ihrer Bahn um die Sonne in dieser Zeit weiterbewegt hat, kommen Sonne-Erde-Mond im Mittel erst nach weiteren zwei Tagen fünf Stunden wieder in eine Gerade (→ *Synodischer Monat*).

Mondalter. Der Außenrand der Sonnenscheibe ist mit der Ziffernfolge 1 bis 29 versehen. Der Sonnenzeiger steht in einem freien Feld zwischen der 29 und der 1. Im Laufe eines synodischen Monats wandert der Mondzeiger an dieser Zahlenfolge vorbei, und die Zahlen geben die seit Neumond vergangene Anzahl von Tagen an. Sie werden das »Mondalter« genannt. Für Neumond gilt das Mondalter Null (Sonnen- und Mondzeiger decken sich), bei zunehmendem Viertel etwa 7, bei Vollmond rund 15 und bei abnehmendem Viertel ungefähr 22.

Stand von Sonne und Mond im Tierkreis
Außerhalb der Sonnen- und der Mondscheibe verläuft der Ring der zwölf Tierkreiszeichen. Sie werden vom Sonnenzeiger in einem Jahr durchlaufen. Zu Frühlingsbeginn steht er an der Grenze der Zeichen Fische und Widder, zu Sommerbeginn zwischen Zwillingen und Krebs, bei Herbstanfang zwischen Jungfrau und Waage und zum Winteranfang an der Grenze von Schützen und Steinbock. Der Mondzeiger durcheilt alle Zeichen in einem siderischen Monat.

Die astronomischen Uhren des älteren wie des jüngeren Typs geben die Mondphase, den Stand von Sonne und Mond im Tierkreis, den synodischen und den siderischen Monat und das Jahr an. Bei den Uhren des älteren Typs können darüber hinaus auch die temporalen Stunden sowie die Zeiten des Aufganges und des Unterganges von Sonne und Mond auf der Uhrscheibe abgelesen werden.
Die größere Zahl astronomischer Anzeigen wurde bei den älteren Uhren mit größeren Mühen bei ihrer Ablesung erkauft. Die jüngeren Uhren sind leichter ›lesbar‹.

Astrologische Anzeigen

Bei Aussagen zu astrologischen Anzeigen an astronomischen Uhren muss bedacht werden, dass Astronomie und Astrologie zur Entstehungszeit dieser Uhren noch Geschwister waren. Vielfach wurde Astronomie vor allem zu dem Zweck betrieben, möglichst genaue Horoskope erstellen zu können. Himmelsbeobachtung war Dienstleistung für die Astrologen.
Himmelsbeobachtungen von vielen Generationen und manches Rätselhafte, Unverstandene waren im Mittelalter zu einem bunten Gemenge von Erkenntnissen und Deutungen geworden. Es gab eine Fülle bemerkenswerter Beobachtungsbefunde, z.B. über die Umlauf-

zeiten der Himmelskörper. Aber da die Ursachen der astronomischen Vorgänge noch unbekannt waren, war der Fantasie beim Vermuten von Wechselwirkungen zwischen himmlischen Erscheinungen und irdischen Folgen jeglicher Raum gegeben. Besondere Bedeutung wurde den Konstellationen der Gestirne und den Phasen des Mondes, den Kometen und Feuerkugeln für das menschliche Schicksal zugemessen.
Darum verwundert es nicht, dass mittelalterliche Monumentaluhren sowohl astronomische als auch astrologische Auskünfte geben. Der Stand von Sonne und Mond wird von allen derartigen Uhren angezeigt. Darüber hinaus werden bzw. wurden von den Uhren in Lübeck, Münster und Rostock auch die Regenten des aktuellen Tages und der jeweiligen Stunde gegeben.

Tierkreiszeichen

So heißen zwölf Abschnitte von je 30° in der Ekliptikzone, denen jeweils ein Tierkreissternbild zugeordnet ist. Die Zählung beginnt mit dem Frühlingspunkt. Als die Zuordnung der Sternbilder zur Zeit Hipparchs (um 190 … 125 v.Chr.) vorgenommen wurde, befand sich der Frühlingspunkt im Sternbild Widder. Darum wird er auch als Widderpunkt bezeichnet. Infolge der Kreiselbewegung der Erdachse (Präzession), die in 25.700 Jahren einen Kegel mit dem Öffnungswinkel von 47° beschreibt, verschiebt sich der Frühlingspunkt jährlich um 50,4 Bogensekunden gegenüber den Sternen. Seit der Zeit Hipparchs ist er um etwa 30° gewandert, und mit ihm die an ihn

◁ *Rostock. Tierkreiszeichen Zwillinge.*

▷ *Münster. Ring mit den Tierkreiszeichen im zentralen Teil der Kalenderscheibe. Im Drehzentrum ist der Dompatron St. Paulus dargestellt. Die Tierkreiszeichen sind in ein Maßwerk eingefügt, das weiter außen auch die Miniaturen der zwölf Monatsbilder umfasst.*

▷▷ *Sonnen- und Mondzeiger an der Rostocker Uhr im Zeichen des Widders. Die Aufnahme entstand Ende März kurz vor Neumond.*

gebundenen astrologischen Tierkreiszeichen, nicht aber die astronomischen Tierkreissternbilder! So kommt es, dass das Zeichen Widder heute im Sternbild Fische, das Zeichen Stier im Sternbild Widder usw. liegt (→ Tabelle 3). Noch komplizierter werden die Verhältnisse dadurch, dass die Sternbilder Ausdehnungen zwischen 20° und 44° haben, während die Zeichen einheitlich 30° umfassen. Darum ist sorgsam zwischen den astrologischen Tierkreiszeichen und den astronomischen Sternbildern zu unterscheiden.

An den mittelalterlichen Uhren wird der Ort der Sonne in den Tierkreiszeichen angezeigt. Das ist daran zu erkennen, dass sie zu Frühlingsbeginn an der Grenze zum Zeichen Widder steht. In der Natur erreicht sie – wie oben gesagt – erst das Sternbild Fische. Einzig die neue Uhr in der Lübecker Marienkirche, ein Objekt des 20. Jahrhunderts, zeigt den wirklichen Stand der Sonne in den Sternbildern. Bei ihr gibt es auch (wie am Himmel) ein 13. Tierkreissternbild, den Schlangenträger (Ophiuchus), den die Astrologie unterschlägt.

Die Tages- und Stundenregenten werden in Münster (und ehemals in Lübeck) in senkrechten Rechtecken links und rechts auf der Uhrscheibe angezeigt. Hinter den Rechtecken mit ihren je zwölf Sichtfenstern verlaufen zwei senkrechte Achsen, auf denen in Höhe der Fenster insgesamt 24 siebeneckige Scheiben befestigt sind. Auf ihren Stirnflächen sind in vorgegebener Reihenfolge die Namen der sieben mittelalterlichen Wandelsterne Sonne, Mond, Merkur, Venus, Mars, Jupiter und Saturn geschrieben. Jeweils eine Stirnfläche ist hinter jedem der Fensterchen sichtbar und wird einer der 24 Tagesstunden zugeordnet (→ Tabelle 5). Der Regent der ersten Stunde nach Mitternacht ist gleichzeitig Tagesregent und gibt dem beginnenden Tag den Namen. Jeweils um Mitternacht werden die senkrechten Achsen um 51,5° gedreht, so dass hinter jedem Fenster die nächste Stirnfläche mit anderer Beschriftung erscheint. An der Rostocker Marienkirchuhr wurde für dieselbe Aufgabe eine andere Lösung gefunden: An der am Tage oberen Hälfte des Stundenzeigers ist eine in 28 Abschnitte geteilte Scheibe befestigt. Sie ist viermal mit den Namen und den Zeichen der Himmelskörper Saturn, Jupiter, Mars, Sonne, Venus, Merkur und Mond beschrieben. Ein hinter der Scheibe befindliches Schwerkraftgetriebe sorgt dafür, dass täglich 24 der 28 Sektoren unter einem roten Zeiger vorüber wandern. Der Zeiger weist auf den aktuellen Stundenregenten.

Eine Schwerkraftuhr gab es auch an der alten Uhr in der Lübecker Marienkirche. Sie befand sich auf dem Mondzeiger, an dem der Mondphasenkugel entgegengesetzten Ende des Doppelzeigers, sozusagen als Gegengewicht für die Kugel. In ihrem Zentrum war die Scheibe dieser ›Monduhr‹ nahe dem Zeigerende drehbar befestigt. Auf ihrer Vorderseite befand sich ein Zahlenkranz, der zweimal die Ziffern von I bis XII enthielt. Auf der Scheibenrückseite war hinter einer der beiden Ziffern XII ein Massestück befestigt. Drehte sich der Mondzeiger, blieb es immer am tiefsten Punkt, und die Scheibe änderte ihre Lage gegenüber dem Mondzeiger. Während einer Umdrehung des Mondzeigers wanderten alle Ziffern des Stundenringes der Monduhr an einem Zeigefinger auf dem Mondzeiger vorbei.

Eine ganz ähnliche Schwerkraftuhr gibt es noch heute an der Rostocker Uhr, eine »Miniaturuhr auf der Monumentaluhr«. Sie befindet sich auf dem der o.g. astrologischen Scheibe entgegengesetzten Ende des Stundenzeigers. Der verschiedene Ort beider Schwerkraftuhren in Rostock und Lübeck – Stunden- bzw. Mondzeiger – bewirkt in Verbindung mit dem unterschiedlichen Typ beider Uhren eine sehr wesentliche Differenz: Der Rostocker Stundenzeiger macht eine Umdrehung in 24 Stunden. In dieser Zeit bewegen sich die Ziffern 1 bis 24 des Scheibenrandes an der Marke auf dem Stundenzeiger vorbei und zeigen die gewöhnliche Uhrzeit an. In Lübeck jedoch, einer Uhr des älteren Typs, drehte sich der Mondzeiger einmal an jedem Mondtag (= 24 Stunden 50 Minuten 28 Sekunden). In diesem Zeitraum von 89.428 Sekunden wanderten die 24 Ziffern an der Marke auf dem Mondzeiger vorbei. Für die Bewegung von einer Ziffer zur nächsten wurden 3.726 Sekunden (1 h 2 min 6 s) benötigt. Dieser Zeitraum heißt »Mondstunde«. Sie war und ist weder im täglichen Leben noch in der astronomischen Wissenschaft üblich. Wie weit sie seit langem in Vergessenheit geraten ist, zeigt sich z.B. daran, dass so profunde Kenner der alten Lübecker Uhr wie Jimmerthal (1881, S. 28f.) und Warncke (1935, S. 10) zwar beide diese Schwerkraftuhr auf dem Mondzeiger beschreiben, aber vom Ring der ›Tagesstunden‹ sprechen. Wohl schrieb Warncke dazu, dass »eine Hand am Mondzeiger die Mondzeiten an(gibt)«, aber es bleibt offen, was unter letzteren zu verstehen ist. Jimmerthal schrieb: »Die eigene Umdrehung dieser Scheibe geschieht nun in solcher Weise, dass die Zahl der jedesmaligen Tagesstunden immer gerade gegen den Finger gerichtet ist, und man also auch hieran genau die Zeit erkennen kann.« Welche Zeit? Die Uhrzeit offenbar nicht. Denn da der Mondzeiger – wie der Mond in der Natur – täglich um ca. 50 Minuten ›nachging‹, wich seine Uhr schon nach nur drei Tagen um 2 ½ Stunden, nach sechs Tagen um fünf Stunden usw. von der normalen Tageszeit ab – eine sehr augenfällige Abweichung.

Vom Mondtag hängen die Gezeiten ab: Zweimal an einem Mondtag gibt es Ebbe, zweimal Flut. Aber eine »Gezeitenuhr« in Lübeck an der Ostsee, wo die Gezeiten keine Rolle spielen?

Diese seltsame Mondstundenuhr war eine Besonderheit der alten Uhr in Lübecks Marienkirche.

Der geistige und technische Aufwand, der an den Uhren von Lübeck, Münster und Rostock für die Kennzeichnung der astrologischen Regenten eingesetzt wurde, bezeugt, dass ihnen im 15. und 16. Jahrhundert erhebliche Bedeutung beigemessen wurde.

⊲⊲⊲ Rechts und links der Uhrscheibe im Dom zu Münster werden in 24 Fensterchen die Namen der astrologischen Regenten angezeigt. Ähnlich war es bei der zerstörten Lübecker Marienkirchuhr.

⊲⊲ Astrologische Scheibe auf dem Stundenzeiger der Uhr in der Rostocker Marienkirche. Der rote Zeiger dieser Scheibe steht im Feld des Jupiter, der die Stunde zum Zeitpunkt der Aufnahme regierte.

⊲ Astrologische Mondstundenuhr auf einer Mondzeigerhälfte der früheren Uhr in der Lübecker Marienkirche.

⊳ Bei den meisten monumentalen Kirchenuhren ist der obere Abschluss besonders reich und symbolhaft ausgeführt. Als Beispiel wird hier die ikonografische Gestaltung oberhalb der Uhrscheibe in der Rostocker Marienkirche gezeigt. Ähnlich reich an religiösen Motiven sind die Uhren in den Marienkirchen von Danzig und Lübeck sowie in den Domen von Lund und Münster.

Das religiöse Programm und die künstlerische Gestaltung

Ikonografische Aussagen

Wer die Aussagen der Monumentaluhren verstehen will, muss sich in das Weltbild und die selbstverständliche Frömmigkeit der Menschen des Mittelalters zurückversetzen. Denn astronomische Uhren in Kirchen spiegeln den gottgeschaffenen Kosmos wider, seinen himmlischen Raum und die irdische Welt.

Die Bewegung der Himmelskörper auf der Uhrscheibe gehört zum »überirdischen« Raum, während der Kalender die dem Menschen zugewiesene Erdenwelt bezeichnet. Der Ablauf der Zeit rechnet zu beiden Sphären. Das Bildnis Gottes, des Christus oder der Maria mit dem Kinde, Engels- und Heiligenfiguren verbinden Himmlisches mit Irdischem. Gottvater oder Christus als Erlöser oder die Gottesmutter mit dem Kinde werden als ›über der Zeit stehend‹ verdeutlicht. In Danzig, Lübeck, Münster und Rostock, ehemals vielleicht auch in Wismar stehen oder standen sie oberhalb der Uhrscheibe. In Lund sitzt Maria mit dem Christuskind zwischen der ›himmlischen‹ Uhrscheibe mit ihren astronomischen Anzeigen und der ›irdischen‹ Kalenderscheibe – sehr zur Freude der Besucher, die dem Umgang der Heiligen Drei Könige dadurch näher sind. Auch an der Doberaner Uhrscheibe finden sich im unteren Teil zwei Schlitze, die wohl im Zusammenhang mit ehemaligen figürlichen Darstellungen zu sehen sind.

Besonders reich gestaltete Bildwerke mit Darstellungen der biblischen Geschichte, der Gottesverehrung oder allegorischen Inhalten besitzen die Uhren von Danzig (Adam und Eva; Evangelistenumgang, Apostelumgang), Lübeck (Marienkirche ehemals: Umgang des Kaisers und der sieben Kurfürsten vor Christus, Zeit und Vergänglichkeit, Janus als Sinnbild von Vergangenheit und Zukunft, Allegorien der Planeten, Evangelisten; heute: Die Gläubigen der Welt huldigen Christus, sieben christliche Tugenden, Zeit und Vergänglichkeit. Dom: Evangelisten, Tod und weitere allegorische Figuren), Lund (Huldigung der Könige, Evangelisten), Münster (Muttergottes und Umgang der Heiligen Drei Könige mit ihren Dienern, Evangelisten, Chronos und Tod) und Rostock (Adam und Eva; Christus und die zwölf Apostel, davon sechs im Umgang; Evangelisten). Es darf angenommen werden, dass auch die Uhren von Wismar und Doberan ähnliche Darstellungen besaßen.

Diese figürlichen Darstellungen werden an einigen Uhren durch Schriftzeilen ergänzt. Im Kalenderraum der Rostocker Uhr findet sich die Inschrift »Ein Tag saget's den andern. / Und eine Nacht thut's kund den andern. / O Mensch bedenk' das Ende, / So wirst du nimmer übel thun« (Psalm 19,3 und Jesus Sirach 7,40). An der alten Lübecker Uhr stand an dem Gesims zwischen Uhr- und Kalenderscheibe in Latein: »Wenn Du den Anblick des Himmels und den Glanz der Sonne und des Mondes als Lichter betrachtest, die ihren Schein nach einem gewissen Lauf einrichten, so kannst Du mit Augen sehen, wie die flüchtige Stunde und das Jahr dahinläuft und sich nicht

aufhalten läßt; aber so oft sich die klingende Glocke mit ihrer Melodie hören läßt, so vergiß nicht den Gott zu loben, der über die Gestirne herrschet.« Die letzten Zeilen dieser Inschrift sind fast wörtlich an die neue Marienkirchuhr in Lübeck übernommen worden.

Komplettiert wird das religiöse Programm an einigen astronomischen Uhren durch Glockenspiele und Musikwerke, die zu bestimmten Zeiten Choralmelodien erklingen lassen (Danzig, Lübeck, Lund, Münster, Rostock).

Nicht unbeachtet bleiben soll, dass die Gestaltung der Uhrenumgebung das religiöse Anliegen verstärkt. In Lübeck befanden sich vier Sandstein-Reliefs mit Darstellungen aus der Leidensgeschichte Christi (Abendmahl, Fußwaschung, Ölberg, Gefangennahme). In Münster flankieren die Statuen der Kirchenväter Ambrosius und Augustinus die Uhr. In Rostock sind es zwei ehemalige Beichtstühle. In Danzig standen Epitaphien und Statuetten sowie ein Altar.

Schließlich sei daran erinnert, dass der Ort der Uhren von Lübeck, Rostock, Stralsund, Wismar und wohl auch Stendal im Chorumgang zwischen Hauptaltar und Chorscheitelkapelle zu den besonderen innerhalb des Kirchenraumes rechnet. Die östlichste Kapelle gehörte als Marienkapelle oder auch Ratskapelle zu den am häufigsten aufgesuchten Plätzen in den Bürgerkirchen.

Die Evangelistensymbole wurden der Rostocker astronomischen Uhr erst in nachreformatorischer Zeit hinzugefügt. Unter den Symbolen von Matthäus und Johannes haben sich Türen erhalten, die mit dem Anbringen dieser Figuren funktionslos wurden. Gleichartige Türen finden sich auch an der Danziger Marienkirch-Uhr; dort werden sie zu bestimmten Zeiten geöffnet und machen die Darstellungen der Verkündigung an Maria und die Anbetung durch die Heiligen Drei Könige sichtbar.

Die Weltweisen als »Markenzeichen« der älteren hansischen Uhren

Ein einzigartiges Kennzeichen der älteren hansischen Uhrengeneration sind die Weltweisen in den Zwickeln der Uhrscheiben (Doberan, Lübeck, Lund, Stralsund; auch Rostock und Stendal). Sie fehlen an den Uhren von Danzig (»jüngere Generation«), Münster (Wiedererrichtung ab 1540) sowie Wismar (»Vier Winde« in den Zwickeln; Wiedererrichtung 1542). Bei den beiden letztgenannten bleibt offen, ob sie in ihrer ursprünglichen Fassung von 1408 (Münster) bzw. etwa 1421 (Wismar) andere Zwickelfiguren trugen.

In Doberan, Stralsund und von der ehemaligen Lübecker Marienkirchuhr sind die Namen der abgebildeten Gelehrten überliefert. Die beigegebenen Sinnsprüche boten die Möglichkeit, christliches und philosophisches Gedankengut zu vermitteln. In Rostock wurden die Sinnsprüche in nachreformatorischer Zeit verändert. (s. o.) In Münster und Lund (Kalenderscheibe) sind den Evangelisten Schriftbänder mit Texten in Latein beigegeben.

Die Existenz von Weltweisen an der Rostocker Uhr im Unterschied zu ihrer Danziger Schwester ist ein deutliches Indiz, dass hier zur Zeit ihrer Erbauung um 1472 die Erinnerung an eine Vorgängeruhr

◁◁ *Eva als eines der Sinnbilder der Erschaffung der Menschen durch Gott auf der Rostocker Marienkirch-Uhr.*

◁◁ *Die Apostel des Umganges an der Uhr in Rostocks Marienkirche; Judas mit dem Geldbeutel.*

◁ *Die 24 Glocken des Musikautomaten im Werk der Rostocker astronomischen Uhr.*

▷ *Die Gelehrtenbilder im Kalenderraum der Rostocker Uhr tragen Bänder mit Bibelworten.*

▷▷ *Bildnis des Uhrmachers Nikolaus Lillienveld an der südlichen Seitenwand des Gehäuses der Uhr in der Stralsunder Nikolaikirche.*

▷▷▷ *Detail der reichen Ziergestaltung am seitlichen Abschluss der Rostocker Uhr.*

von 1379 noch wach war, die die Weltweisen wahrscheinlich in den Ecken der Uhrscheibe zeigte. Inzwischen waren sie ›aus der Mode‹ gekommen. Aber sie waren den Rostocker Bürgern noch vertraut und wohl auch so ans Herz gewachsen, dass man ihnen an der Kalenderscheibe der ›neuen Uhr‹ Raum gab. Für Stendal darf aus der Existenz von Weltweisen am klassischen Ort auf der Uhrscheibe geschlossen werden, dass die Wurzeln dieser Uhr bis in die 1. Hälfte des 15. Jahrhunderts zurück reichen. Das ist mit der Baugeschichte der Stendaler Stadt- und Marktkirche St. Marien verträglich. Ihre Ursprünge reichen bis ins 12. Jahrhundert, und ab etwa 1420 wird der gotische Neubau des Kirchenschiffes – beginnend mit dem Hohen Chor, dem vermuteten ursprünglichen Uhrenstandort – angenommen. Am 24. August 1447 wurde der Bau geweiht. Ob die Weltweisen auf einen Erbauer, Nikolaus Lillienveld und seine Schule hindeuten (Erdmann 1992), ist weder bestätigt noch widerlegt.

Künstlerische Gestaltung

Es gibt keine astronomische Kirchenuhr, auf deren künstlerische Ausgestaltung nicht großer Wert gelegt worden wäre. Einheimische Maler und Bildschneider haben sich in ihnen verewigt. Neben der Gestaltung der schon genannten Figuren boten dazu insbesondere die seitlichen, oberen und unteren Begrenzungen der Uhr, der Querbalken zwischen Uhrscheibe und Kalenderraum, die Figurenringe des Tierkreises, die Monatsbilder (Münster und Rostock) wie auch die Gestaltung der Ziffernringe vielfältige Gelegenheit.

An der Danziger Uhr fällt die figürliche Gestaltung der Säulen ins Auge, die das Oberteil der Uhr tragen und den Kalenderraum seitlich begrenzen. An der Rostocker Uhr sind die beiden Tierkreise und der Monatsring figürlich gestaltet. Außerdem sind der Aufsatz oberhalb des Zifferblattes mit seinen Pilasterbögen, die Laterne und die beiden dreieckigen geschnitzten Kartuschen, die zur selben Zeit zugefügten seitlichen Pfeiler mit den Allegorien der Astronomie und Mathematik, Fratzen, Köpfen, Putten und Früchten sowie die vier den Architrav tragenden Säulen links und rechts des Kalenderraumes wegen ihrer kunstvollen Gestaltung bemerkenswert. Von der Uhr im Dom zu Münster sei die Giebelbemalung des Ludger tom Ring (1496–1547) von 1542 mit ihren lebensvollen Bildern hervorgehoben. Von ihm stammen auch die Evangelistensymbole in den Zwickeln der Uhrscheibe. Bemerkenswert sind in Münster darüber hinaus die leider durch das schützende Gitter ziemlich verdeckten, auf Kupfer gemalten Miniaturen der Monatsbilder (Durchmesser 14,8 cm), die eigenwillige Gestaltung des Tierkreises sowie die Figur des Dompatrones St. Paulus vor dem Drehzentrum der Kalenderscheibe.

Inschriften

Neben den schon genannten Inschriften im Rahmen des religiösen Programms seien Beschriftungen angeführt, mit denen auf die »Lebensgeschichte« der jeweiligen Uhr hingewiesen wird. An der zerstörten Lübecker Marienkirchuhr waren sie besonders zahlreich. An ihnen konnte die Geschichte dieser Uhr abgelesen werden. Die

im Original lateinischen Inschriften lauteten in der Übersetzung:

✧ Dieses Uhrwerk ist zuerst A° Christi 1405 gemacht, als diese Stadt die Herren Proconsules Hinrich Westhoff und Goswin Clingenberch als Vorsteher dieser Kirche verwalteten. Am Tage Mariae Reinigung (2. Februar)

✧ Dieses astronomische Uhrwerk, welches vor 348 Jahren gemacht, und durch üble Zeiten oder durch die Länge der Zeit oft beschädigt worden, ist wieder gemacht und repariert:

✧ Im Jahre nach Christi Geburt 1562, und nach der ersten Verfertigung im 157. Jahr, da die hochberühmten Männer Anton von Stiten Magnificus Consul und Hinrich Köhler, Senator, Vorsteher dieser Kirche waren. Am Himmelfahrtstag.

✧ Im Jahre nach Christi Geburt 1629, und nach der ersten Reparatur im 67. Jahr, da Vorsteher waren: Der Herr Bürgermeister dieser Stadt Laurentius Möller wie auch die Herren Jürgen Paulsen und Johann Füchting, beide Senatoren, und Diedr. Brömse.

✧ Im Jahre 1753, und nach der zweiten Reparatur im 124. Jahr, ist dasselbe von seinem beinahe gänzlichen Verfall wiederhergestellt und mit äußerlichen Zierraten vermehrt und verbessert worden unter den Herren Vorstehern dieser Kirche: Sr. Magn. Herrn Bürgermeister Hinrich Rust, Hermann Brüning und Johann Gerhard Fürstenau, Senatoren, und Hinrich Wöhrmann, Bürger.

✧ Im Jahre Christi 1809, 57 Jahre nach der dritten Erneuerung, ist diese Uhr wiederum hergestellt, und ein neuer Kreis der Sonne und Bahn des Mondes eingerichtet, bis zum Jahre 1875 anzeigend. Unter der Vorsteherschaft des Bürgermeisters Dr. Johann Casper Lindenberg, des Senators Nicolaus Jacob Keusch und der bürgerlichen Vorsteher Diedrich Stolterfoht und Hinrich Nölting.

Eine weitere Inschrift ermahnte die Besucher zu ordentlichem Verhalten an der Uhr. (Originale → Anhang Lateinische Inschriften)

In Münster befindet sich oberhalb des Ziffernringes die ebenfalls lateinische Inschrift: »Auf diesem beweglichen Horologium kann man neben vielem andern folgendes erkennen: Die Zeit der gleichen und ungleichen Stunden: Den mittleren Gang aller Planeten: Das aufsteigende oder absteigende Tierkreiszeichen: Überdies die Aufgänge und Untergänge einiger Fixsterne. Ferner auf beiden Seiten des Werkes die Herrschaft der Planeten in den astronomischen Stunden. Oben der Opfergang der Drei Könige. Unten das Kalendarium mit den beweglichen Festen.« (→ Lateinische Inschriften)

An der Rostocker Uhr fällt die Schriftzeile »Gott dem Herrn zu Ehren / der Kirchen zur Zierde / und der allgemeinen / Bürgerschaft zum Besten / erneuert ANNO 1643« ins Auge. Zwei Tafeln, mit denen auf Arbeiten an der Uhr von 1641 bis 1885 hingewiesen wird, befinden sich seit 2003 wieder beiderseits der Uhr: »Anno 1643 ist solches Uhrwerk verfertiget und ersetzet durch Laurentium Burchardi, der Stadt Rostock Uhrmacher, und haben weiter an der Herstellung des jetzigen Gehäuses gearbeitet der Tischlermeister Michel Grothe, der Bildschnitzer Andreas Brandenburg, der Maler Carl Willbrandt. Zu dieser Zeit waren an dieser Kirche folgende Prediger: Constantin Fiedler, Superintendent. Dr. Johannes Quistorp Archidiaconus,

⊲⊲ *Inschrift an der alten Lunder Domuhr.*

⊲ *Inschrift über dem Zifferblatt der Domuhr von Münster.*

⊳ *Eine der beiden Tafeln, die über die Geschichte der Rostocker Uhr von 1641 bis 1885 Auskunft geben.*

⊳⊳ *Handwerkerinschriften auf der Vorderseite und an der Rückseite der Kalenderscheibe der Rostocker Uhr erinnern an Beteiligte der Bemalung und Beschriftung von 1885.*

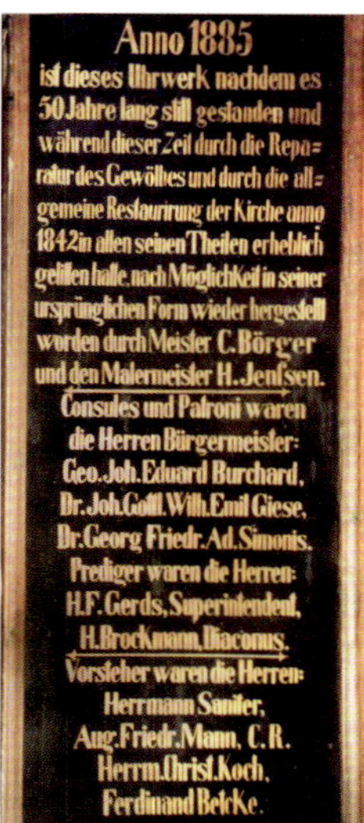

Anno 1885
ist dieses Uhrwerk nachdem es
50 Jahre lang still gestanden und
während dieser Zeit durch die Repa=
ratur des Gewölbes und durch die all=
gemeine Restaurirung der Kirche anno
1842 in allen seinen Theilen erheblich
gelitten hatte, nach Möglichkeit in seiner
ursprünglichen Form wieder hergestellt
worden durch Meister C. Börger
und den Malermeister H. Jenssen.
Consules und Patroni waren
die Herren Bürgermeister:
Geo. Joh. Eduard Burchard,
Dr. Joh. Gottl. Wilh. Emil Giese,
Dr. Georg Friedr. Ad. Simonis.
Prediger waren die Herren:
H. F. Gerds, Superintendent,
H. Brockmann, Diaconus.
Vorsteher waren die Herren:
Herrmann Saniter,
Aug. Friedr. Mann, C. R.
Herrm. Christ. Koch,
Ferdinand Betcke.

M. Nicolaus Ridemann, Diaconus. Consules und Patroni waren die Herren Burgemeister: Joh. Luttermann, Bernhd. Clinge, Dr. Nicolaus Scharffenberg und Johann Petraeus. Vorsteher die Herren Johann Schnittler, Jacob Alwardt, Claus Schmieds und Michel Sybrandes.
Anno 1710 hat Hinrich Hoppe dieses Werk aus seinen Mitteln wieder herstellen lassen.
Anno 1745 ist dieser zu Ende gegangene Kalender nach der Berechnung des Mag. Joh. Herrm. Becker, Professor der Mathematik, durch die Malermeister Haack und Wagener und den Uhrmacher A. Schönfeldt wieder auf 140 Jahre prolongirt – tatsächlich waren es 133 Jahre – und sowohl der Monatszeiger als auch die Spiel-Uhr ueberall renoviret. Consules und Patroni waren die Herren Bürgermeister Dr. Joh. Christ. Petersen, Joachim Krauel, Dr. Valentin Joh. Beselin, Prediger die Herren: Mag. Joh. Herrm. Becker Archidiaconus, Prof. Petrus Christ. Kaempffer, Diaconus. Vorsteher die Herren: J. Burmeister, Joh. Jacob Lange, Tobias Willebrand und Joh. Phil. Haacke.« »Anno 1885 ist dieses Uhrwerk nachdem es 50 Jahre lang still gestanden und während dieser Zeit durch die Reparatur des Gewölbes und durch die allgemeine Restaurierung der Kirche anno 1842 in allen seinen Teilen erheblich gelitten hatte, nach Möglichkeit in seiner ursprünglichen Form wieder hergestellt worden durch Meister C. Börger und den Malermeister H. Jenssen. – Consules und Patroni waren die Herren Bürgermeister: Geo. Joh. Eduard Burchard, Dr. Joh. Gottl. Wilh. Emil Giese, Dr. Georg Friedr. Ad. Simonis. Prediger waren die Herren: H. F. Gerds, Superintendent, H. Brockmann, Diaconus. Vorsteher waren die Herren: Herrmann Saniter, Aug. Friedr. Mann, C. R. Herrm. Christ. Koch, Ferdinand Betcke.«
Handwerkerinschriften, die sich auf die Arbeiten von 1745 und 1885 beziehen, gibt es an verschiedenen Stellen der Uhr. Es lohnt, mit einem Fernglas danach zu suchen!
Schließlich sei noch eine lateinische Inschrift oberhalb der Kalenderscheibe der Lunder Domuhr angeführt: »Diese mittelalterliche Uhr, durch drei Jahrhunderte vernachlässigt, wurde im Jahre 1837 niedergebrochen und im Jahre des Heils 1923 wieder in Stand gesetzt.« (→ Lateinische Inschriften)

Astronomische Uhren in Kirchen führten den Gläubigen den gottgeschaffenen Kosmos mit den Gestirnen, den Wanderungen und Wandlungen von Sonne und Mond, dem Wechsel von Tag und Nacht und dem Ablauf der Zeit vor Augen. Kalender dienten vor allem der Bestimmung der Kirchenfeste sowie weiteren Datierungen. Diese Uhren sind Teil des religiösen Mobiliars ihrer Kirchen. Das wird durch eine oft reiche Ausstattung mit Figuren der biblischen Geschichte, durch verschiedenen anderen Zierrat, mechanisch bewegte Figuren, Musikautomaten und Inschriften bekräftigt. An einigen Uhren geben Beschriftungen darüber hinaus Auskunft über die Geschichte der jeweiligen Uhr (Lübeck, Lund, Rostock) oder ihre Funktionen (Münster).

Ausschnitt aus der Lübecker Kalenderscheibe von 1405 für den Monat Mai: »Si voluis rotam seruando tempore quotam. / Incensiones maij annuatim.« Es folgen die 31 Tageslöcher und außen der Cisiojanus. (Philip crux et got io han la tin e pyne ser et sof Ma ius in hac se ri e te net vrban in pe de cris can).

Die kalendarischen Angaben

Die Uhren in den Marienkirchen von Danzig, Lübeck, Rostock und Wismar sowie in den Domen von Lund und Münster besitzen bzw. besaßen Kalenderscheiben, die von den Uhrwerken in jeweils 365 Tagen einmal gedreht werden oder wurden. Für die Uhr in Stralsunds Nikolaikirche war eine solche Kalenderscheibe offenbar auch vorgesehen. Denn der Raum dafür ist vorhanden und durch ein schmiedeeisernes Gitter geschützt. Zur Ausführung ist diese Scheibe aber nie gekommen. Die Angaben auf den Scheiben beziehen sich auf mittelalterliche Datierungen, auf die Heiligenfeste und auf die Berechnung der beweglichen Feste des Kirchenjahres, vor allem denen des Osterzyklus. Für einige Scheiben sind Besonderheiten kennzeichnend, z. B. Finsternisdaten an den Lübecker Scheiben und 940 Neumonddaten für die Jahre 1463 bis 1538 auf der Danziger Scheibe.

Wegen der Fülle von Daten auf jeder der Scheiben ist es gerechtfertigt, sie als »mittelalterliche Disketten« zu bezeichnen.

Um zunächst einen Überblick zu gewinnen, ist es zweckmäßig, auf jeder Kalenderscheibe zwischen drei Arten von Angaben zu unterscheiden:

- Daten, die den 365 Tagen des Jahres zugeordnet sind.
- Angaben, die zu jeweils einem der Jahre gehören, für die die Beschriftung der Kalenderscheibe gültig ist.
- Besondere Angaben an einzelnen der Kalenderscheiben.

Den Tagen zugeordnete Angaben

Monat und Tagesdatum

Jede der sechs oben genannten Kalenderscheiben zeigte die Namen der zwölf Monate und die einzelnen Tage des jeweiligen Monats an. An den Scheiben der Uhren in Danzig, Lund, Münster und Wismar erfolgt(e) die Benennung der Tage in der römischen Zählweise nach Nonen, Iden und Kalenden. Auf der Danziger Scheibe und ebenso an der 1888 in Lübeck entfernten und ins St.-Annen-Museum gekommenen Scheibe von 1405 ist eine heute längst vergessene, eigentümliche mittelalterliche Tageskennzeichnung vorhanden, der sogenannte »Cisiojanus«. So heißt eine Zusammenstellung von lateinischen Merkversen, die aus den Abkürzungen der wichtigsten Heiligenfeste des jeweiligen Monats gebildet und dann in Hexameter gesetzt wurden. (→ Fachworterklärungen)

So waren z. B. in Lübeck dem 9. und 10. November die Silben ›te – o‹ /›dor‹/, dem 11. und 12. November ›mar – tin‹ zugewiesen. In jener Zeit wußte jeder, dass der 9. November dem Märtyrer Theodor von Euchaïta und der 11. November dem Bischof Martin von Tours gewidmet waren.

Tagesbuchstaben. Auf jeder Kalenderscheibe ist jedem der 365 Tage eines Gemeinjahres ein Buchstabe der Folge A, B, C, D, E, F, G fortlaufend zugeordnet:

1. Januar – A
2. Januar – B
3. Januar – C
usw. bis zum
7. Januar – G
8. Januar – A
9. Januar – B
usw. bis zum
Jahresende:
29. Dezember – F
30. Dezember – G
31. Dezember – A
und wieder von vorn

Alle Daten mit gleichem Tagesbuchstaben fallen innerhalb eines Jahres auf denselben Wochentag. Im Zusammenhang mit dem Sonntagsbuchstaben kann darüber hinaus für jedes beliebige Datum innerhalb des Gültigkeitszeitraumes der Kalenderscheibe der zugehörige Wochentag bestimmt werden.

▷ Ausschnitt aus dem Kalender der ehemaligen Wismarer Scheibe mit den Ringen der Ordnungszahlen, Tagesbuchstaben und Fest- bzw. Heiligentage. Der Kalendermann wies auf das aktuelle Datum. Am Rande außerhalb der Scheibe sind die Halbkreise der Tierkreiszeichen Fische und Widder zu erkennen. Aus ihrer Anordnung geht hervor, daß sich die Scheibe im Uhrzeigersinn drehte.

▷▷ Kalenderscheibe der Lunder Uhr, 1923 erneuert, im Zentrum der Heilige Laurentius.

Heiligen- und Festtagskalender

Im christlichen Kalender wurden schon von Anfang an Märtyrer, später auch andere als Heilige verehrte Personen gewürdigt. Im katholischen Gottesdienst wird an diesen Tagen des jeweiligen Heiligen besonders gedacht. Obwohl die meisten dieser Gedenktage im protestantischen Raum heute weitgehend vergessen sind, blieben doch einige in der Erinnerung: Valentinstag (14. Februar), Johannistag (24. Juni), Bartholomäustag (24. August), Michaelis (29. September), Martini (11. November), Nikolaustag (6. Dezember), Silvester (31. Dezember) u.a. Ebenso kennt man Neu-Jahr (1. Januar), Mariae Verkündigung (25. März), Siebenschläfer (27. Juni), Allerheiligen/Allerseelen (1./2. November), Christtag (25. Dezember) usw. – In katholischen Gegenden ist es bis heute Brauch, am Gedächtnistag des eigenen Namenspatrons seinen »Namenstag« zu feiern.

Solche Heiligen- und Festtagskalender finden sich auf jeder Kalenderscheibe. Denn zur Zeit der Entstehung dieser astronomischen Uhren war das Wissen um den christlichen Heiligenkalender so allgemein, dass oft mehr nach Heiligenfesten als nach der heutigen Weise datiert wurde.

An der Lunder Domuhr gibt es neben dem aus vorreformatorischer Zeit stammenden Fest- und Heiligenkalender (»missale lundense«) einen zweiten, bei dem die Tagesnamen dem heutigen schwedischen Kalender entsprechen. Das zeigt, dass die Heiligenkalender im Laufe der Jahrhunderte manchen unterschiedlich motivierten und örtlich und zeitlich verschiedenartigen Änderungen unterworfen waren. So gibt es heute konfessionelle und regionale Unterschiede, wenngleich sich das ›Grundgerüst‹ im wesentlichen über die Zeiten erhalten hat. Die Kalender von Lübeck, Münster und Rostock z. B. sind einander für den Monat April nur noch in fünf Fällen ähnlich (Ambrosius, Tiburtius, Georgius, Marcus, Vitalis).

Für das Erzbistum Lund sind die dort im Mittelalter zu feiernden »officia«, »memoriae« und sonstigen Heiligenfeste in dem von Erzbischof Birger Gunnarsson in Auftrag gegebenen und in Paris gedruckten »missale lundense« enthalten. Für den Dom und das Bistum Münster gab es um 1540 53 Hauptfeste mit festen Daten, zu denen die beweglichen Festtage Ostern, Himmelfahrt, Pfingsten, Fronleichnam, das jeweilige Patronats- und das Kirchweihfest sowie die Sonntage kamen (Wieschebrink 1983, S. 62). Für die Lübecker Marienkirche gab es einen Memorienkalender, in dem 161 fest datierte Heiligen- und sonstige Festtage ausgewiesen waren. (Wehrmann 1892, S. 142)

Auf den religionsgeschichtlich und kulturhistorisch bedeutsamen Hintergrund des Zyklus der Heiligen und Patrone im Jahresreigen soll hier nicht weiter eingegangen werden. Ein Beispiel möge für alle stehen: Der 22. September ist vielerorts dem Gedenken an den Märtyrer Mauritius und seine Gefährten gewidmet. Dahinter steht die Person eines christlichen ägyptischen Hauptmanns, welcher der Legende nach 302 im ›Blutbad von Agaunum‹ zusammen mit allen anderen Soldaten seiner Legion getötet worden sein soll. Kommandiert von Maximian, dem Mitregenten des römischen Kaisers Diokletian, sei ihnen im Zuge der allgemeinen Christenverfolgung befohlen worden, auch gegen ihre Glaubensbrüder im Gebiet von Agaunum – dem heutigen St-Maurice im Rhônetal nahe dem Genfer See in der Schweiz – vorzugehen. Da sie sich weigerten, ließ Maximian jeden zehnten Legionär töten, und da die übrigen auch dann bei ihrer Haltung blieben, wiederum jeden zehnten, bis alle Soldaten der Thebäischen Legion gemordet waren. Über der Fundstelle der Gebeine dieser Märtyrer wurde schon am Ende des 4. Jahrhunderts eine Gedächtniskapelle errichtet. Sie bildete, zum Wallfahrtsort geworden und erweitert, die Keimzelle des im 6. Jahrhundert gegründeten und bis heute existierenden Klosters St-Maurice. – Die Kloster- und Ortsgeschichte, die sich entwickelnde Verehrung, der Wunderglaube und das Brauchtum um Mauritius und seine Darstellung in der Kunst wären weitere Themen. Und diese Legende rankt sich um nur einen einzigen von mehreren hundert Tagesheiligen …

Den Jahren zugeordnete Daten

Gültigkeitszeitraum der Kalender

Die Jahresringe der Kalender an hansischen Uhren weisen große Unterschiede hinsichtlich der Zeiträume ihrer Gültigkeiten auf. Während er am Kalender der Domuhr von Münster für 532 Jahre gilt (1540 bis 2071), war er an dem der Danziger Marienkirchuhr für nur 76 Jahre berechnet (1463 bis 1538). (Tabelle 7)

Die Danziger Kalenderbeschriftung von 1463 ist original erhalten und wurde bei der Wiederherstellung dieser Uhr um 1990 restauriert. Einzelne Angaben zu den Jahren auf der Kalenderscheibe von Münster (Osterbuchstaben, Sonntagsbuchstaben, Intervallum) sind seit der Einführung des Gregorianischen Kalenders beeinträchtigt. Denn in Münster wurden im Zusammenhang mit der Einführung des neuen Kalenders die zehn Tage vom 18. bis 27. November ausgelassen. Auf Sonntag, den 17. folgte unmittelbar Montag, der 28. November 1583. Außerdem trat eine weitere Verschiebung durch die Umwandlung der Jahre 1700, 1800 und 1900 in Gemeinjahre ein, die nach dem Julianischen Kalender Schaltjahre waren.

Die unterschiedlichen Gültigkeitszeiträume der Kalendarien haben vor allem zwei Gründe: Zum einen sind es Ursachen, die mit der Geschichte der jeweiligen Uhr zusammenhängen. Als in Rostock 1641 mit der Wiederherstellung und Erweiterung der Marienkirchuhr begonnen werden sollte, erhielt der Stadtuhrmacher Lorentz Borchard den Auftrag zu einer Reise nach Lübeck und Hamburg, »umb den seyer (die Uhr) daselbst zubesehen«. Nicht zufällig endete die neue Beschriftung der Rostocker Kalenderscheibe nach Meister Borchards Reise mit dem Jahre 1744 – wie die an der damaligen Lübecker Uhr. Später wiederholte sich der Austausch in umgekehrter Richtung: Die neue Beschriftung der Rostocker Scheibe ab 1745 bis 1877 war von dem Rostocker Pastor und Mathematiker Johann Hermann Becker (1700–1759) berechnet worden. 1751 wurde er Hauptpastor an St. Marien zu Lübeck und fand die dortige Uhr in sehr schlechtem Zustand vor. »Da mußte denn endlich, sollte das Werk nicht ganz verkommen, 1752 wieder an eine umfassende Reparatur und Ergänzung des Fehlenden gedacht werden, welche Arbeit unter besonderer Aufsicht des in solchen Sachen wohlerfahrenen Pastors der Kirche, Dr. Joh. Herm. Becker, der hiesige Uhrmacher Georg Friedrich Kühn zur vollständigen Zufriedenheit aller Sachkenner noch im selben Jahr begann und im nächsten beendigte. … Die große Kalenderscheibe ward mit einer Berechnung des Kalenders von 1753 bis 1875 … neu gemalt.« (Jimmerthal 1861, S. 18 f.) Das konnte so schnell nur gehen, weil Johann Hermann Becker alle Daten aus seiner Rostocker Berechnung vorliegen hatte. Die in Lübeck zusätzlich benötigten Berechnungen der Finsternisse lieferte der Buxtehuder Mathematiker Matthias Rohlfs (36 Finsternisse für den Zeitraum von 1755 bis 1800).

Der andere Grund für die unterschiedlichen Gültigkeitszeiträume hängt – unter Berücksichtigung des Platzes auf den Scheiben – mit der Kombination der Faktoren 19 (→ *Goldene Zahl*) und 28 (→ *Sonnenzirkel*) zusammen. Nach 19 Jahren fallen gleiche Mondphasen wieder auf das gleiche Kalenderdatum. Nach 28 Jahren wiederholt sich der Kalender eines Schaltjahres erstmals, so dass alle Kalender der verflossenen 28 Jahre für die nächsten 28 Jahre wieder zu verwenden sind. Das galt uneingeschränkt nur für den Julianischen Kalender. Im Gregorianischen ist diese Periode durch die Gemeinjahre 1700, 1800, 1900, 2100, … gestört. Da aber das Jahr 2000 ein Schaltjahr war – wie zuvor letztmalig das Jahrhundertjahr 1600 und als nächstes erst wieder 2400 –, so gilt der Sonnenzirkel gegenwärtig sowohl für das 20. wie für das 21. Jahrhundert. Nach 19 x 28 = 532 Jahren fallen also sowohl Mondphase als auch Wochentag wieder auf dasselbe Tagesdatum (mit der eben genannten Einschränkung). Dieser Zeitraum von 532 Jahren wird als »Große Indiktion« oder »Dionysische Ära« (nach dem römischen Abt Dionys Exiguus, 1. Hälfte des 6. Jahrhunderts) bezeichnet. Ein solch großer Zeitraum von 532 Jahren ist einzig von der Kalenderscheibe in Münster erfaßt, Bruchteile davon in Rostock und Danzig (532:4 bzw. 532:7 – 133 bzw. 76 Jahre). Die Datenfülle der Kalenderscheibe in Münster führt dazu, dass bei einem Durchmesser der Scheibe von 1,5 m (Wieschebrink

▷ *Der Kalendermann an der Astronomischen Uhr in der St. Marienkirche zu Rostock, November 2004.*

▷▷ *Ausschnitte aus der Kalenderscheibe im Dom zu Münster. Außen die den Jahren, innen die den Tagen zugehörigen Daten.*

1983, S. 82) für jede der 532 Eintragungen im äußeren Ring weniger als 9 mm zur Verfügung stehen! Das war Filigranarbeit für den Maler, und die Ablesung ist schwierig für den Betrachter.

Zur Rostocker Scheibe gibt es eine betrübliche Angelegenheit zu berichten: Bevor Meister Borchard 1641 den Auftrag erhielt, die Lübecker Kalenderscheibe abzuschreiben, soll in Rostock die neue Berechnung schon vorgelegen haben: »Ao. 1631 ward der Licentiat Jacobus Vahrmeyer, welcher den grossen hinter dem Altar in der Marienkirche stehenden Scheibe-Calender verfertiget haben soll (was im Sinne von »neu berechnet haben soll« zu lesen ist), von dem Kayserlichen Obristen Hatzfeld wohlgelitten, dass er auch ohne jemandes Widerrede zu ihm in die Stube gehen durffte; Als sie aber einmal allein waren, sahe er seine Gelegenheit ab, und stach ihm in den Halß, schnitte das Haupt herunter und ging damit unter dem Mantel verdeckt davon; Er ward aber im Umsuchen in eines Bürgers Keller gefunden, und von dem Weibe, um Geld zu gewinnen, verraten. … Er ward darauf gerichtet.« (Klüvern 1728, S. 1102 f.) Von solchem Übeltäter konnte man natürlich keine Berechnung für eine Kirchenuhr übernehmen – wenn die Information denn stimmt, dass Vahrmeyer eine solche angefertigt hatte.

Goldene Zahlen

Auf allen ›hansischen‹ Kalenderscheiben taucht die Ziffernfolge 1 bis 19 der Goldenen Zahlen auf, die sich auf den Zyklus der Mondphasen bezieht. Der Lauf des Mondes war bereits im Altertum lange und gründlich beobachtet und mit großer Genauigkeit ermittelt worden.

Die Gründe dafür lagen einerseits im Bestreben nach Aufstellung von freien oder gebundenen Mondkalendern, zum andern waren sie kultisch-religiöser Art. Schon 432 v. Chr. konnte der griechische Astronom und Mathematiker Meton die Kenntnisse seiner Zeit dahingehend zusammenfassen, dass

19 Sonnenjahre = 235 Mondmonate

seien. Rechnet man mit den modernen Werten für

1 tropisches Jahr = 365,2422 Tage und

1 synodischer Monat = 29,530588 Tage,

ergibt sich für die Metonsche Gleichung

19 tropische Jahre = 235 synodische Monate

6.939,6018 Tage = 6.939,6882 Tage.

Die Abweichung beträgt nur 0,0864 d, rund 2 h 5 min. Alle 19 Jahre fallen die Mondphasen wieder auf dasselbe Datum. Die Folge von 19 Jahren heißt »Metonscher Zyklus« oder »Mondzirkel«. Die Ordnungszahl (1 bis 19) eines Jahres im Metonschen Zyklus erhielt die Bezeichnung »Goldene Zahl« (numerus aurens).

Ihre besondere Bedeutung gewannen die Goldenen Zahlen im christlichen Kulturkreis für die Berechnung des Osterdatums und damit für die Datierung der von ihm abhängigen beweglichen Feste im Kirchenjahr. Das galt streng genommen nur für den Julianischen Kalender. Nach dem Übergang zum Gregorianischen Kalender traten die Epakten an die Stelle der Goldenen Zahlen.

Ausschnitt aus der Rostocker Kalenderscheibe. Die Daten ermöglichen die Ermittlung des Wochentages für jedes Datum innerhalb ihres Gültigkeitszeitraumes. Beispiel: Auf welchen Wochentag fiel der Valentinstag (14. Februar) 1910? In jenem Jahr (Sonntagsbuchstabe B) waren alle Daten mit dem Buchstaben B Sonntage. Der 20. Februar hat den Tagesbuchstaben B. Also war der 14. Februar 1910 ein Montag.

Sonntagsbuchstaben

Die Buchstabenfolge A, B, C, D, E, F, G – die schon in Zusammenhang mit den Tagesbuchstaben genannt wurde – taucht auch in den mit den Jahreszahlen in Beziehung stehenden Ringen an allen hansischen astronomischen Kirchenuhren auf, hat hier aber eine andere Bedeutung. Das wird in vielen Publikationen übersehen.

Da das Gemeinjahr 52 Wochen und einen Tag hat, wandern die Wochentage allmählich durch die Kalenderdaten. War Neujahr in einem Gemeinjahr ein Sonntag, fällt der 1. Januar im nächsten Jahr auf einen Montag. Nach einem Schaltjahr springt jedes Datum sogar um zwei Wochentage weiter.

Die Sonntagsbuchstaben geben in Verbindung mit den Tagesbuchstaben an, auf welche Tage die Sonntage des Jahres fallen. Damit ist eine eindeutige Zuordnung aller Wochentage für jedes Datum in dem betreffenden Jahr gegeben. Schaltjahre haben zwei Sonntagsbuchstaben, von denen der erste bis zum 28. Februar, der zweite ab 1. März gilt. Beispiele:

Jahr	*Sonntags-buchstabe*	*Der 1. Sonntag fällt auf den*
1999	C	3. Januar
2000	B, A	2. Januar 5. März*
2001	G	7. Januar

*Das ist der erste Tag im März mit dem Tagesbuchstaben A, also ein Sonntag

Die Kombination von Sonntags- und Tagesbuchstaben ist ebenfalls wesentlich für die Bestimmung des Osterdatums. Darüber hinaus ergibt sie die Möglichkeit, den Wochentag für jedes Datum innerhalb des Gültigkeitszeitraumes der Beschriftung der Kalenderscheiben zu bestimmen: Man sucht den Tagesbuchstaben für das gesuchte Datum und den Sonntagsbuchstaben des betreffenden Jahres auf. Stimmen sie überein, fiel oder fällt der Wochentag des fraglichen Datums auf einen Sonntag. Kommt der Tagesbuchstabe in der Folge A, B, C, D, E, F, G um eine (zwei, drei … sechs) Stellen nach dem Sonntagsbuchstaben, war der gesuchte Tag ein Montag (Dienstag, Mittwoch, … Sonnabend).

Mit Beispielen lässt sich die Errechnung des Sonntagsbuchstaben am besten demonstrieren, so mit der Überlegung, auf welchen Wochentag der jeweils erste Tag des 20. und des 21. Jahrhunderts fiel:

Da die Zeitrechnung mit dem Jahre 1 begann, waren bei Beginn des Jahres 11 zehn Jahre, bei Beginn des Jahres 101 einhundert und bei Beginn des Jahres 1001 eintausend Jahre vergangen. Das 20. Jahrhundert begann darum am 1. Januar 1901, das nächste Jahrtausend begann am 1. Januar 2001 und nicht wie vielfach angenommen am 1. Januar 2000.

Tagesbuchstabe des 1. Januar ist A. Sonntagsbuchstabe des Jahres 1901 war F. A liegt in der o. g. Folge fünf Buchstaben vor bzw. zwei Buchstaben nach F. Der 1. Januar 1901 war ein Dienstag. Sonntagsbuchstabe des Jahres 2001 war G. A liegt sechs Buchstaben vor bzw. einen Buchstabe nach G. Der 1. Januar 2001 war ein Montag.

Osterdatum

Auf den Scheiben von Lübeck, Lund, Rostock und Wismar sind bzw. waren die Osterdaten direkt angegeben. Auf den beiden anderen Scheiben (Danzig, Münster) sind sie indirekt vorhanden. In Danzig und Münster ist das Intervall zwischen Weihnachten und Aschermittwoch, in Münster sind außerdem die Osterbuchstaben aufgeführt. Aus beiden Angaben lässt sich das Osterdatum berechnen.

Gemäß der Festlegung auf dem Konzil zu Nicäa (dem heutigen türkischen Isnik) im Jahre 325 wird das Osterfest am 1. Sonntag nach dem ersten Vollmond im Frühling gefeiert. Dabei werden Vereinfachungen gegenüber der Natur vorgenommen: Als Frühjahrsbeginn wird stets der 21. März angesetzt, und als Vollmond wird statt des Datums der tatsächlichen Opposition von Sonne und Mond der 14. Tag im synodischen Monat gerechnet.

Das früheste Osterdatum kann der 22. März sein. Dann muss der Vollmond auf den Frühjahrsanfang fallen, und der 21. März muss ein Sonnabend sein. Im Zeitraum der 266 Jahre von 1885 bis 2150 tritt dieser Fall nicht ein einziges Mal ein.

Wenn am 20. März und dann wieder am 18. April Vollmond ist, und der 18. April auf einen Sonntag fällt, so ist Ostern am darauffolgenden Sonntag, am 25. April. Das ist der spätestmögliche Ostertermin. Ihn gab es zuletzt 1886 und 1943, und erst im Jahre 2038 wird Ostern erneut auf dies Datum fallen.

Ostern bestimmt einen ganzen Festzyklus im Kirchenjahr. Er beginnt mit Aschermittwoch 46 Tage vor Ostern, schließt Karfreitag (2 Tage vor Ostern), Himmelfahrt (39 Tage nach Ostern) und Pfingsten (49 Tage nach Ostern) ein und endet mit Trinitatis bzw. Fronleichnam (56 bzw. 60 Tage nach Ostern). Nur wenn der Ostersonntag als erster Tag mitgezählt wird, kommt man für Himmelfahrt auf 40 und für Pfingsten auf 50 Tage nach Ostern gemäß der biblischen Tradition.

Auf die genaue Datierung von Ostern als dem wichtigsten Fest im christlichen Jahreslauf wurde immer größter Wert gelegt. Die Notwendigkeit einer Korrektur des Julianischen Kalenders mit einer mittleren Jahreslänge von 365,25 Tagen (auf drei Gemeinjahre folgte immer ein Schaltjahr mit 366 Tagen) ergab sich, weil im Laufe der Jahrhunderte kalendermäßiger und wahrer Frühlingsbeginn auseinander gedriftet waren. Um wieder Übereinstimmung herzustellen und Ostern zur rechten Zeit zu feiern, folgte im neuen Gregorianischen Kalender auf den 4. Oktober 1582 unmittelbar der 15. Oktober. Papst Gregor XIII. (1502–1585) hatte die Julianische Schaltregel dahingehend korrigieren lassen, dass nur jene vollen Jahrhundertjahre Schaltjahre blieben, die sich ohne Rest durch 400 teilen lassen (1600, 2000, 2400, ...). Damit wurden die Jahre 1700, 1800, 1900, 2100 usw. zu Gemeinjahren. 400 Gregorianische Jahre haben drei Tage weniger als 400 Julianische Jahre. Im Mittel dauert ein Gregorianisches Jahr 365,2425 Tage, nur rund 26 Sekunden länger als das astronomische tropische Jahr. Die Differenz zwischen beiden ist so gering, dass erst nach ca. 3.300 Jahren ein zusätzlicher Schalttag nötig wird!

Intervallum: Zeitraum Weihnachten – Aschermittwoch

Der Termin der Fastnacht ist oster- und damit mondabhängig. Fällt Ostern auf sein frühest mögliches Datum in einem Gemeinjahr, so ist schon am 2. Februar Fastnacht. Liegt das Osterdatum dagegen am 25. April, dem spätest möglichen Datum, so ist erst am 9. März Fastnacht. Damit kann der Zeitraum zwischen Weihnachten (25. Dezember) und Fastnacht zwischen fünf Wochen fünf Tagen und zehn Wochen fünf Tagen liegen. Dieser Zeitraum ist eines von drei variablen Intervallen im Kirchenjahr.

Die Angabe des Intervallums verknüpft den Festkreis der datumfesten Weihnacht mit dem des datumveränderlichen Ostern. Das ermöglicht die Datierung des gesamten Kirchenjahres. Auf den Kalenderscheiben der Uhren von Danzig, Lübeck, Münster und Rostock wird das Intervallum aufgeführt. In Lund ist es indirekt durch das Datum des Sonntags vor Fastnacht (= Quinguagesima = Sonntag Estomihi = 50 Tage vor Ostern), in Wismar war es indirekt durch das Osterdatum gegeben. Im Grunde wären an den Kalenderscheiben die Osterdaten für die Ermittlung aller anderen Festtage des Osterzyklus ausreichend gewesen. Die zusätzliche Angabe des Intervallums erleichterte diese Aufgabe und machte sie für die Masse der Menschen verständlicher.

Sonnenzirkel

Die Zahlenfolge 1 bis 28 findet bzw. fand sich auf den Kalenderscheiben von Danzig, Lübeck, Lund, Rostock und Wismar. Sie fehlt allein auf der Kalenderscheibe in Münster.

Da ein Gemeinjahr 52 Wochen und 1 Tag dauert und jedes 4. Jahr ein Schaltjahr ist (abgesehen von den o. g. Ausnahmen), verschieben sich die Wochentage in vier Jahren um fünf, in 28 Jahren erstmals um eine durch 7 teilbare Zahl (35). Darum fällt der Neujahrstag eines Schaltjahres erstmals nach 28 Jahren wieder auf den gleichen Wochentag. Der Kalender des Jahres 2000 ist identisch mit denen der Jahre 1972, 1944 und 1916 sowie denen von 2028, 2056 und 2084 – nicht aber mit denen der Jahre 1888 und 2112, weil dazwischen die Gemeinjahre 1900 und 2100 liegen. Wiederholungszyklen der Kalender gibt es auch schon nach sechs bzw. elf Jahren: Wenn der Zeitraum von sechs Jahren ein Schaltjahr einschließt, rücken die Wochentage um 7 weiter. Gehören zum Zeitraum von elf Jahren drei Schaltjahre, wandern die Wochentage um 14 weiter.

Römer-Zinszahl

Auf allen Kalenderscheiben, ausgenommen die Lübecker, gibt es einen Ring mit der Zahlenfolge 1 bis 15, die Römer-Zinszahl oder Indiktion. Sie hat nichts mit dem Kirchenjahr zu tun, sondern stellt eine 15-jährige Periode der Zeitrechnung und einen 15-jährigen Steuerzyklus aus spätrömischer Zeit dar.

Die Indiktion wurde 312 n. Chr. von dem römischen Kaiser Konstantin d. Gr. eingeführt. Sie fand mit der Übernahme des römischen Rechtes durch eine Reihe europäischer, insbesondere deutscher Länder seit dem 12. und verstärkt im 15. und 16. Jahrhundert Eingang auch in den hansischen Raum. Für Handel und Produktion wurde das römische Recht zum vorherrschenden in Deutschland, weil seine allgemeine Anerkennung den Bedürfnissen der Kaufmannschaft und der aufkommenden Manufaktur viel besser entsprach, als das zersplitterte, von Ort zu Ort unterschiedliche, meist ungeschriebene und nicht systematisch geordnete Feudalrecht.

Zur Datierung von Urkunden wurde die Römer-Zinszahl bis in das 16. Jahrhundert benutzt. (Zur Berechnung von Goldener Zahl, Sonnenzirkel und Römer-Zinszahl: Tabelle 6.)

Besonderheiten auf einzelnen Kalendarien

Sonnenaufgangszeit

Die Kalenderscheiben in Rostock und an der ehemaligen Lübecker Uhr haben bzw. hatten die Besonderheit, dass zu den den Tagen zugehörigen Ringen ein Sonnenaufgangsring gehört. Er ist oder war an keiner der anderen Kalenderscheiben hansischer Uhren vorhanden. Für je zwei Tage sind die Ortszeiten des Sonnenaufganges angegeben. Sie reichen in Rostock von 3.25^{h} für die Tage vom 20. bis 23. Juni (Sommersonnenwende) bis 8.31^{h} für den 19. und 20. Dezember (Wintersonnenwende). Die Lübecker Sonnenaufgangswerte sind durch Warncke überliefert (1935[2]). Dort waren die entsprechenden Zeiten 3.33^{h} (21.–26. Juni; Sommersonnenwende und 8.27^{h} (22.–25. Dezember; Wintersonnenwende). Da sich die Sonnenaufgänge zwischen beiden Städten (54° n. Br.) wegen der unterschiedlichen geografischen Länge (Differenz 1° 26′) um rund ein bis zwei Minuten unterscheiden, müssten die Zeiten für den Sonnenaufgang in Lübeck eigentlich immer um diese Spanne später liegen als in Rostock. Offenbar hat man die Daten unverändert aus früheren Beschriftungen übernommen. Bei einer Erneuerung der Beschriftung der Rostocker Kalenderscheibe 2017/18 wäre zu überlegen, ob die alten Ortszeiten unverändert beibehalten oder die Sonnenaufgangszeiten für Rostock in MEZ angegeben werden. Grundsätzlich sollten die historischen Daten nach Art und Darstellung wieder übernommen werden, doch bei der Sonnenaufgangszeit scheint eine Ausnahme hinsichtlich der Aktualisierung der Daten vertretbar.

In Rostock ist außerdem im zentralen Teil der Kalenderscheibe eine Deckscheibe mit zwei Öffnungen vorhanden. In den unter der Abdeckung befindlichen zwei Kreisringen sind die Zahlen von 7 bis 17 und zurück wieder bis 7 vorhanden, und zwar so, dass sich die in den Öffnungen sichtbaren beiden Zahlen zu 24 summieren. Diese Zahlen geben die Dauer des lichten Tages (Sonnenaufgang bis Sonnenuntergang; linke Öffnung) und des dunklen Tages (SU bis SA; rechte Öffnung) an. In der Tat dauert der längste lichte Tag in Rostock rund 17 Stunden (ca. 3.30^{h} bis 20.30^{h}), der kürzeste dagegen nur sieben Stunden (ca. 8.30^{h} bis 15.30^{h}). Die Fenster, in die die Zeigefinger zweier Hände ragen, sind von Schriftzeilen umgeben: »Allhier sieht man zu aller frist / Wie lang der tag von stunde ist« (links) und »Allhier wird dir auch fürgebracht / Wie lang von stunde ist die nacht« (rechts).

Die Osterbuchstaben auf der Domuhr in Münster

Statt des Osterdatums sind hier Osterbuchstaben (Litere Tabulare Pasche) eingetragen. Sie stellen eine andere, indirekte Angabe des Osterdatums dar. Im Ring der den Tagen zugewiesenen Angaben wird jedem Tag des Zeitraumes der Ostergrenzen (22. März bis 25. April) ein Buchstabe der Folge b, c, d … s, t, v, A, B, C … O, P, Q zugeordnet. In einem der den Jahren zugeordneten Ringe findet sich dann der Osterbuchstabe, auf dessen Datum in dem betreffenden Jahr Ostern fällt. Beispiele: 1540 – Osterbuchstabe h; zugehöriges Datum – 28. März. Aber: 2071 – Osterbuchstabe r; zugehöriges Datum – 6. April. Tatsächlich fällt Ostern aber im Jahre 2071 auf den 19. April. Die Osterangaben sind auf dieser Kalenderscheibe seit der Gregorianischen Kalenderreform von 1582 nur noch von historischem Wert.

Eine weitere Besonderheit auf der Kalenderscheibe von Münster besteht darin, dass die Folge der Osterdaten in den den Tagen zugeordneten Ringen zwei weiteren Zeiträumen zugefügt sind: 18. Januar (b) bis 21. Februar (Q) – »Litere Tabulares Septuagesime«. Das ist der Zeitraum, in den der 9. Sonntag vor Ostern (Septuagesima,

Die zentrale Deckscheibe auf der Rostocker Kalenderscheibe mit den Angaben für die Dauer des lichten Tages (linkes Fenster: 17 Stunden) und des dunklen Tages (rechtes Fenster: 7 Stunden).

1. Sonntag der Vorfastenzeit) fallen kann. 10. Mai (b) bis 13. Juni (Q) – »Litere Tabulares Pentecoste« – Zeitraum, in den der 7. Sonntag nach Ostern (Pfingsten) fallen kann.

Septuagesima und Pfingsten fallen auf den Tag, für den ihre Buchstaben mit den Osterbuchstaben des betreffenden Jahres übereinstimmen. Beispiel: 1540 – Osterbuchstabe h; Septuagesima – 24. Januar (h); Pfingsten – 16. Mai (h).

Pfingsttermine in Lund

In Lund gibt es die Eigenart, dass neben dem Oster- auch das Pfingstdatum direkt angegeben wird. Das ist im Grunde zwar unnötig; denn wenn das Osterdatum bekannt ist, läßt sich das Pfingstdatum – sieben Wochen nach Ostern – leicht ermitteln. Aber ähnliche Dopplungen finden sich auf verschiedenen Kalenderscheiben. Die oben genannten Litere Septuagesime und Litere Pentecoste in Münster belegen das.

Zeitraum Weihnachten – Ostern

Die Kalenderscheibe der nicht mehr existierenden Uhr in Wismars Marienkirche besaß die Besonderheit, anstelle des Intervallums Weihnachten – Fastnacht den Zeitraum Weihnachten – Ostern in Wochen und Resttagen anzuzeigen. Das Intervall Weihnachten – Fastnacht kann zwischen fünf Wochen fünf Tagen und zehn Wochen fünf Tagen variieren, und der Zeitraum Fastnacht – Ostern umfaßt sechsWochen sechs Tage. Daher lagen die Angaben in Wismar zwischen zwölf Wochen vier Tagen beim frühest möglichen Ostertermin in einem Gemeinjahr und 17 Wochen vier Tagen beim spätest möglichen Ostertermin in einem Schaltjahr (dabei den 25. Dezember sowie Fastnacht gemäß der römischen Zählweise als ersten Tag gezählt).

Epakten in Lund

Die Epakten sind das Mondalter am 1. Januar eines Jahres, vermindert um 1. Die möglichen Werte der Epakten reichen von 0 bis 29 (Neumond bis Vollmond). Die Epakte diente im Mittelalter zusammen mit dem Sonntagsbuchstaben der Bestimmung des Osterdatums. Dass sie an die im 20. Jahrhundert neu beschriftete Kalenderscheibe von Lund übernommen wurde, deutet darauf hin, dass diese Angabe an der Lunder Uhr Tradition besaß.

Finsternisse in Lübeck

An keiner anderen Kalenderscheibe im hansischen Raum wurden die Sonnen- und Mondfinsternisse aufgeführt. In Lübeck aber waren sie schon auf der 1566 vollendeten Scheibe mit dem Jahresring 1562 bis 1744 vorhanden: »Der mittlere, etwas erhabene Teil dieser Scheibe enthielt die Darstellung von 24 Finsternissen (zwei Sonnen- und 22 Mondfinsternisse), welche sich in dem Zeitraum von 1563 bis 1572 ereigneten. Nach Ablauf dieser letztgenannten Zeit ward jedoch nicht, wie es wohl hätte geschehen müssen, die Tafel mit den Finsternissen wieder erneuert, und es war diese also schon unbrauchbar geworden, während der Kalender noch 172 Jahre länger zu benutzen war.« (Jim-

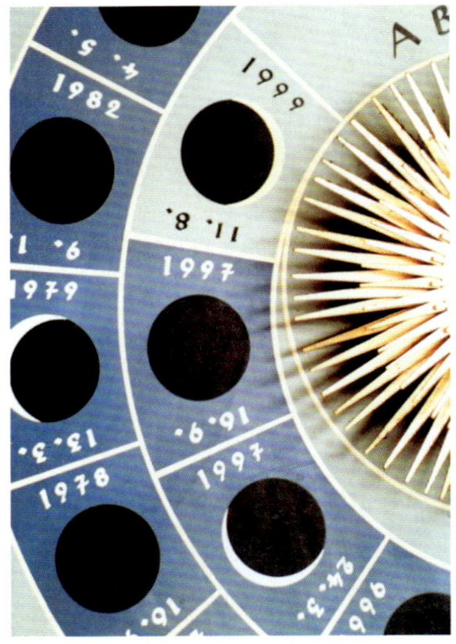

◁◁ *Die Finsternisangaben auf der Kalenderscheibe der neuen Lübecker Uhr, Aufnahme vor 2000.*

◁ *Ausschnitt aus dem Ciciojanus auf der alten Lübecker Kalenderscheibe von 1405 für den Monat November: »… uem bre co le qua te o mar tin …«*

merthal 1861, S. 15) Diese Schwäche haftete den Finsternisangaben an der alten Uhr in der Lübecker Marienkirche zeitlebens an. War es schon schwierig, die Kalenderscheiben immer rechtzeitig vor Ablauf ihrer Jahresringe neu zu beschriften, um wieviel leichter wurden die sehr viel häufiger zu beschriftenden Finsternisangaben ›vergessen‹! Die nächsten Folgen von Finsternissen wurden in Lübeck erst 1753 für den Zeitraum 1755 bis 1800 (36 Sonnen- und Mondfinsternisse) und dann wieder 1809 für die Jahre 1811 bis 1860 (57 Finsternisse, berechnet von Johann Elert Bode, Direktor der Berliner Sternwarte) auf die Kalenderscheibe gebracht. Die nächste Beschriftung erfasste 54 Finsternisse des Zeitraumes 1855 bis 1901. Danach gab es erneut eine Lücke. Die letzte Berechnung vor der Zerstörung beschrieb 14 Sonnen- und 40 Mondfinsternisse, die im Zeitraum 1924 bis 1975 in Lübeck sichtbar waren.

Die Lübecker Tradition der Finsternisangaben wurde auch beim Bau der neuen Uhr für die Marienkirche beibehalten. Ihre Kalenderscheibe zeigt 44 Finsternisse für den Zeitraum 2000 bis 2036. Die Fortschreibung der Daten erfolgte diesmal lückenlos.

Cisiojanus

Auf einigen Kalenderscheiben sind alte Formen der Datierung der Tage innerhalb eines Jahres erhalten. Die Scheibe von Danzig enthält den Cisiojanus, der sich auch auf der noch existierenden Lübecker Kalenderscheibe von 1405 findet.

Bevor man das Datum mittels Ordnungszahl und Monatsnamen (z. B. »16. Januar«) ausdrückte, wie es uns geläufig ist, gab man es nach Tagen vor, an oder nach einem Fest oder durch die Namen von Tagesheiligen an (z. B. »Mittwoch vor Martini«). Um ein Datum richtig erkennen zu können, musste die Folge der Kirchenfeste und Tagesheiligen bekannt sein.

Zur Gedächtnisstütze wurden die Hauptfeste und -heiligen jedes Monats in lateinische Hexameter gebracht. Zwar waren diese nicht immer sinnvoll, wurden aber nichtsdestotrotz in den Schulen fleißig auswendig gelernt. So wird von Martin Luther berichtet, »dass dieß Knäbelein in der lateinischen Schule zu Mansfeld seine Zehen Geboten, Kinderglauben, Vater Unser, neben dem Donat, Kindergrammatiken, Cisiojanus und christlichen Gesängen fein fleißig und schleunig gelernet habe« (zit. bei Ersch/Gruber 1828). Ihren Namen hat diese eigentümliche Tageszählung nach den ersten Worten Circumcisio Christi (= »Beschneidung des Herrn« – 1. Januar) und Januarius, die zu Cisio Janus zusammengezogen wurden und deren vier Silben für den 1. bis 4. Januar standen. Die gesamte Folge für Januar las sich in einem häufig benutzten Cisiojanus des 14. Jahrhunderts folgendermaßen: »Cisio Janus Epy sibi vendicat Oc Feli Mar An Prisca Fab Ag Vincen Pau Pol Car nobile lumen« (= Circumcisio Januarius Epiphania Octava Epiph. Felicis Marcelli Anthonii Fabiani Agnetis Vincentii Convers. Pauli Polycarpi Caroli M.).

An der alten Lübecker Scheibe fehlen die Ordnungszahlen innerhalb der Monate. Stattdessen wurde sie nahe dem Rand mit 365 Löchern versehen, neben denen die Silben des Cisiojanus stehen.

Zwei der Tierkreiszeichen, die die Kalenderscheibe in Rostock umgeben:
▷ Jungfrau und
▷▷ Waage.

▷▷▷ Der Kalendermann an der Rostocker Uhr. Sein Stab weist auf das aktuelle Datum.

Römischer Kalender

Auf der Danziger Scheibe, die rund sechs Jahrzehnte jünger ist als die Lübecker, wird das Datum außer durch den Cisiojanus auch gemäß dem römischen Kalender angezeigt. Bei ihm wurden die Monatsersten als Calenden, der 5. bzw. 7. Tag im Monat als Nonae und die Monatsmitte – der 13. oder 15. Tag des Monats – als Idus bezeichnet. (Der 5. bzw der 13. Tag in den Monaten Januar, Februar, April, Juni, August, September, November, Dezember; der 7. bzw. 15. Tag in den übrigen Monaten) Die Tage vor den Nonen hießen »die ante nonas VI bis III«, die Tage vor den Iden »die ante Idus VIII bis III« und die Tage vor den Kalenden »die ante Calendas XIX bis III«. Der Vortag hieß »pridie ante Nonas/Idus/Calendas.« (→ Tabelle 8)

Außer auf der Danziger Scheibe fand oder findet sich diese römische Art der Datierung auch auf den Scheiben von Lund, Münster und Wismar. Zwar war der römische Kalender im hansischen Raum im öffentlichen Leben des 15. Jahrhunderts kaum mehr in Gebrauch, aber in Kirchen und Klöstern wurde er damals und auch noch später benutzt. Darin dürfte der Grund zu sehen sein, warum die römische Datierung Aufnahme auf Scheiben des 15. und 16. Jahrhunderts fand. In Lund wurde sie aus Respekt vor der Tradition bei der Neubeschriftung im 20. Jahrhundert beibehalten.

Embolismus auf der Danziger Scheibe

Als Embolismus wird das Einfügen eines zusätzlichen Tages oder Monats in den Kalender bezeichnet. Einzig auf der Danziger Kalenderscheibe ist den Jahren mit den Goldenen Zahlen 3, 6, 8, 11, 14, 17 und 19 der Buchstabe ›E‹ (anni embolismales) zugefügt.

Der Embolismus ist ein Rudiment des »gebundenen Mondjahres« (= Lunisolarjahr; → Fachworterklärungen), das sich z. B. im jüdischen Kalender erhalten hat. In ihm wird zum Ausgleich der fehlenden Tage des Mondjahres (353, 354 oder 355 Tage) gegenüber dem Sonnenjahr (365,2422 Tage) in der o. g. periodischen Jahresfolge ein 13. Monat eingefügt. Dadurch wird erreicht, dass die Monate mit 29 oder 30 Tagen dem Mondlauf, und die Jahre mit nur kleinen Schwankungen den Jahreszeiten (also dem Umlauf der Erde um die Sonne) angepasst sind. 19 tropische Jahre haben dann 19 mal 12 = 228 ›normale‹ Mondmonate und sieben Schaltmonate, also 235 synodische Monate (→ *Goldene Zahlen*).

Dekorative Zusätze

Die strenge Datenfülle der Kalenderscheiben wird vielerorts durch bildliche Darstellungen und Beschriftungen gemildert. Allen Kalenderscheiben (außer Danzig) sind Darstellungen der Tierkreiszeichen zugefügt. Ein Kalendermann weist auf das aktuelle Datum. In Danzig, Lund und Münster befinden sich Heiligenfiguren im Zentrum der Scheiben. In Lund, Lübeck, Rostock und Wismar gab oder gibt es Zwickelfiguren im Kalenderraum. In Münster finden sich innerhalb der Datenringe Miniaturbildnisse mit Monatsdarstellungen. Und in Lund, Münster und Rostock kann man Verse im Kalenderraum finden.

Altes Gitter der Rostocker Uhr.
Das Gitter hing ehemals schützend vor der Kalenderscheibe,
die Knoten sollten böse Geister bannen.

In Rostock ist ein kunstvoll geschmiedetes Gitter erhalten, das früher den Kalender schützte. Heute hängt es an der Ostwand des südlichen Querhauses der Marienkirche.

Kalendergeschichte ist ein Stück Kulturgeschichte der Menschheit. Sie zeigt die verschiedenen, über Jahrhunderte reichenden Bemühungen vieler Generationen, Naturvorgänge für die Datierung von Ereignissen zu verwenden. Dabei wurden unterschiedliche Wege gegangen. Die Kalenderscheiben der astronomischen Uhren widerspiegeln das. Wie immer auf der Suche nach Erkenntnis gab es auch Umwege und Irrwege. Auf die Irrtümer und die Schwierigkeiten dieses Unterfangens hat der französische Philosoph und Schriftsteller François-Marie Voltaire (1669–1778) einmal sarkastisch hingewiesen. Mit dem Blick auf die Unordnung im römischen Kalender, die durch Unwissenheit und willkürliche Schaltungen von Tagen und Monaten entstanden war, schrieb er: »Die römischen Feldherren siegten immer, aber sie wußten niemals, an welchem Tag.«

Die Uhren in den Marienkirchen von Danzig, Lübeck, Rostock und Wismar sowie in den Domen von Lund und Münster besitzen oder besaßen Kalenderscheiben. Ihre Angaben dienten vor allem der kirchlichen Datierung innerhalb der Jahre. Von besonderer Bedeutung waren die Anzeigen, die der Ermittlung des Osterdatums und der Datierung des gesamten Oster-Festzyklus dienten (z. B. Goldene Zahlen und Sonntagsbuchstaben).
Die den Jahren zugeordneten Daten galten zwischen 76 (Danzig) und 532 Jahren (Münster). Auf einigen Scheiben (Danzig, Lübeck, Lund, Münster) haben sich mittelalterliche Tageszählungen erhalten (Cisiojanus bzw. römischer Kalender).
Alle Kalenderräume sind dekorativ gestaltet.
Wegen der Fülle ihrer Daten ist es berechtigt, diese Kalenderscheiben als mittelalterliche Disketten zu bezeichnen.

Beispiele für die technische Umsetzung

Die eisernen Uhrwerke unterlagen der Korrosion und der Abnutzung. Einige wurden über Jahrzehnte oder gar über Jahrhunderte nicht oder nur unzureichend gewartet. So wundert es nicht, dass von den mittelalterlichen Uhrwerken der Wunderuhren in hansischen Kirchen die alte Substanz nur in Rostock und Stralsund weitgehend vorhanden ist. Von den ursprünglichen Uhrwerken in Danzig, Lübeck, Lund, Münster, Stendal und Wismar sind bestenfalls einzelne Teile erhalten: In Lund dienen Teile des Hauptwerkes von 1706 – instand-

▷ *Das Werk der Uhr in der Stendaler Marienkirche enthält alte Uhrwerkteile, u. a. ein Rad mit 263 Stiften.*

▷▷ *Das alte Uhrwerk von 1394 in der Stralsunder Nikolaikirche existiert noch weitgehend.*

gesetzt, umgebaut und ergänzt – wieder als zentraler Antrieb. Zwei Zahnräder des alten Zeigerwerkes aus dem 15. Jahrhundert sind in das neue eingesetzt worden (Sonnen- und Tierkreiszahnrad). In Münster wurden 1930 neue Werke eingebaut. Auf das Alte wurde wenig geachtet. Trotzdem fand Claus Peter noch einen ganzen Kellerraum voll alter Uhrenteile, vermutlich bis zurück zu Teilen des Werkes von 1408. Daher konnte er den Versuch unternehmen, das alte Werk zu rekonstruieren (Peter 1994). In Stendal scheinen Einzelteile alter Werke im heutigen enthalten zu sein.

Die Uhrwerke in Stralsund und Rostock

In der Stralsunder Nikolaikirche gibt es den in ganz Europa einmaligen Fall, dass große Teile des Werkes einer astronomischen Uhr von 1394 unverfälscht und in ihrem ursprünglichen Verbund vorhanden sind. Es konnte der Versuch unternommen werden, das komplette Werk aus dem Anfangsjahrhundert des Baues monumentaler Großuhren im Geiste zu rekonstruieren (Schmitt/Schukowski 2000).

Die Werke der Rostocker Marienkirchuhr bilden ein voll funktionierendes System von Uhrwerken, das in seinem Kern auf das Jahr 1472 mit Ergänzungen von 1641/43 zurückgeht. Vom Hauptwerk werden Stundenzeiger, Sonnen- und Mondphasenscheibe über das astronomische Zeigerwerk angetrieben sowie das Stundenschlagwerk und das Kalenderwerk periodisch ausgelöst. Das Stundenschlagwerk wiederum bewirkt stündlich die Auslösung des Musikwerkes und 12-stündlich die des Apostelwerkes. Natürlich sind im Laufe der Jahrhunderte auch an diesem Werksystem Änderungen nicht ausgeblieben; aber es ist in der Gesamtheit seiner technischen Komposition und in der Menge ursprünglicher Bauteile in einem Maße erhalten, wie kein anderes bei einer astronomischen Monumentaluhr.

Die Veränderungen betreffen insbesondere den Umbau von der mittelalterlichen Spindel-Waag-Hemmung auf die seit dem letzten Viertel des 17. Jahrhunderts aufkommende Pendel-Haken-Hemmung im Jahre 1710. Außerdem gibt es deutliche Spuren am Hauptwerk, die darauf hinweisen, dass sein eiserner Rahmen ursprünglich größer war und dass funktionelle Veränderungen vorgenommen wurden.

Der technische Aufbau und die Funktionsweise der Mondphasenanzeige ist bei allen Uhren des älteren Typs in hansischen Kirchen gleich und wurde bereits beschrieben. Von der ehemaligen astronomischen Uhr in der Marienkirche Wismar ist als einziges Stück der komplette Mondzeiger erhalten. Er befindet sich im Stadtgeschichtlichen Museum Wismar, und an ihm kann der Mechanismus einer solchen Mondphasenanzeige anschaulich studiert werden. In seiner Mitte ist er mit einem Drachen geschmückt.

Das Kalenderwerk von Rostock

Pünktlich zur Mitternacht löst ein Zapfen auf dem Tagesrad des Hauptwerkes das Kalenderwerk in Rostocks Marienkirche aus. Ein wuchtiges Kronrad an der Seilwalze dieses Werkes wird kurzzeitig in Bewegung gesetzt und bringt eine kräftige Spindel samt Waag zum Schwingen. Zwei siebenstrahlige sternförmige Räder greifen

◃◃◃ Seilwelle mit Spindelrad, Spindel und Waag des Kalenderwerkes der Rostocker Uhr.

◃◃ Die Vierkantwelle kommt vom Kalenderwerk. Das Walzenrad an ihrem unteren Ende greift in den 365-zähnigen Radkranz auf der Rückseite der Kalenderscheibe und dreht sie um Mitternacht um eine Zahnbreite.

◃ Das Musikwerk der Rostocker astronomischen Uhr. Im Hintergrund ist die Musiktrommel zu erkennen.

ineinander und drehen den Vierkant der Treibstange um knapp 52°. Ein siebenzähniges Walzenrad am unteren Ende der Vierkantwelle greift in den 365-zähnigen Zahnkranz auf der Rückseite der Kalenderscheibe und bewegt sie um eine Zahnbreite.

So oder ähnlich lief das nächtliche Szenario ehemals bei allen derartigen Kalenderscheiben ab. Wegen der erheblichen Massen dieser Scheiben – die Rostocker hat einen Durchmesser von zwei Metern und eine Masse von ungefähr 75 kg – sind die Kalenderwerke besonders stabil gebaut. Zwar wird die Scheibe nur um Zentimeter gedreht, und täglich nur einmal; aber in 100 Jahren sind das 36.500 Auslösungen. Und nach Möglichkeit sollte das Werk mehr als einhundert Jahre überdauern.

Der Musikautomat von Rostock

Schon bald, nachdem Uhrwerke mit einer Schlagglocke verbunden worden waren, wurde versucht, mehrere harmonisch aufeinander abgestimmte Glocken vom Uhrwerk auszulösen und zum Klingen zu bringen. In vielen Türmen des mittelalterlichen Europas entstanden kunstvolle Glockenspiele. So lag es nahe, auch an den großen astronomischen Uhren dem Glockenschlag ein Glockenspiel folgen zu lassen, oft noch mit einem Figurenumgang kombiniert, und manchmal auch mit einem Hahnenschrei. Unter den hansischen Monumentaluhren besaßen oder besitzen die Uhren von Münster und Rostock und die alte Lübecker Uhr ein Glockenspiel. Das heutige Glockenspiel im Südturm der Lübecker Marienkirche steht nicht mit der neuen astronomischen Uhr in Verbindung. An der Danziger Uhr gibt es statt des Glockenspiels ein Orgel- und Trompetenwerk, an der Lunder Domuhr ein Orgelwerk und eine Musikwalze.

Das Laufwerk des Rostocker Glockenspiels wird nach dem Stundenschlag ausgelöst. Es setzt eine metallene Musiktrommel von 79,3 cm Durchmesser und 27,2 cm Breite für 55 Sekunden in Bewegung. Auf dem Umfang der Trommel befinden sich in 28 Reihen und 129 Zeilen 3.612 Vierkantlöcher. In sie können Tonstifte (»Daumen«) gesteckt werden. Der Ort der Daumen in der Zeile bestimmt die Tonhöhe, und die Daumenfolge in den Reihen die zeitlichen Tonabstände. Über 23 der 28 Löcher jeder Zeile befinden sich Metallhebel, d. h., dass heute fünf Lochreihen ungenutzt bleiben. Wird ein Hebel von einem Daumen gehoben, wird das Hammerwerk in Bewegung gesetzt und die jeweilige Glocke angeschlagen.

Mittelalterliche Uhrwerke sind in Rostock und Stralsund in ihrem originalen Verbund erhalten. In Rostock sind sie in Funktion. Einzelne Uhrwerkteile existieren in Lübeck, Lund, Münster und Stendal.
Die Mondphasenanzeige besitzt an allen hansischen Uhren die gleiche »Handschrift«.
Das alte Kalenderwerk existiert nur noch in Rostock.
Für die Musikwerke werden verschiedene technische Lösungen (Glockenspiele oder Orgelwerke) genutzt.

Die Danziger Marienkirchuhr

Ostwand des nördlichen Querhauses

Geschichtliches

Ein »seger« ist für St. Marien 1455 bezeugt. 1462 vergab der Rat der Stadt den Auftrag zur Anfertigung eines neuen, des »klenen segers« auf dem Chor über der Sakristei an den Kleinschmied und Uhrmacher Krumdik. Diese Arbeit blieb unvollendet oder unbefriedigend. Denn schon am 30. April 1464 schloss der Rat der Stadt Danzig mit dem Uhrmacher Hans Düringer (During, Doring u. ä.) aus Thorn den folgenden Vertrag: »Es sein auch Jungst genante Kirchvetter der anderen Wahl nebenst H. Heinrich Hatekannen mit Meister Hans Doring Segermacher umb einen Seger in dieser Kirche zu machen übereingekommen also: Das Meister Hans uber sich nehmen soll alles was unter den Hammer gehorett und alles was zu dem Register gehörret zu diesem Seiger, datzu soll er auch machen lassen die Bretter so zu beyden spheren gehören, da die Sonne, der Mond und die 12 Zeichen inne stehen und auch die andre Sphera darin der Calender stehett, datzu im gleichen die Bottschafft der Jungfrawen Marien, und das Opfer der Heiligen 3 Könige. Hiervon soll er haben III^{c} (300) Marck geringen Geldes und das Eisenwerck das Krumdick verlassen hatt, hietzu gaben sie ihm Zuverehrung 6 ungrische R. Das er anhero komm. war. Das hätt ein Rath auff sich genommen, Molen, Schreyben, Blumen und Löferen (Laubwerk) machen zu lassen und Bilder so kostlich sie es haben wollen. Geschehen am Abend Philippi Jacobi Anno 1464.« (Nach der Abschrift der Urkunde durch Böticher im Jahre 1615 [1945 verloren]; mitgeteilt von Andrzej Januszajtis, Danzig, 1991 in einem Brief an den Verfasser.)

Der Rat der Stadt Thorn verbürgte sich für Hans Düringer, und dieser verpflichtete sich, ein Vierteljahr auf eigene Kosten in Danzig zu leben – sozusagen seine Probezeit. Danach erhielt er freie Herberge. Seine Pflichten in Thorn verzögerten den Fortgang der Arbeiten an der Danziger Uhr. 1466 kam Düringer ein halbes Jahr nach Danzig, sein Sohn stand ihm hier ein Vierteljahr zur Seite. Erst auf wiederholtes Drängen der Danziger Stadt- und Kirchenväter, und nachdem ihm ein Haus in der Danziger Heiligen-Geist-Gasse (»Sweta Ducha«) verschrieben worden war, das an die Kirche zurückfallen sollte, wenn er ohne Leibeserben stürbe, nahm er dauernden Wohnsitz in Danzig. 1470 war die Uhr weitgehend vollendet. Hans Düringer übernahm für 24 Mark Jahreslohn, die restlichen Arbeiten auszuführen und die Uhr zu »bewahren ohne Makel«. 1477 starb er und wurde in Danzig begraben.

Das vermutete Bildnis des Hans Düringer im Gehäuseschmuck der Danziger Uhr.

Die immer wieder behauptete Herkunft Düringers aus Nürnberg ist unbelegt. Sowohl das Stadt- wie auch das Staatsarchiv Nürnberg bestätigten erwartungsgemäß, dass der Name During, Düring, Düringer in den Archivbeständen nachweisbar ist, aber: »Ein Schlosser oder Uhrmacher Hans Düringer († 1477), der sein Bürgerrecht aufgab, ließ sich jedoch nicht feststellen.« (Archivoberrätin Schmidt-Völkersamb vom Staatsarchiv Nürnberg in ihrem Brief an den Autor vom 16. Oktober 1995)

Danziger astronomische Uhr. Zustand um 1900.

Als die Angaben der Kalenderscheibe mit dem Jahre 1538 abgelaufen waren, wurden sie nicht weitergeschrieben. Bis 1553 sind Zahlungen an den Glöckner der Marienkirche »den Seger in der Kerken mit flite (Fleiß) to stellen« erwiesen. Vermutlich fehlten danach Geld und Willen, die defekte Uhr zu reparieren. Der mehr als 400-jährige Schlaf der Uhr begann.
Seit 1631 sind verschiedene Angebote von Uhrmachern belegt, die Uhr zu reparieren oder zu erneuern. Keines wurde realisiert. Genannt seien David Lingelbach aus Frankfurt/M. (1631), Daniel Helffer aus Oliva (1722) und Johann Adam Lamprecht aus Danzig (1817/18). Diese und weitere Anerbieten verfielen vor allem aus Kostengründen der Ablehnung.
Die Uhr dämmerte vor sich hin. Zu Beginn des 20. Jahrhunderts klagte der Redakteur der »Allgemeinen Uhrmacher=Zeitung«: »Die Uhr befindet sich nun heute in einem Zustande, der kaum noch eine Verwendung der nur noch zum Teil vorhandenen Mechanismen zulässt, trotzdem aber bildet die Uhr auch jetzt noch eine interessante Sehenswürdigkeit aus alter Zeit.« (Schulte 1902, S. 136.) Und bei Georg Dehio stand gar: »Große astronomische Uhr, ..., zerstört.« (Handbuch der deutschen Kunstdenkmäler. Bd. II. Nordostdeutschland. Berlin 1906, S. 90.)
1945 verloren sich die Spuren der Danziger Uhr gänzlich. Allgemein wurde von ihrem Verlust ausgegangen. Eine typische Darstellung findet sich in dem Buch »Gdansk«, Warschau 1969: »Es gab bis vor nicht allzu langer Zeit die berühmte astronomische Uhr – ein Werk von Johann Düring –, die sich fast 500 Jahre lang in der Danziger Marienkirche befand und wahrscheinlich während des Krieges nach Deutschland verschickt oder 1945 beim Brand der Kirche vernichtet wurde.« (S. 477, poln.)
Zum Zeitpunkt des Erscheinens jenes Buches aber war einem Kreis von Danziger Spezialisten bereits bekannt, dass die Kalenderscheibe, vier Figuren und einige Tierkreiszeichen noch existierten. Weitere Teile fanden sich später in der konservatorischen Sammelstelle und wurden nach ihrer Identifizierung 1980/81 in die Kirche zurückgeführt. (A. Januszajtis in Briefen von Oktober und Dezember 1998 an den Verfasser.)
Am 10. November 1983 schloß sich in Danzig eine Gruppe von Enthusiasten mit dem Ziel zusammen, die Uhr wieder herzustellen. In akribischer Arbeit wurden die Fundstücke identifiziert, fotografiert und in geduldigem Puzzlespiel auf dem Kirchenfußboden zusammengefügt. 1986 war klar, dass siebzig Prozent der originalen Gehäuseteile gefunden worden waren.
Der Wiederentdeckung folgte die Wiederherstellung der Uhr am originalen Ort durch die Gruppe von Wissenschaftlern, Handwerkern, Künstlern und anderen Danziger Bürgern unter der Leitung von Prof. Dr. Andrzej Januszajtis. Unter Überwindung großer Schwierigkeiten und mit hohem zeitlichen, materiellen und finanziellen Aufwand sowie persönlichem Engagement konnte diese Arbeit 1997 bis auf die Musikautomaten abgeschlossen werden. Während das Uhrenäußere getreu dem historischen Vorbild gestaltet wurde, wobei die alten

Danziger astronomische Uhr, während der Wiederherstellung, 1990.

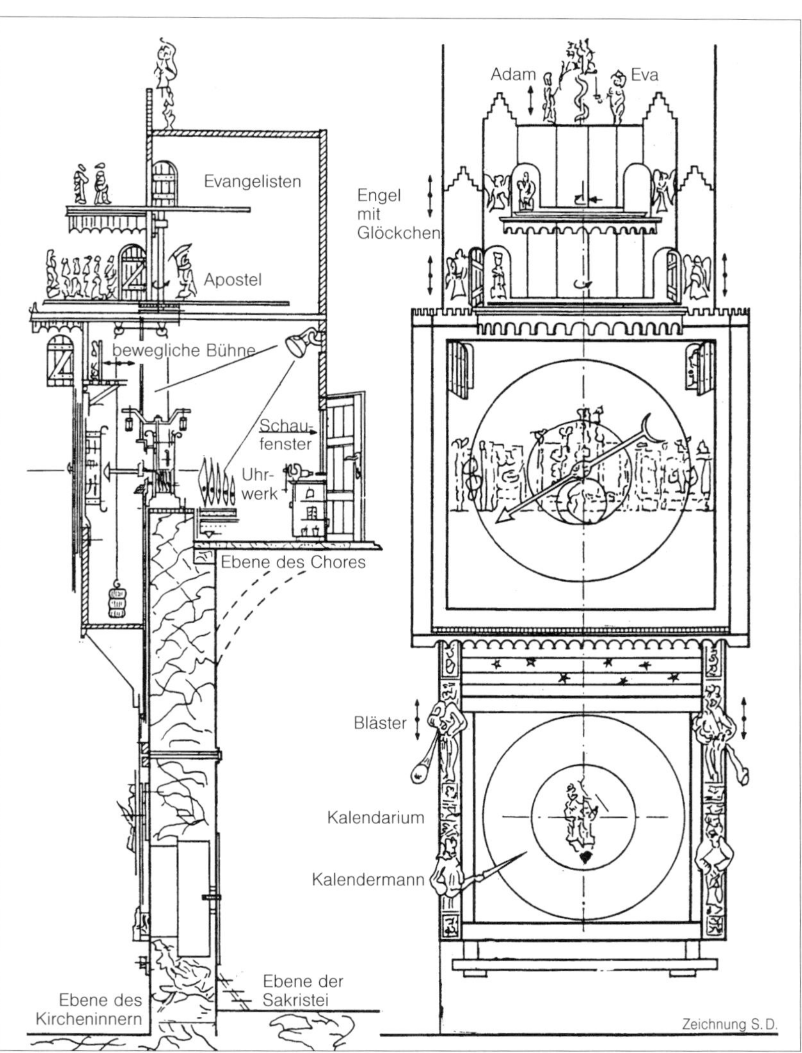

Plan der Wiederherstellung der Uhr, 1988.

Teile aufgearbeitet wurden und Fehlendes ersetzt wurde, mussten die Uhrwerke völlig neu geschaffen werden. Auch hierbei ging man mit Respekt vor dem Historischen unter Verwendung moderner Materialien, Techniken und Mittel vor. So wird das Hauptwerk zwar über eine Spindel-Waag-Hemmung reguliert, aber eine Quarzuhr korrigiert den genauen Gang.

Das merkwürdige Schicksal der astronomischen Uhr in der Danziger Marienkirche – ihr jahrhundertelanger Schwebezustand zwischen Vorschlägen zu ihrer Wiederherstellung und der Gefahr endgültiger Vernichtung – ist nur dem der astronomischen Uhr in der Stralsunder Nikolaikirche vergleichbar. Heute, nachdem die Uhr großartig wie nach ihrem Bau durch Hans Düringer wiedererstanden ist, darf gesagt werden, dass diese »Existenz am Rande des Abgrundes« einen ganz wichtigen Vorteil hatte: Da die Uhr in ihrer Jugendgestalt gealtert war, konnte sie unverfälscht in ihrem spätgotischen Erscheinungsbild auferstehen.

Uhrscheibe

Der Stundenring enthält zweimal die Ziffern I bis XII. An den Stundenring grenzt nach innen der Ring mit den zwölf Tierkreiszeichen, die Folge der Figuren verläuft im Gegenzeigersinn. Dann folgt ein Zierkreis mit einem mäanderartigen Band.

Am äußeren Rand der Uhrscheibe ist jedes Tierkreiszeichen in je 30° geteilt (5, 10 … 30). Am inneren Rand steht der lateinische Name des Zeichens.

Der Stundenzeiger umkreist den Stundenring täglich einmal. Im Zentrum der Uhrscheibe liegen die Sonnenscheibe und die Mondphasenscheibe übereinander. An ihnen sind die bis in den Tierkreis ragenden Sonnen- bzw. Mondzeiger befestigt. Beide Scheiben drehen sich im Gegenzeigersinn. Die Sonnenscheibe mit dem Sonnenzeiger vollführt einen Umlauf in 365 Tagen, die Mondphasenscheibe mit dem Mondzeiger in 27,3 Tagen (= 1 siderischer Monat). Der Zeiger an der schnelleren Mondphasenscheibe kommt nach jeweils 29,5 Tagen (= 1 synodischer Monat) wieder mit dem langsameren Zeiger der Sonnenscheibe zur Deckung. Dann ist ein voller Mondzyklus abgelaufen.

In der Sonnenscheibe ist eine kreisrunde Öffnung, durch die ein Ausschnitt der darunter liegenden Mondphasenscheibe sichtbar wird. Auf Letzterer ist ein Teil der Fläche vergoldet, so dass in der Öffnung der Sonnenscheibe die aktuelle Mondphase zu sehen ist. Bei Vollmond ist der ganze Kreis mit einem goldenen Mondgesicht ausgefüllt, bei Neumond ist er schwarz. Zu dazwischen liegenden Zeiten ist er mehr oder weniger hell und dunkel.

Auf der Sonnenscheibe ist neben einigen Sternen das Bildnis eines Drachens zu finden. Der Außenrand der Sonnenscheibe ist in 30 abwechselnd hell und rot gestrichene und mit den Zahlen 1 bis 30 versehene Abschnitte geteilt. Am Ort des Mondzeigers kann das »Mondalter« abgelesen werden.

In den beiden oberen Zwickeln der Uhrscheibe sind zwei Türen. Wenn sie sich mittags öffnen, werden auf zwei Bühnen die Darstellungen der Verkündigung des Engels an Maria sowie die Anbetung Jesu durch die Heiligen Drei Könige sichtbar.

Kalenderscheibe

Das Kalendarium besteht aus zwei beschrifteten Scheiben mit Durchmessern von 276 und 112 cm und einer Deckscheibe mit einem Spalt und zehn Fensterchen. Die Deckscheibe bedeckt die kleinere der beschrifteten Scheiben bis auf die Angaben, die von dem Schlitz bzw. den Fensterchen freigehalten werden.

Die große Scheibe ist aus Holz gefertigt und trägt eine Leinenbespannung. Auf ihrer Rückseite befindet sich ein 365zähniger eiserner Kranz. Täglich um Mitternacht wird die Scheibe vom Kalenderwerk im Zeigersinn um eine Zahnbreite gedreht. Auf dieser Scheibe werden von außen nach innen angegeben:

1. Die Tagesbuchstaben A, b, c, d, e, f, g, A, …

2. Die Benennung der Tage des Jahres nach dem römischen Kalender durch Kalenden, Nonen und Iden.

3. Die Benennung der Tage mittels des »Cisiojanus«, bei dem die Namen der Monate, der Hauptfeste und der wichtigsten Heiligen in lateinischen Hexametern so aneinander gefügt wurden, dass jeder Tag durch eine ihn kennzeichnende Silbe identifiziert werden konnte.

4.–19. 940 Neumonddaten für 4 x 19 = 76 Jahre (1463 … 1538) durch Angabe der Goldenen Zahlen (1 bis 19) für diese Jahre in den Ringen 4, 8, 12 und 16 sowie der Uhrzeit in Stunden und Minuten in römischen Zahlen (Ringe 5/6, 9/10, 13/14 und 17/18).

In den Ringen 7, 11, 15 und 19 wird die Anleitung zum Gebrauch der vorangehenden drei Ringe in Deutsch und Latein gegeben, so heißt es dort zum Beispiel: »Der erste cikel dyßer speren hebit sich an Am lofende iore vnseres herren cristi MCCCCLXII vnde weret XIX iar langk neest volgende bas czu deme iare vulkomende MCCCCLXXXI do endet her sich. Hyr ist czu merckende das dy stunden vnde minuten dy hyr gesatcyt sind noch der gulden czal in dyßen geschrebenen Cikelen sind czu rechende noch deme mittage desselbigen tages daruf dy gulden czal gefigurerit ist. Wenne der tag endet sich vf den mittag vnde hat XXIIII stunden.« (Nach Zimmermann 1939, S. 78 ff.) (→ Lateinische Inschriften)

Es ist bemerkenswert, dass hier der 24-Stunden-Tag mittags endet und beginnt. Die Tatsache, dass auf diesen Fakt besonders hingewiesen wurde, läßt vermuten, dass diese Art der Stundenzählung nicht mehr allgemein üblich und jedem selbstverständlich war.

Der erste Neumond dieses Verzeichnisses ist für den 19. Januar 1463 14 Uhr 44 Minuten angegeben, d. i. nach den obigen Hinweisen der 20. Januar 2.44 Uhr heutiger Zählweise, weil die Stundenzählung damals am Mittag begann. Den Umstand, dass der Kalender schon das Jahr 1463 einschließt, obwohl der Vertrag mit Hans Düringer erst am 30. April 1664 datiert ist, sieht Zimmermann (1939, S. 80) darin begründet, dass mit 1463 ein Jahr mit der Goldenen Zahl 1 am Anfang steht.

20. Ort der Sonne in den Tierkreiszeichen für jeden Tag des Jahres (Eintrittstag und Ort des Tierkreiszeichens in Grad – »Gradus solis«). Die Eintritte entsprechen dem Julianischen Kalender:

Wiedergefundene Kalenderscheiben (1976).

Der Spalt und die zehn Fensterchen sind in der zentralen Deckscheibe des Kalendariums deutlich zu erkennen (Zustand nach der Wiederentdeckung).

Ausschnitt der Danziger Uhrscheibe.

Die »neue alte Kalenderscheibe« (1997).

◁◁ *Das neue Werk der Danziger Uhr (Zustand 1990).*

◁ *Die Apostel vor dem Umgang.*

▷ *Ausschnitt der Danziger Kalenderscheibe*

▷▷ *Blockschema des Zusammenwirkens der Uhrwerke. (nach G. Szychlinski)*

13. 3. – Widder	14. 7. – Löwe	14.11. – Schütze
12. 4. – Stier	14. 8. – Jungfrau	13.12. – Steinbock
13. 5. – Zwillinge	14. 9. – Waage	12. 1. – Wassermann
13. 6. – Krebs	15.10. – Skorpion	11. 2. – Fische

21. Kirchlicher Fest- und Heiligenkalender mit liturgischen Festkategorien für Danzig.

22. Lunarbuchstaben (»Littere lunares«, »Littere signorum«), Buchstabenfolge a bis z (23 Buchstaben des lateinischen Alphabets) und vier Ziffern (5, 39, 3, 9), die den Tagen des Jahres fortlaufend zugeordnet wurden. Die Littere lunares waren ein altes Hilfsmittel zur Bestimmung der Mondphasen (Grotefend 1922 [1984], S. 6; Zimmermann 1939, S. 83 f.).

Da der Mond in 27 Tagen (und ca. acht Stunden) den Tierkreis einmal durchläuft, ist jedem der 27 Lunarbuchstaben ein Mondort im Zodiakus zugeordnet. Die zusätzlichen acht Stunden wurden durch Wiederholung eines Zeichen in jedem Vierteljahr ausgeglichen; so haben z. B. der 19. und der 20. August die Ziffer 9 erhalten (Vgl. Januszajtis 1998, Abb. 39 innerster Ring). Aus Tabellen, in denen der Lunarbuchstabe und die Goldene Zahl in Beziehung zueinander gesetzt waren, konnte die Mondphase für jedes Datum des laufenden Jahres abgelesen werden. Aus den Lunarbuchstaben sind später die Osterbuchstaben hervorgegangen, die sich an der Kalenderscheibe der Domuhr in Münster finden.

Der innere Teil der Holzscheibe ist von den beiden Kupferscheiben bedeckt, die mit Papier beklebt und dann beschriftet worden sind. Die obere von ihnen, die Deckscheibe, enthält einen Schlitz, in dem die Angaben der darunter liegenden Datenscheibe für das aktuelle Jahr sichtbar werden. Außer diesem Spalt sind für zwei Reihen der Datenscheibe (Sonntagsbuchstaben und Embolismus) insgesamt zehn Fensterchen vorhanden, so dass einige der Daten auch für zwei bzw. drei vorangehende oder nachfolgende Jahre sichtbar sind.

Auf der unteren dieser beiden zentralen Scheiben befinden sich die folgenden Angaben (von außen nach innen):

1. Jahresring, enthält 76 Zahlen von 63 über 00 bis 38 (1463–1538).

2. Sonnenzirkel, Zahlenfolge 1 bis 28, gibt den Wiederholungszyklus des Kalenders an.

3./4. Sonntagsbuchstaben, Buchstabenfolge A bis G im dritten Ring; im 4. Ring ist der 2. Sonntagsbuchstabe für die Schaltjahre aufgeführt. Außer dem aktuellen Sonntagsbuchstaben sind durch sechs Fensterchen auch die der Schaltjahre in den drei vergangenen und den drei kommenden Jahren zu sehen.

5. Goldene Zahlen 1 bis 19 für die Jahre 1463 bis 1538.

6. »Embolismus« = Jahre mit einem 13. Schaltmonat; diese »anni embolismales« sind in Danzig die Jahre mit den Goldenen Zahlen 3, 6, 8, 11, 14, 17 und 19; sie wurden mit einem »E« gekennzeichnet. Durch die zusätzlichen Monate wurde der Mondkalender immer wieder mit dem Sonnenkalender in Übereinstimmung gebracht.

Durch je zwei Fensterchen über diesem Datenkreis vor bzw. hinter dem Spalt können insgesamt fünf Jahre hinsichtlich des Embolismus übersehen werden. Da die Schaltungen alle zwei oder drei Jahre vorgenommen wurden, sind in fünf aufeinander folgenden Jahren im allgemeinen zwei »anni embolismales« sichtbar. (Nur in Jahren mit der Goldenen Zahl 3 ist nur ein »E« zu sehen.)

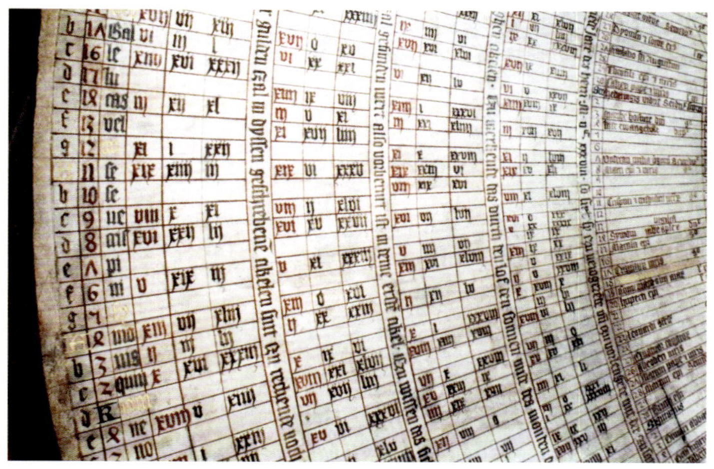

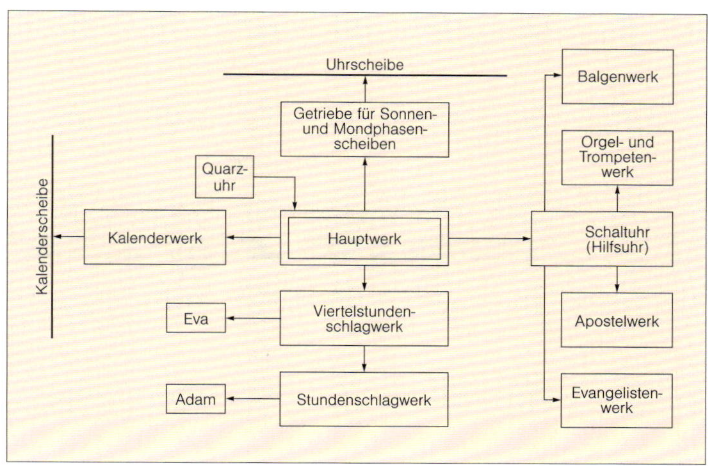

Von allen Kalenderscheiben an astronomischen Uhren in hansischen Kirchen gibt einzig die Danziger Scheibe den Embolismus an.

7./8. Zeitraum zwischen Weihnachten und Fastnacht (»Intervallum«) in Wochen (5 … 10) und Tagen (0 … 6).

9. Römer-Zinszahl (»Indiktion«), Zahlenfolge 1 bis 15; mittelalterliche Periode der Jahreszählung und eines Steuerzyklus.

Die Danziger Kalenderscheibe besitzt die älteste erhaltene Beschriftung. Mit 31 Datenringen ist sie besonders informationsreich. Ihre Fläche von 6 m^2 beträgt das 3,4- bzw. 4-fache der Flächen der Kalenderscheiben von Münster und Lübeck!

Während die große Scheibe täglich vom Uhrwerk um rund 1° weiterbewegt wird, wird die kleine Datenscheibe jährlich bei Jahresbeginn um eine Zeile (1/76 ihres Umfanges, rund 4,7°) gedreht. Die Deckscheibe steht fest, so dass der Schlitz und die Fensterchen stets dieselbe Lage haben. In ihrem Zentrum trägt sie eine Marienfigur mit dem Jesuskind.

Ikonografische Gestaltung

Die gesamte Uhr ist als Ausdruck spätmittelalterlichen Gottes- und Weltbewußtseins zu sehen: Sie preist Gott als Schöpfer der Zeit und der Welt, als Herrn über die Zeit und die irdische wie die himmlische Welt. Astronomische Uhren in den hansischen Kirchen sollen das Wirken Gottes im Ablauf der Zeit und der Bewegung des Himmels und der Gestirne sichtbar machen, und sie wurden IHM zum Lobe geschaffen – wobei von dem Ruhm dann auch etwas auf die Stadt und die Kirche abfiel, die eine so wunderbare Uhr besaßen. Zusätzlich trägt die Danziger wie jede andere der hansischen Kirchenuhren spezifische ikonografische Elemente: Die Zentralfigur des Kalendariums, um die sich buchstäblich der irdische Kalender dreht, und die szenischen Darstellungen hinter den Türen der oberen Uhrscheibenecken wurden bereits genannt. Der Hauptteil ikonografischer Darstellungen ist in Danzig - wie bei den meisten derartigen Uhren - auf den oberen Teil der Uhrenfront konzentriert: Der Apostelumgang, der Umgang der Evangelisten und die ›Glöckner‹ Adam und Eva befinden sich in drei Etagen über der Uhrscheibe. Täglich zur Mittagszeit wird der Umgang der zwölf Apostel ausgelöst. Auf der darüberliegenden Bühne erscheinen die vier Evangelisten. Ganz oben zieht Eva am Strang der Viertelstundenglocke. Adam schlägt die vollen Stunden. Um den Baum zwischen ihnen windet sich die Schlange mit dem gekrönten Kopf der Dämonenkönigin Lilith. Das Szenarium wird durch den Klang der Trompeten der Bläser links und rechts vom Kalender sowie dem Orgelklang beim Umgang der Apostel und der Evangelisten komplettiert.

Uhrwerke

Alle Uhrwerke wurden im Zuge der Wiederherstellung der Uhr neu gebaut. Anstelle der Beschreibung dieser Werke sei an einem Blockschema das Zusammenwirken der verschiedenen Uhrwerksysteme dargestellt.

Literatur

GRUBER/KEYSER 1929; JANUSZAJTIS 1998; SCHMIDT 1925 und 1927; SCHUKOWSKI 1984, 1989 und 1990; SCHULTE 1902 (1980); UNGERER 1931, S. 208 ff.; ZIMMERMANN 1939.

Die Uhrscheibe im Doberaner Münster

Der ursprüngliche Ort der Uhr war die Westwand des Süd-Querhauses. Heute hängt die Uhrscheibe als einziger Rest an der Südseite der Westfront des Langhauses.

Das Wenige über ihre Geschichte

Die Entstehung dieser Uhr darf man für das Jahr 1390 annehmen, für das der Guss einer Stundenglocke für die Klosterkirche belegt ist. Die große Übereinstimmung in der Gestaltung der Doberaner Uhrtafel mit der der Uhr in der Stralsunder Nikolaikirche von 1394 bestärkt die Annahme dieser Zeit. Sie begründet ferner die Vermutung, dass beide Uhren Nikolaus Lillienveld zugeschrieben werden dürfen, dessen Arbeit für die Stralsunder Uhr inschriftlich belegt ist.

Es darf weiterhin angenommen werden, dass die Uhr bis zur Aufhebung des Klosters im Jahre 1552 im wesentlichen in Funktion war. Denn sie war Teil der Ausstattung der Kirche, und unter den Mönchen gab es gute Voraussetzungen, dass sie regelmäßig gewartet und ihre Mechanik instand gehalten wurde.

Im Dreißigjährigen Krieg nahm die Uhr im Jahr 1637 durch plündernde Schweden Schaden. 1734 wurde sie als »ein altes grosses Uhrwerck in welchen zwar die Uhr noch gehet, das aber sonsten gar schlecht bestellet« beschrieben. (Schröder 1734, Bd. 6, S. 341). Zu dieser Zeit befand sie sich noch am angestammten Ort und besaß ein funktionierendes Uhrwerk.

Fehlende Wartung und insbesondere der Missbrauch des Kirchenraumes zu Anfang des 19. Jahrhunderts als napoleonisches Heeresmagazin dürften zur weiteren Verwahrlosung der Uhr geführt haben. Sie wurde um 1830 bei der damals beginnenden Restaurierung der Kirche schließlich abgebrochen und einzig die Uhrtafel als künstlerisch bedeutsam verwahrt.

Die Uhrscheibe

Die Uhrtafel hat eine Höhe von 4 m und ist 3,4 m breit. Ihre Bemalung und Beschriftung entspricht der der hansischen Uhren des älteren Typs: Außen der Ziffernring der 24 Stunden (zweimal I bis XII in gotischen Minuskeln). Dann folgen ein schmaler und ein breiterer Ring mit 144 bzw. 24 Sektoren. Der innere Teil zeigt die charakteristische Bemalung und Beschriftung eines Astrolabs in südlicher Projektion: Sieben konzentrische Kreise, der senkrechte Meridian, die waagerechte Ost-West-Linie, das hellere Tagfeld und das dunklere Nachtfeld, getrennt durch die Horizontlinie und das durch eine Schlangenlinie markierte Dämmerungsfeld. Im Tagfeld verlaufen

Uhrtafel im Doberaner Münster.

die bogenförmigen Linien der Temporalstunden. An Beschriftungen sind zu erkennen:

✧ Nächst dem Ziffernring: Meridies (oben; = Süden, Mittag), occide(n)s (rechts; = Westen), Septentrion (unten; = Norden), oriens (links; = Osten).

✧ Nahe den unteren Bogenstücken der sieben konzentrischen Kreise: Tropic(us) cancri (= Wendekreis des Krebses), Ci(r)culus geminor(um) et leonis (= Kreis der Zwillinge und des Löwen), Circulus tauri et virginis (= Kreis des Stieres und der Jungfrau), Circulus arietis et libre et Equinoxcialis (= Kreis des Widders und der Waage und der Tagundnachtgleichen), Circulus pisciu(m) et scorpionis (= Kreis der Fische und des Skorpions), Circulus aquarii et sagittarii (= Kreis des Wassermanns und des Schützen), tropic(us) cap(ri)corni (= Wendekreis des Steinbockes).

Zwei der »Weltweisen« in den Ecken der Uhrscheibe: Ptolemäus (o. l) und Albumasar (u. r.).

✧ Oberhalb des Scheibenzentrums am Horizontkreis: Orizon 54 gd 9 (Horizont 54 Grad 9 Minuten; geografische Breite von Doberan).

✧ Im 24-Sektoren-Ring an den Endpunkten der Bögen der Temporalstunden die gotischen Ziffern 1 bis 12. Die »1« steht am Ende des ersten Tageszwölftels nach Sonnenaufgang, die »6« beim Meridian (Mittag), die »12« am Horizontkreis für die Zeit des Sonnenunterganges.

Die Ecken des Zifferblattes sind mit den Figuren der Weltweisen ausgefüllt. Ihre Bildnisse aus dem ausgehenden 14. Jahrhundert besitzen eine hohe Qualität. Ihnen ist es wohl vor allem zu verdanken, dass diese Uhrscheibe aufbewahrt wurde. Die Figuren stellen dar:

✧ Ptolemäus (»ptolomeus«), den im 2. Jahrhundert n. Chr. in Alexandria wirkenden Gelehrten, mit Krone und Zepter. Mit diesen Insignien ist er gemäß alter arabischer Tradition irrtümlich als »König von Ägypten« dargestellt und wurde mit Ptolomaios Epiphaes gleichgesetzt (o. l.).

✧ Alfons X. von Kastilien (»alfo(n)ci«), 1221 bis 1284, Auftraggeber für die Neuberechnung der Mond- und Planetenbewegungen, ebenfalls – und zu Recht – mit Krone und Zepter (o. r.).

✧ Hali (»hali«), wohl Arzt, Philosoph und (Wasser-)Uhrenbauer Ibn Ridwan, der um 1200 in Damaskus lebte und als einer der berühmtesten arabischen Gelehrten galt (u. l.). Die gelegentlich zitierte Schreibweise »halio« beruht auf einem Irrtum. Das letzte Zeichen ist kein »o«, sondern ein »☆«.

✧ Albumasar (787 bis 886, Bagdad), der bekannteste orientalische Astrologe (u. r.)

Die Auswahl und Anordnung der Gelehrten in Doberan gleicht völlig der auf der Stralsunder Uhrscheibe. Ihre Sprüche allerdings sind entweder vertauscht (Ptolemäus Doberan → Albumasar Stralsund) oder gänzlich andere. (Inschriftentexte S. 23 und → Anhang)

Während die beiden oberen Figuren mit einer Hand auf ihre Sprüche weisen, zeigen die beiden unteren auf zwei hochrechteckige Öffnungen im unteren Teil der Uhrscheibe. Sie waren ehemals durch Türen verschlossen und komplettierten die Scheibenbemalung. Es darf als sicher gelten, dass ein Figurenumlauf einsetzte oder szenische Darstellungen sichtbar wurden, wenn sich die Türen öffneten. Vielleicht gehörten die 1637 von der Uhr gestohlenen silbernen Apostelfiguren ehemals hierher.

Literatur

BOER/STROHMAIER 1979; ERDMANN 1995, S. 68 f.; UNGERER 1931; S. 213

Die alte Lübecker Marienkirchuhr das »Flaggschiff« der hansischen Uhren

Im Chorumgang hinter dem Hauptaltar, mit dem Gesicht der Sänger- oder Marientidenkapelle zugewandt, die 1444 die Ostapsis ersetzte.

Aus ihrer Geschichte

Durch Inschrift ist belegt, dass diese Uhr am 2. Februar 1405 fertiggestellt/geweiht wurde. (Tabelle 9) Bei einem Altarbrand nahm sie 1407 Schaden, wurde aber sogleich wieder hergestellt. Der Name des Meisters ist nicht überliefert. Es könnte der für Stralsund (1394) erwiesene und für Doberan (1390) und Lund (1. Drittel 15. Jh.) vermutete Nikolaus Lillienveld gewesen sein, oder auch der im Zusammenhang mit der Domuhr von Münster genannte Mönch Friedrich aus Hude. Ihre wesentlichsten Umbauten, Ergänzungen und Reparaturen fanden in den Jahren 1561/66, 1752/53 und 1888/90 statt. Natürlich gab es auch zu anderen Zeiten mehr oder weniger umfangreiche Instandsetzungen (z. B. nach 1508, 1629 und 1809), als Folge allgemeinen Verschleisses oder auch längerer Vernachlässigungen. Die oben hervorgehobenen drei Daten hatten jedoch herausragende Bedeutung für die Geschichte dieser Uhr:

✧ 1561 wurden der »seygermaker« Mathias van Oß (Ost, Oste) mit der Erneuerung und Erweiterung der Uhrwerke und der »sniddeker« Hinrich Matthes mit der Gestaltung des Uhrengehäuses und der Figuren beauftragt. Diese Arbeiten zogen sich, beeinträchtigt insbesondere durch die Pestjahre 1564/65, bis 1566 hin.

Die Uhr erhielt ein neu gestaltetes Gehäuse, das im wesentlichen bis 1942 erhalten blieb. Die Kalenderscheibe von 1405 wurde ersetzt und neu beschriftet (1562–1744). Die Angabe, dass dafür »die Rückseite der Kalenderscheibe der ehemaligen Uhr« benutzt wurde (Warncke 1935, S. 4), muss wohl dahingehend verstanden werden, dass die alte Scheibe zur Verstärkung auf der Rückseite der neuen befestigt wurde. Denn die 1888 abgenommene und ins St.-Annen-Museum gegebene Ur-Scheibe besitzt auf der Vorderseite noch die alte Beschriftung aus der Entstehungszeit dieser Uhr, während sie rückseitig keine Spuren einer Bemalung erkennen lässt. Außerdem wurden das Stundenwerk, das astronomische Zeigerwerk, das Spielwerk mit 15 Glocken, die Mechanik des Kurfürstenumganges und die Trompetenwerke für die Posaunen der Engel hinzugefügt, verbessert oder repariert.

Für die in fünf Jahren ausgeführten Uhrmacher-, Bildschnitzer-, Tischler- und Malerarbeiten sowie die Materialien (Eisen, Leder, Holz, Gold, Farben) wurden 1.497 Gulden und 14 Schillinge ausgegeben.

Laufende №	Gegenstand.	Material.

Aus dem Inventarbuch des Lübecker St.-Annen-Museums von 1892.

Aus dem Inventarbuch des St.-Annen-Museums Lübeck von 1892: Beschreibung der ins Museum gekommenen Kalenderscheibe von 1405.

✧ 1752 stand die mächtige alte Uhr vor ihrem Ruin. Ihre Wiederherstellung war damals in erster Linie dem Doktor der Theologie und Hauptpastor der Lübecker Marienkirche, Johann Hermann Becker (1700–1759) zu verdanken. Gebürtiger Rostocker, war er nach seiner Studienzeit Privatdozent auf mathematischem, physikalischem und astronomischem Gebiet an der Universität seiner Heimatstadt, wurde

Die ehemalige Lübecker Marienkirchuhr in der Gestalt, die ihr 1561/66 Mathias van Oß gegeben hatte.

Die Reste des Werkes der Lübecker astronomischen Uhr nach dem Brand der Marienkirche 1942.

1734 Archidiakon an der Rostocker Marienkirche, folgte 1746 dem Ruf als Pastor an die Greifswalder Jakobikirche, promovierte an der dortigen Universität und zog 1751 nach Lübeck. Er hatte sich schon um die Neuberechnung der Kalenderdaten für die Uhr in der Marienkirche Rostock für den Zeitraum 1745 bis 1877 und wohl auch um die Reparatur der dortigen Uhrwerke während seiner Amtszeit verdient gemacht. Diese Erfahrungen brachte er in Lübeck ein: »Von seiner Kenntniß der Mathematik sind noch die beyden Uhrwerke in der Marienkirche zu Rostock und in der Marienkirche zu Lübeck die deutlichsten Beweise, unter welche vornehmlich das letztere von allen Kennern für sehr kunstreich gehalten wird. Beyde sind nach der Angabe und unter der Aufsicht des seligen Herrn D. Beckers

verbessert und in solche Ordnung gesetzet worden, dass sie jetzt auf mehr, als hundert, Jahre die Bewegungen der Himmelskörper richtig anzeigen.« (Winkler 1769, S. 246 f.)
In der Inschrift an der linken Gehäuseseite, die sich auf die Reparaturen von 1753 bezog, waren die Verdienste J. H. Beckers nicht erwähnt. Stattdessen wurden die Namen der Kirchenvorsteher angeführt. Offenbar waren und sind es seit altersher zuerst die Honoratioren, deren Meriten für die Nachwelt festzuhalten waren.
Jedenfalls war die Instandsetzung von 1752/53, rund 190 Jahre nach den Arbeiten von Mathias van Oß und Hinrich Matthes und 190 Jahre vor der endgültigen Zerstörung der Uhr, die bedeutendste nach 1561/66. Ihre Kosten beliefen sich auf mehr als 2.100 Gulden.
✧ Bei der dritten großen Erneuerung in der Geschichte dieser Uhr wurden 1888/90 ein neues Gehwerk, Kalenderwerk und astronomisches Getriebe von der Firma Eduard Korfhage & Söhne aus Buer in Westfalen eingebaut (die 1930 auch das neue Werk für die Domuhr in Münster lieferte). Das alte Zeigerwerk und die Kalenderscheibe von 1405, seit 1566 an der Rückseite der damals erneuerten Kalenderscheibe befindlich, kamen ins St.-Annen-Museum. Sie haben dort auch den Zweiten Weltkrieg überdauert.
✧ Am 29. März 1942, dem Sonntag vor Ostern, verbrannte die Uhr in den Trümmern der Marienkirche.

Aussehen und Anzeigen der Uhrscheibe

Auf den Stundenring mit zweimal den Ziffern I bis XII folgte die Bemalung der Grundscheibe in der für ein Astrolab mit südlicher Projektion üblichen Weise mit dem nach unten gekrümmten Horizontkreisbogen. Oberhalb von ihm befand sich das hellblaue Tagfeld, unterhalb das dunkelblaue Nachtfeld. In beiden Feldern waren die Bögen der zwölf temporalen Tag- bzw. Nachtstunden – von 1 bis 24 durchnummeriert – deutlich sichtbar. Drei konzentrische Kreise waren als »Tropicus Cancri« (Wendekreis des Krebses; außen), »Circulus Arietis et Libre Sive Aequinoc.« (Kreis des Widders und der Waage oder Äquinoktien = Himmelsäquator; Mitte) und »Tropicus Capricorni« (Wendekreis des Steinbocks; innen) bezeichnet. Zwischen den beiden äußeren dieser Kreise stand »Elevatio 54« auf der Scheibe (Erhebung/Polhöhe/geografische Breite 54°).
Die Zwickel der Uhrscheibe waren von den geschnitzten Weltweisen Albumazer, Ptolemäus, Plato und Aristoteles ausgefüllt.
Über der Grundscheibe des Zifferblattes drehten sich die Zeiger:
✧ Eine große durchbrochene Scheibe (das Rete des Astrolabs), die den Blick auf die darunter befindliche Bemalung und Beschriftung

Die Uhrscheibe der ehemaligen Uhr in Lübecks Marienkirche.

der Grundscheibe frei ließ. Ihr wesentlichster Teil war der exzentrisch angeordnete Tierkreisring. Die geschnitzten Tierkreisfiguren wurden vergoldet auf blauem Grund dargestellt. Außerdem enthielt das Rete drei konzentrische Ringe: Die beiden Wendekreise und den Himmelsäquator. Auf sie bezogen sich drei der auf der Uhrscheibe enthaltenen Beschriftungen (s. o.). Bemerkenswert ist, dass diese Ringe an der Lübecker Monumentaluhr Bestandteil des Rete waren. Denn an anderen derartigen Uhren (z. B. Doberan, Lund, Münster, Stralsund) sind sie fest auf die Uhrscheibe gemalt. Der Wendekreis des Krebses, die äußere Begrenzung des Rete, war in 360 Abschnitte geteilt. Das Rete drehte sich einmal an einem Sterntag.
✧ Der Stunden- oder Sonnenzeiger zeichnete den Lauf der Sonne von Osten über Süden und Westen nach Norden (Mitternacht) nach und wies mit dem Sonnenbild auf die aktuelle Stunde. Im Unterschied zur Domuhr von Münster, die vom gleichen Typ ist, war das

Die »Weltweisen« in den Ecken der Uhrscheibe: Ptolemäus (u. l.) und Plato (o. r.).

Sonnenbild auf dem Zeiger in Lübeck nicht verschiebbar, sondern befand sich am Zeigerende. Dieser Zeiger drehte sich an einem Sonntag einmal. Die Darstellungen der Planeten Merkur und Venus waren starr mit dem Sonnenzeiger verbunden.

✧ Der Mondzeiger, wie der Sonnenzeiger ein Doppelzeiger, gab die Stellung des Mondes zu den Tierkreiszeichen, die Mondphase und die ›Mondstunden‹ an. Die Mondphase wurde durch eine halb helle, halb dunkle Kugel an dem einen Ende des Zeigers gezeigt. Die Kugel drehte sich bei der Relativbewegung zwischen Sonnen- und Mondzeiger in 29,5 Tagen einmal. Für den mit den Ursachen der Lichtgestalten des Mondes vertrauten Betrachter war die Mondphase auch an der gegenseitigen Stellung von Sonnen- und Mondzeiger zu erkennen: Eilte die Sonne dem Mond voraus, ging also die Sonne vor dem Mond unter, wurde zunehmender Mond angezeigt. Je kleiner dabei der Winkel Sonnen-/Mondzeiger war, desto »jünger« war der Mond. Standen sich Sonnen- und Mondbild gegenüber, war Vollmond. Bei Neumond standen beide in gleicher Richtung. Ging der Mond vor der Sonne auf und unter, war abnehmender Mond.

An dem der Mondphasenkugel entgegengesetzten Ende des Mondzeigers befand sich eine Schwerkraftuhr. Sie zeigte die Zeit des in 24 ›Mondstunden‹ geteilten Mondtages an. Da sich der Mondzeiger in 24 Stunden 50 Minuten um 360° drehte (= 1 Mondtag), dauerte eine ›Mondstunde‹ 1,035 gewöhnliche Stunden.

✧ Außer den Bewegungen von Sonne und Mond wurden an dieser Uhr auch die von Mars, Jupiter und Saturn angezeigt. Im Unterschied zu den mehr symbolischen, weil gegenüber der Sonne feststehenden Darstellungen von Merkur und Venus wurden diese drei Zeiger vom Uhrwerk über eigene Getriebe bewegt. Mars durchlief alle Tierkreiszeichen in knapp zwei Jahren, Jupiter in zwölf und Saturn in 29 Jahren. Bei der Bewegung gegenüber den Tierkreiszeichen wurden sogar die scheinbaren Rückläufigkeiten (d. i. die scheinbare Ortsveränderung der Planeten gegenüber den Sternen in Ost-West-Richtung) berücksichtigt! Im Mittel blieben der Marszeiger gegenüber dem Tierkreiszeiger täglich etwa 0,5°, der Jupiterzeiger 0,08° und der Saturnzeiger gar nur 0,035° zurück!

Die Auf- und Untergangszeiten der fünf Himmelskörper Sonne, Mond, Mars, Jupiter und Saturn ergaben sich durch ihre Stellungen gegenüber dem Tierkreiszeiger (der Ekliptik) einerseits und der auf der Grundscheibe aufgezeichneten Horizontlinie andererseits. Wenn der Schnittpunkt des Sonnen- (Mond- / eines Planeten-)Zeigers mit dem Außenrand des Tierkreiszeigers die Horizontlinie überschritt, ging das jeweilige Gestirn auf bzw. unter.

Es soll nicht verschwiegen werden, dass sich bei der Erneuerung der Zeiger 1888/90 fehlerhafte Darstellungen eingeschlichen hatten, die die Ablesung einiger astronomischer Daten unmöglich machten (Hass 1927, S. 277 f. und 289 f.).
Das Drehzentrum der Scheibe war überdeckt von der Halbfigur des segnenden Christus mit der Weltkugel in der Linken.
Links und rechts der Uhrscheibe befanden sich zwölf Schlitze. Über jedem davon stand geschrieben: »die 1te stu.«, »die 2te stu.« usw. bis »die 24te stu.«. Hinter jedem Schlitz befand sich eine siebenseitige Scheibe auf einer gemeinsamen Achse mit den darüber und darunter befindlichen Scheiben. Die sieben Schmalseiten jeder Scheibe enthielten, periodisch versetzt, die Namen der sieben ›Wandelsterne‹ Sonne, Mond, Merkur, Venus, Mars, Jupiter und Saturn. Immer um Mitternacht wurden die Scheiben um ein Siebentel ihres Umfanges gedreht.
Dies war eine astrologische Stundenuhr, an der für jeden Wochentag abgelesen werden konnte, welcher Himmelskörper welche Stunde des jeweiligen Tages regierte. Eine gleichartige Anzeige gibt es noch heute an der Domuhr in Münster.
Oberhalb des Altars, mit dem Gesicht nach Westen, befand sich eine Stundenuhr, die aus dem Kirchenschiff abgelesen werden konnte. Ähnliches gab es in der Marienkirche und in der Nikolaikirche in Wismar und früher auch in der Rostocker Marienkirche.

Die Kalenderscheiben

Die Scheibe von 1405 war an der Uhr bis 1562 angebracht. Danach hatte sie die neue Scheibe rückseitig verstärkt. Seit 1892 befindet sie sich im Lübecker St.-Annen-Museum, ohne die kleinere zweite Scheibe, die sich ehemals über ihrem zentralen Teil befand.
Die Scheibe mit einem Durchmesser von 136 cm ist aus sieben Eichenbrettern zusammengefügt und 1,6 cm dick. Ihr äußerer Rand ist abgeschrägt. Die Bretter sind durch hölzerne Zapfen und am Außenrand mit Nägeln verbunden. Im zentralen Teil der Vorderseite ist ein Eisenkreuz von 69,4 cm Durchmesser eingelassen, das durch acht geschmiedete Nägel mit dem Holz verbunden ist. Das Achsrohr hat eine lichte Weite von 3,9 cm. Der Achsstutzen ragt 8,5 cm über die Rückseite der Scheibe hinaus.
Der äußere Scheibenring enthält den Cisiojanus, z. T. schwer oder nicht mehr lesbar (Abgedruckt bei Wehrmann 1892, S. 141–146). Nach innen schließen sich die Tagesbuchstaben an. Auch sie sind nur noch stellenweise zu erkennen. Die vorhandenen stimmen in der üblichen Weise mit den Daten überein, z. B. »c« am 21. November.

Detail der Lübecker Kalenderscheibe – Cisiojanus 19. bis 30. November: … e ly za ce cle cris ka the ri na sat an … (Elisabeth 19.; Cecilie 22.; Katharina 25.; Saturnini 29.; Andreas 30. November).

Auf den Ring der Tagesbuchstaben folgt nach innen ein Ring mit 365 in die Scheibe gebohrten Löchern. Durch die Silben des Cisiojanus und die Tagesbuchstaben ist jedem der Löcher ein Tag des Jahres eindeutig zugeordnet.
Nach innen ist der Kreis in zwölf Sektoren geteilt, die den Monaten zugeordnet sind. In jedem Sektor gibt es zwei Schriftreihen, von denen die innere rot, die äußere teils rot, teils schwarz gemalt ist. (→ Lateinische Inschriften)

Die Lübecker Kalenderscheibe von 1562.

Die zentrale Scheibe mit einem maximalen Durchmesser < 90 cm dürfte den Jahresring und Angaben zu den Jahren sowie eventuell auch schon Angaben zu Finsternissen für einen begrenzten Zeitraum enthalten haben. Letztere waren für diese astronomische Uhr charakteristisch und sind seit 1563 bewiesen.

Die Scheibe von 1562 wurde anstelle der Vorgängerscheibe in den freien Raum eingepasst und hatte daher gleichfalls einen Durchmesser von 136 cm. Der umgebende Kalenderraum mit den Flachreliefs des Tierkreisringes und der Evangelistensymbole in den Ecken (Adler des Johannes l. o., Engel des Matthäus r. o., geflügelter Löwe des Markus l. u., geflügelter Stier des Lukas r. u.) entstammte noch der Entstehungszeit der Uhr.

Die Kalenderscheibe enthielt drei Gruppen von Angaben:

✧ In den vier äußeren Ringen wurden die Tagesbuchstaben, das Datum innerhalb des Jahres, die kirchlichen Tagesnamen und die Zeit des Sonnenaufganges (für jeweils zwei Tage) angegeben.

✧ Die nächsten sechs Ringe waren von den den Tagen zugeordneten vier äußeren Ringen durch eine goldene Leiste getrennt. Sie zeigten an: Die Jahre des Gültigkeitszeitraumes, zuletzt von 1855 bis 1999 (zuvor 1405/07–?, 1562–1744, 1753–1875). Jedem der Jahre waren zugeordnet: Die Sonntagsbuchstaben, die Goldenen Zahlen, der Sonnenzirkel, die Daten der Ostersonntage, die Zeiträume von Weihnachten bis Fastnacht.

✧ Der innere, erhöhte Teil der Kalenderscheibe enthielt zuletzt Angaben zu 14 Sonnen- und 40 Mondfinsternissen der Jahre 1924 bis 1975 (Datum, Uhrzeit der Finsternismitte, Größe der Finsternis, Dauer bei Mondfinsternissen). Zuvor waren dort die Finsternisse 1563–1572, 1755–1800, 1811–1860 und 1855–1901 aufgeführt. (Alle Daten der Kalenderscheibe sind bei Warncke 1935[2], S. 16–21 angegeben.)

Das Zentrum der Kalenderscheibe zeigte ein strahlenumgebenes Sonnengesicht.

Dekorative Gestaltung

In ihrem Kern, der Uhrscheibe mit dem Kalenderraum, war das gotische Aussehen der Uhr aus dem Anfang des 15. Jahrhunderts erhalten. Die Skulpturen dieser Teile (Weltweise, Christus, Tierkreisreliefs, Evangelistensymbole) wurden Johannes Junge zugeschrieben.

1561/66 wurde das Uhrengehäuse seitlich und oben durch die wertvolle Renaissancefassade des Hinrich Matthes ergänzt bzw. ersetzt. Im Zentrum der ikonografischen Gestaltung des Aufsatzes stand die Christusfigur, links und rechts flankiert von Säulen, Türen und Engeln. Wenn mittags um 12 Uhr der Kaiser und die sieben Kurfürsten aus der rechten großen Tür traten, sich auf einer Art Bühne vor Christus verneigten, von ihm gesegnet wurden und durch die linke große Tür abtraten, verneigten sich zwei Diener in den sich öffnenden beiden kleineren Türen, und die beiden Engel ganz außen begleiteten dies Tun mit dem Klang ihrer Posaunen.

In der Etage über dieser Szene hing seit 1754 die Stundenglocke, inschriftlich 1414 von *hinrik aus dobberan* gegossen. Rechts von ihr stand die Figur eines alten Mannes mit Sanduhr und Glockenhammer, die Zeit symbolisierend, während links eine Frauenfigur

Die Uhrscheibe – der mittlere Teil der Lübecker Marienkirchuhr.

mit ihrer abwärts gerichteten Fackel in der einen und einem Totenkopf in der anderen Hand – Sinnbild der Vergänglichkeit – bei jedem Glockenschlag ihren Kopf abwendete. Oberhalb der Glocke stand eine Janusfigur, Vergangenheit und Zukunft, Jugend und Alter darstellend. In dem Raum dahinter befand sich zuletzt das stündlich erklingende Glockenspiel. Die Ikonografie dieses Teiles der Uhr wurde durch die sieben allegorischen Statuetten der Wochentage komplettiert. Dieser Aufsatz erinnerte in seiner Form an einen der alten Treppengiebel der Häuser der Hansestadt.
Bemerkenswert war darüber hinaus der reich geschnitzte Renaissancerahmen, der den gotischen Teilen – der Uhrscheibe und dem Kalenderraum – 1561/66 angefügt worden war. Seinen unteren Abschluss bildeten Frauen- mit Tierfiguren in je drei Nischen links und rechts des Kalendergitters. Sie symbolisierten die Todsünden Zorn, Begehrlichkeit, Gier, Unkeuschheit, Hochmut und Trägheit.

Literatur

DIE MERKWÜRDIGKEITEN … 1842, S, 16–19; HASS 1927; HIRSCH 1906, S. 248–256; JIMMERTHAL 1861; SALTZWEDEL 1990; UNGERER 1931, S. 238–243; WARNCKE 1935[2]; WEHRMANN 1892.

Die Uhr im Dom zu Lübeck

Südliches Joch des Lettners an der ehemaligen Grenze von Laien- und Klerikerkirche. Das Zifferblatt ist nach Westen gerichtet.

Aus ihrer Geschichte

Die Uhr erhielt ihr heutiges Gesicht 1627/28 durch den Uhrmacher Andreas Polleke und den Tischler Michael Sommer, ist seither weitgehend erhalten geblieben und hat im wesentlichen auch den Brand des Domes am 29. März 1942 überstanden. Eine Vorgängeruhr ist belegt. Sie könnte etwa gleichzeitig mit einer 1452 datierten Stundenglocke des Dachreiters entstanden sein und wurde 1556 erneuert. Der Lettner war bald nach der um 1335 angenommenen Fertigstellung des Chores erbaut und um 1477 mit einer neuen Verkleidung aus der Werkstatt Bernt Notkes versehen worden. Ob die Geschichte der Lettneruhr weiter als bis zur Mitte des 15. Jahrhunderts zurück reicht, ist ungeklärt. Das Zifferblatt der Uhr von vor 1628 befindet sich funktionslos an der Rückseite des Lettners. Seine heutige Form mit einem 12-Stunden-Ziffernring dürfte es bei der Erneuerung 1556 erhalten haben. Das Uhrwerk wurde 1628 nur ergänzt. In ihm finden sich bis heute mittelalterliche Werkteile. 1782 wurde ein neues Viertelstundenwerk eingebaut.

Aussehen und Anzeigen der Uhrscheibe

In ein Quadrat von 2,76 m Seitenlänge sind drei Kreisringe eingefügt. Der schmale äußere Kreisring ist der Minutenring mit den arabischen Ziffern 1 bis 60. Da es sich hier um eine der frühesten Monumentaluhren mit Minutenanzeige handelt, sozusagen aus der ›experimentellen Phase‹ der verfeinerten Zeitangabe, sollte nicht verwundern, dass die längere, mit einem herzförmigen Pfeil versehene und bis in den Minutenring reichende Hälfte des Minutenzeigers zur vollen Stunde senkrecht nach unten weist. Dort beginnt und endet die Ziffernfolge mit 1 bzw. 60. Die andere Hälfte dieses Zeigers reicht bis in den innersten der drei Ringe, den Viertelstundenring. Sie besitzt an ihrem Ende eine flammende Sonne, die zur vollen Stunde senkrecht nach oben auf die IIII zeigt. Um Viertel weist sie waagerecht nach rechts auf die I, zur halben Stunde senkrecht nach unten auf die II – der Herz-Pfeil am anderen Ende zeigt dann im Minutenring oben auf die »30« –, und um Dreiviertel waagerecht nach links auf die III. Der mittlere Ring ist der breite Stundenring mit den gotischen Ziffern I bis XII. Der Stundenzeiger, ebenfalls ein Doppelzeiger mit ungleich langen Schenkeln, besitzt an seinem längeren Ende eine Hand mit ausgestrecktem Zeige- und Mittelfinger,

Zifferblatt von 1627/28 an der Vorderseite der Lübecker Domuhr.

Die »Uhr auf der Uhr« auf dem Stundenzeiger der Domuhr Lübeck. Die Aufnahme entstand 10^{25}. Bei der VI sieht man den Niet des rückseitigen Massestückes.

Die Uhr im südlichen Joch des Lettners im Lübecker Dom.

die auf die aktuelle Stunde weisen. Das andere Ende ist – wie an der Rostocker Marienkirchuhr – mit einer Miniaturuhr versehen. Die Scheibe dieser »Schwerkraftuhr« besitzt hinter der Ziffer 6 ein Massestück. Da sie drehbar auf einem Zapfen nahe dem Stundenzeigerende sitzt, behält sie bei der Zeigerdrehung immer dieselbe Lage gegenüber dem Betrachter. Vor ihr ist auf dem Zapfen ein kleiner Zeiger starr gegenüber dem Stundenzeiger angebracht. Während sich der Stundenzeiger um zwölf Stunden dreht, bewegen sich die zwölf Ziffern der beweglichen kleinen Scheibe unter dem Zeiger der Miniaturuhr hinweg, so dass hier noch einmal die Uhrzeit angezeigt wird.

Alle Ziffern und Kreise sind golden auf rotbraunem Grund. Der zentrale Teil der Uhrscheibe wird von einer 24-strahligen Sonne auf grünem Grund gefüllt. Das Sonnengesicht trägt menschliche Züge, und seine Augäpfel bewegen sich im Takt des Pendels.

Die Ecken des Zifferblattes sind mit Bildern und den Symbolen der vier Evangelisten besetzt. Sie wurden von Michael Dax gemalt.

Die Mondphasenkugel mit den Glockenschlägern Tod und Glauben.

Figurenaufsatz

In seinem Zentrum trägt er die halb goldene, halb schwarze Mondphasenkugel von 40 cm Durchmesser, das eigentlich Astronomische dieser Uhr. Sie ist über eine Welle mit einem 59-zähnigen Tellerrad mit einem auf der Stundenwelle des Uhrwerks sitzenden Rädchen verbunden, so dass sie sich in 59 mal zwölf Stunden, also in 29 ½ Tagen (= 1 synodischer Monat) einmal dreht.
Die Mondphasenkugel wird von der Figur des Todes flankiert. In seiner Rechten hängt der Schlaghammer für die links von seinen Füßen befindliche Stundenglocke. Bei jedem Stundenschlag dreht er das Stundenglas. In der Nische rechts neben der Mondphasenkugel steht die Allegorie des Glaubens. Mit dem Hammer in ihrer Rechten schlägt sie die links von ihren Füßen befindliche Viertelstundenglocke. Beide Figuren sind etwa 90 cm hoch.
In den Feldern unterhalb und oberhalb der Mondphasenkugel werden die Astronomie (unten; Engel mit Erdkugel und Jakobstab) und die Mathematik (oben; weibliche Figur mit Zirkel und Erdkugel) symbolisiert. Das Gesims trägt die Allegorien der fünf Sinne. Diese Figuren wurden von M. Sommer geschaffen.

Literatur

BALTZER/BRUNS 1920, Bd. III, 1. Teil S. 155–158; GRUSNICK/ZIMMERMANN 1989, S. 18 und 23; UNGERER 1931, S. 236f.; SCHUKOWSKI 2005

Die zerstörte Uhr in der St.-Petri-Kirche zu Lübeck

Die Uhr befand sich unter der Orgel an der westlichen Wand des Hauptschiffes.

Aus ihrer Geschichte

Außer einer Uhr im Chor der Kirche, die 1548 oder früher erbaut und 1624 beseitigt wurde, und einer Turmuhr von 1585 besaß die St.-Petri-Kirche seit 1606 eine Uhr im unteren Abschluss des Orgelprospektes. Das kostbare Orgelgehäuse war 1587/89 von Tönnies Evers erbaut worden. Damals rechnete man noch mit der Uhr im Chor, die aber nach mehreren Reparaturen 1600 endgültig aufgegeben wurde. Am 16. Januar 1605 erhielt Andreas Pollecke den Auftrag, der Schauwand der Orgel eine Uhr hinzuzufügen. Dafür bot sich der Raum unter dem unteren der drei Pfeifentürme, zwischen den beiden Stützkonsolen an. Diese Fläche von ca. 2,7 m Breite und etwa 1,5 m Höhe enthielt die Uhrscheibe mit Mondphasenanzeige und ein, gemessen an der geringen Fläche, reiches Szenarium von Figuren. Am 27. März 1606 hatten Meister Pollecke und seine Helfer das Werk mit »eynen dubbelde wiser« fertiggestellt. 1631 und 1641 führte er Reparaturen aus. 1775 erneuerte Caspar Meyer eine der Glocken. 1880 erhielt die Uhr durch Ch. August Siebecke ein neues Werk. Bei ihrer Zerstörung am 29. März 1942 gehörte sie zusammen mit der Orgel zu den ältesten Ausstattungsstücken dieser Kirche.

Die Uhrscheibe

Die quadratische Uhrscheibe hatte eine Seitenlänge von 0,92 m. Ihr Zentrum befand sich 4,30 m über dem Fußboden. Sie besaß einen breiten I … XII-Stundenring, an den sich nach innen zwei schmalere Minutenringe anschlossen. Der äußere davon war in 60 Abschnitte geteilt, der innere zeigte die zugehörigen Ziffern 5, 10, 15 … 60. Im Unterschied zur Lübecker Domuhr befand sich hier die »60« oben. Es bleibt offen, ob das von Anfang an so war oder später verändert wurde. Die Ringe und Ziffern waren golden auf schwarzem Grund. Das Zentrum des Zifferblattes war mit dem Bildnis von Christus am Ölberg geschmückt. Hinter dem oberen Teil der Uhrscheibe, zwischen der XII und dem Drehzentrum der Zeiger gab es einen runden Ausschnitt, hinter dem sich eine Mondphasenscheibe drehte und die aktuelle Lichtgestalt des Mondes anzeigte – eine Darstellung, die von modernen Uhren wieder aufgegriffen wurde.
Die Uhr besaß zwei Zeiger: Den Stundenzeiger, dessen längere Hälfte mit ihrem pfeilartigen Ende bis in den Stundenring reichte, während die etwas kürzere andere Hälfte eine Miniaturuhr trug. Deren drehbare Scheibe mit einem kleinen 12-Stunden-Ring besaß rückseitig ein

Die astronomische Uhr in der Lübecker Petrikirche vor ihrer Zerstörung.

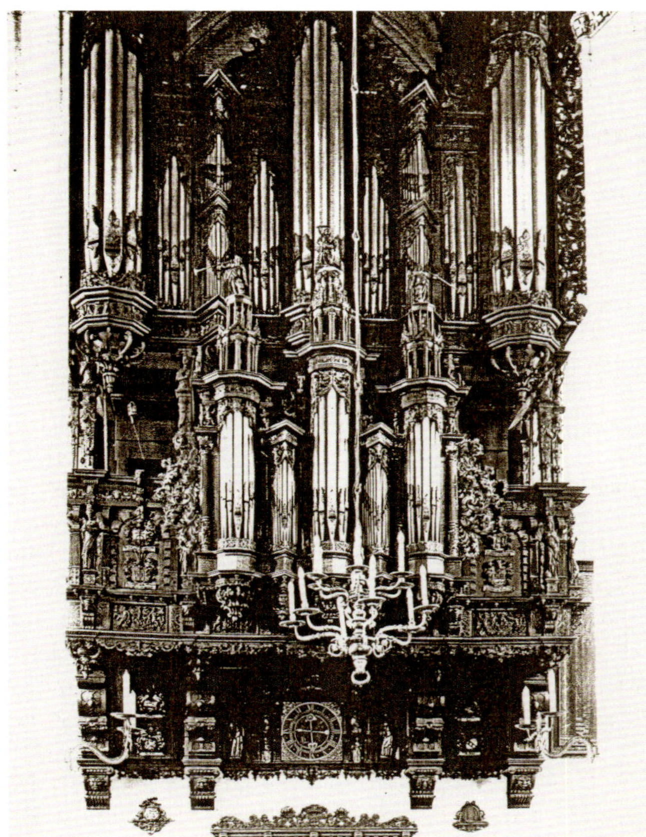

Die astronomische Uhr unter der Orgel in der Lübecker Petrikirche vor ihrer Zerstörung.

Massestück, so dass sich der Ziffernring bei der Drehung an einem feststehenden kleinen Zeiger vorbeibewegte und dieselbe Uhrzeit wie der Stundenzeiger im großen Ziffernring zeigte. Die gleiche originelle Schwerkraftuhr sieht man noch heute auf dem Stundenzeiger der Lettneruhr im Lübecker Dom, die 1627/28 ebenfalls von Andreas Pollecke erbaut worden war. Etwas Ähnliches gab es auch an der zerstörten Lübecker Marienkirchuhr, dort aber auf dem Mondzeiger, so dass dort die »Mondstunden« angezeigt wurden. Der Minutenzeiger, kleiner als der Stundenzeiger und ebenfalls als Doppelzeiger gestaltet, wies mit der Hand an seinem einen Ende auf die Minuten, während das andere Ende mit einem Stern abschloss. Die Ecken des Zifferblattes waren ornamental geschmückt.

Die Figuren

Seitlich und oberhalb des Zifferblattes befanden sich elf Figuren, von denen neun vom Uhrwerk in Bewegung gesetzt wurden. Vom Betrachter aus gesehen links vom Zifferblatt stand in einer Nische die Allegorie des Glaubens, die die rechts über ihr hängende Stundenglocke schlug. Unter ihr befand sich Maria mit dem Jesuskind, das beim Glockenschlag in ihren Armen hüpfte. Rechts der Uhrscheibe standen oben der Tod als Viertelstundenschläger und darunter Petrus, beim Glockenschlag den Schlüssel in seiner Hand bewegend. Rechts und links dieser beiden Figurengruppen standen ebenfalls in Nischen rechts Petrus und links Paulus, zwei der ursprünglich drei Patrone dieser Kirche. Der dritte, Thomas, fehlt in den Darstellungen an dieser Uhr. Es wird angenommen, dass diese beiden größten Statuetten an dieser Uhr vor 1606 eine andere Aufgabe innerhalb dieser Kirche hatten, dass sie vielleicht von einem ehemaligen Altar stammen. Denn »häufiger als in anderen Lübecker Kirchen hatten in St. Petri die Generationen sich immer neu eingerichtet und dabei altes beseitigt« (Friedrich Zimmermann). Als einzige in dieser Szenerie hatten sie keine Verbindung zum Uhrwerk.

Oberhalb des Zifferblattes stießen sich zwei Böcke beim Stundenschlag mit ihren Hörnern. Darüber lag ein Löwe und bewegte Augen und Zunge. Seitlich oberhalb der Glocken ragten zwei Büsten aus der Wandfläche, die beim Stundenschlag zu sprechen schienen.

Die Uhr soll früher eine Inschrift getragen haben: »Qui struit in triviis, multis habet ille magistros« – frei übersetzt: »Wer an der Straße baut, hat viele Ratgeber«.

Literatur

HIRSCH u. a. 1906, Bd. II S. 105 f.; UNGERER 1931, S. 243 f.

Die neue Uhr von 1976 in der Lübecker Marienkirche

Die Uhr befindet sich an der Ostwand des nördlichen Querarmes (Nordervorhalle = Totentanzkapelle) der Marienkirche.

Zur Geschichte des Neubaus der astronomischen Uhr

Nach der Zerstörung der Turmhelme, des Dachstuhles, großer Teile des Gewölbes und der überwiegenden Teile der Ausstattung am Sonntag vor Ostern 1942 galt nach dem Kriege die erste Sorge der Sicherung des verbliebenen Mauerwerks sowie der Wiederherstellung von Strebebögen, Gewölben, Dach und Fußboden. 1956/59 erhielt der Bau seine Turmhelme zurück, und mit dem Wiederaufbau des Dachreiters 1978/80 gewann die Kirche wieder ihre äußere Gestalt. Parallel dazu verlief die Wiederherstellung, Neugestaltung und Ausstattung des Kircheninnern.

Im Jahr 1955 begann Paul Behrens (1893–1984), Lübecker Uhrmachermeister und St. Marien als Kirchenvorsteher besonders verbunden, mit der Planung und Neugestaltung einer astronomischen Uhr für die Marienkirche. Er hatte zuvor die im südlichen Turm stehenden Werke für die neue Glockenspielanlage geplant und konstruiert. Sie besitzt 36 Glocken, die ehemals in der Danziger Katharinenkirche hingen und vor dem Einschmelzen im Kriege gerettet wurden. 1967 konnte die neue Kunstuhr in Gang gesetzt werden und war 1976 endgültig fertiggestellt. Die Mühen und Erfolge dieser über zwei Jahrzehnte dauernden Arbeiten hat Paul Behrens in seiner Publikation (→ Literatur) angedeutet. Es entstand eine moderne Uhr, die in ihrer Gesamtkomposition jedoch der alten Uhr des Matthias van Oß verpflichtet ist. (→ Tabelle 9)

Die Wiedererrichtung einer monumentalen Uhr war durch den beispielhaften Gemeinschaftsgeist der ersten Nachkriegsjahrzehnte möglich. Fachliches und handwerkliches Können, finanzielle und materielle Leistungen und ein großes Maß an persönlichem Einsatz und Idealismus führten zu einem bemerkenswerten Ergebnis.

Anzeigen der Uhrscheibe

Sie besitzt einen 2 x I … XII-Ziffern-Ring, einen Sonnenzeiger, einen Mondzeiger und eine umlaufende Scheibe der 13 Sternbilder des Tierkreises.

Der Sonnenzeiger dreht sich einmal in 24 Stunden. Er zeigt die Uhrzeit und den Ort der Sonne am Himmel an. Auf einen Minutenzeiger wurde verzichtet. Der Mondzeiger vollendet einen Umlauf nach 24 h 50 min 28,2 s. Die Tierkreisscheibe dreht sich einmal in 23 h 56 min 4,1 s. Damit werden die tatsächlichen astronomischen

Die neue Uhr in der Lübecker Marienkirche.

Die Mondphasenkugel an der Uhr in der Lübecker Marienkirche.

Evangelistensymbol in den Ecken der Kalenderscheibe.

Gegebenheiten an dieser Uhr mit großer Genauigkeit dargestellt. Paul Behrens legte großen Wert darauf, die Stellungen von Sonne und Mond in den astronomischen Tierkreissternbildern abzubilden, bei den mittelalterlichen Monumentaluhren werden sie in den fiktiven astrologischen Tierkreiszeichen gezeigt. Sein Tierkreis zeigt darum 13 Sternbilder in ihrer natürlichen Ausdehnung am Himmel. Zwischen Skorpion und Schütze ist der Schlangenträger aufgeführt, ein Sternbild, das ebenfalls von der Ekliptik geschnitten wird. An den alten Uhren war der Tierkreis in zwölf Zeichen von immer 30° geteilt. Das Zeichen Schlangenträger gab es dabei nicht.

Die unterschiedlichen Drehgeschwindigkeiten von Sonnen- und Mondzeiger gegeneinander und gegenüber der Tierkreisscheibe bewirken, dass Sonnen- und Mondzeiger ihre Lage zueinander täglich um rund 12° und gegenüber der Tierkreisscheibe um etwa 1° bzw. 13° verändern. Das entspricht den Veränderungen zwischen Sonnen- und Mondort und Sternhimmel in der Natur von einem Tag zum andern.

Die Tierkreisfiguren sind in Lübeck um ihre Mittelachse drehbar gelagert und behalten bei der Bewegung der Scheibe immer ihre aufrechte Stellung bei. Die Tierkreisscheibe dreht sich ebenso wie die beiden Zeiger im gewohnten Drehsinn.

Angezeigt werden außer der Uhrzeit die Örter von Sonne und Mond am Sternenhimmel sowie die Mondphase. Letztere wird von einer halb hellen, halb dunklen Kugel am Ende des Mondzeigers angegeben. Sie ist über eine Welle im Innern des Mondzeigerrohres mit zwei Zahnrädern im Drehzentrum von Sonnen- und Mondzeiger verbunden. Das Zahnrad an dem langsameren Mondzeiger rollt auf dem des Sonnenzeigers ab. Da beide Räder die gleiche Anzahl von Zähnen haben, hat sich die Mondphasenkugel einmal gedreht, wenn der Mondzeiger um eine Umdrehung hinter dem Sonnenzeiger zurückgeblieben ist. Das ist nach jeweils 29,532 Tagen der Fall.

Im Zentrum der Uhrscheibe befindet sich, wie bei der ehemaligen Uhr von St. Marien, die Figur des Heilands.

Der Kalenderraum

Die Ecken sind traditionell mit den Evangelistensymbolen versehen: Engel für Matthäus (o. r.), geflügelter Stier für Lukas (u. r.), geflügelter Löwe für Markus (u. l.) und Adler für Johannes (o. l.). Die sich drehende Scheibe besitzt außen die Figurationen der 13 Tierkreissternbilder mit ihren deutschen Namen. Sie sind den Zeiträumen zugeordnet, zu denen die Sonne in ihnen steht. Zu diesen Zeiten (z. B. Wassermann Februar/März, Fische März/April) befinden sie sich zusammen mit der Sonne am Taghimmel, sind darum unsichtbar.

Von außen nach innen besitzt die Scheibe 8 beschriftete Ringe:

1. Ring der Tagesbuchstaben A, B, C, D, E, F, G
2. Ring der Monatsnamen
3. Ring der Tagesdaten innerhalb jedes Monats
4. Ring der kirchlichen Tagesnamen

Ausschnitt aus der Kalenderscheibe: Links die den Tagen, rechts die den Jahren zugeordneten Angaben. Außen das Tierkreissternbild, innen die Finsternisangaben. Der Komet weist auf das aktuelle Datum.

Das Uhrwerk.

Figuren des Umganges: Inderin, Arzt, Indianer und Missionar, außerdem gehören dazu: Japanerin, Afrikanerin, Eskimofrau und Fischer.

5. Jahresring für die 170 Jahre von 1911 bis 2080
6. Ring der Sonntagsbuchstaben A bis G
7. Ring der Goldenen Zahlen 1 bis 19
8. Osterdaten für die Jahre des Gültigkeitszeitraumes

Der Datumsring dieser Scheibe besitzt einen 29. Februar. Das Werk ist so ausgelegt, dass dies Datum in Gemeinjahren übersprungen und nur in Schaltjahren angezeigt wird. Da der 29. Februar in die Folge der Tagesbuchstaben (D) eingebunden wurde, verschieben sich alle Tagesbuchstaben ab 1. März bis zum 31. Dezember gegenüber denen von mittelalterlichen Kalendarien: Der 1. März hat jetzt hier den Tagesbuchstaben E (sonst D), der 31. Dezember B (sonst A). Aus dieser unorthodoxen Darstellung folgt dann eine ebenso ungewöhnliche Zuordnung der Sonntagsbuchstaben: Während die Gemeinjahre sonst einen, die Schaltjahre zwei Sonntagsbuchstaben haben, ist es an dieser Kalenderscheibe genau umgekehrt. Dabei gilt der erste Buchstabe für Tage im Januar und Februar, der zweite für März bis Dezember. Traditionell für die Kalenderscheiben in der Marienkirche von Lübeck ist die Angabe der hier sichtbaren 44 Sonnen- und Mondfinsternisse für den Zeitraum 2000 bis 2036 mit Datum, Uhrzeit und Verfinsterungsbild in einer Schnecke innerhalb der genannten acht Datenringe. Die Mitte der Kalenderscheibe ist von einer vielstrahligen Sonne mit einem menschlichen Kopf im Zentrum bedeckt.

Der Figurenaufsatz. Der Uhrengiebel ist von Figurengruppen in vier Etagen bekrönt. In der Mitte der halbrunden Bühne oberhalb der Uhrscheibe steht unter einem Baldachin die Christusfigur. Zur Mittagsstunde ziehen vor ihm Menschenfiguren aus verschiedenen Erdteilen vorüber: Ein schwarzer Missionar, ein weißer Arzt, ein Indianer, je eine Japanerin, Afrikanerin und Inderin, eine Eskimofrau und ein Fischer. Sie treten aus der linken Tür, verneigen sich vor Christus, werden von ihm gesegnet und verlassen die Bühne durch die rechte Tür. Zuvor war eine kurze Melodie erklungen und die Stundenschläge hatten eingesetzt.

Die Stundenglocke hängt über dem Figurenumgang. Sie wird von der Figur eines alten Mannes mit einem Stundenglas in der Linken angeschlagen. Links von der Glocke steht eine Frauenfigur mit gesenkter Fackel und Totenkopf. Über der Glocke die Janusfigur einer jungen Frau und eines Greises – Sinnbilder von Zeit und Vergänglichkeit, Vergangenheit und Zukunft.

Auf der Ebene des Figurenumganges stehen rechts das Sinnbild der Versöhnung (Heimkehr des verlorenen Sohnes) und links der Barmherzigkeit (Barmherziger Samariter). In den beiden darüber befindlichen Etagen sind die Demut, die Freude, der Glaube und die Liebe dargestellt. Ganz oben verkörpert Christus die Hoffnung.

Literatur

BEHRENS 1986[2]; DITTRICH 2000; SCHUKOWSKI 2000

Figurenaufsatz auf der neuen astronomischen Uhr.

Die Domuhr von Lund in Schweden

Der ursprüngliche Platz der Uhr war die westliche Wand des südlichen Seitenschiffes. Die Reste der Uhrscheibe wurden 1879 an die Westwand des nördlichen Seitenschiffes umgehängt. Bei der Wiedererrichtung unter der Leitung von Theodor Wåhlin erhielt die neue Uhr hier ihren bleibenden Platz.

Aus ihrer Geschichte

Vom Uhrentyp her stammt die Lunder Monumentaluhr von vor 1435. Das stimmt mit den Ergebnissen dendrochronologischer Untersuchungen überein (1423/24 ± 7 Jahre). In einer Urkunde vom 7. März 1425 bestätigte der Lunder Bürger Jakob Jothe, vom Erzbischof Peter Lübke und vom Archidiakon Johan Pauli »sin fülla betahlning« für den Guss einer Glocke erhalten zu haben. Sie war offenbar als Stundenglocke für die neue Uhr gedacht. (Lone Morgensen: »Vad är klockan?« Lund 2001, S. 7) Ihre erste direkte urkundliche Erwähnung fand die Uhr nach derzeitigem Erkenntnisstand 1442. Die älteste bekannte Beschreibung der Uhr ist die des Pfarrers Mogens Madsen, des späteren Bischofs zu Lund Magnus Matthiae, aus dem Jahre 1587.

In den Jahren 1654 und 1656 wurde von dieser Uhr in der Vergangenheitsform geschrieben: »… hat sich befunden«, »sie zeigte …« usw. (L. Wolf und A. Berntsen; zit. bei Wåhlin S. 22f. und 180). Wåhlin vermutete, dass die Uhr seit Beginn des 17. Jahrhunderts nicht mehr ging. Damit stimmt überein, dass der Dom 1623 eine neue Uhr, ebenfalls mit bewegten Figuren, erhalten hatte. Zwar war die alte Uhr noch vorhanden, aber ihr galt in nachreformatorischer Zeit offenbar nicht mehr die frühere Fürsorge. Es bleibt offen, in welchem Maße dafür religiöse (Abkehr von der Marienverehrung), technische oder finanzielle Gründe verantwortlich waren. Jedenfalls beließ man die Uhr an ihrem Ort, aber sie verkam mehr und mehr. Um die Mitte des 18. Jahrhunderts wurde von »zerbrochenen Resten« und »Überresten des alten Uhrwerks« geschrieben. (S. Bring 1748; J. Corylander 1753; zit. bei Wåhlin 1923, S. 23–25 und 181) 1836 forderte Carl Georg Brunius in seinem Buch »Nordens äldsta metripolitankyrka« (Die älteste Metropolitankirche des Nordens), »dass diese Antiquität abgenommen und an anderem Ort verwahrt werde« (zit. a.a.O. S. 27f. und 181). Dieser Aufforderung wurde schon 1837 dahingehend entsprochen, dass der überwiegende Teil des Gehäuses und des Uhrwerkes weggeworfen und die Uhrscheibe mit den Zeigerresten am bisherigen Ort aufgehängt wurde. 1870 nahm man sie dort wieder ab und hängte sie neun Jahre später ohne Zeigerreste und ohne ein bis dahin vorhandenes Maßwerk an

Gesamtansicht der Lunder Domuhr.

der Westwand des nördlichen Seitenschiffes wieder auf. Über einen Zeitraum von drei Jahrhunderten hatte sie ein Zwitterdasein geführt: Eigentlich wollte man sie nicht mehr; aber ein Rest von Respekt vor dem alten Wunderwerk schützte sie vor der endgültigen Zerstörung. In dieser Hinsicht hatte sie das gleiche Schicksal erlitten wie ihre Schwesteruhren in Stralsund und Doberan und wie die Uhren von Danzig, Wismar, Münster und Stendal.

Ihre Wiedergeburt verdankt sie vor allem dem Dombaumeister Theodor Wåhlin (Lund; 1864–1948), dem Turmuhrmacher Julius Bertram-Larsen (Kopenhagen; 1854–1935) und ihren Helfern und Förderern. Die Untersuchungen und Überlegungen begannen 1907 und waren 1913 soweit gediehen, dass ein Gipsmodell der neuen ›alten‹ Uhr am vorgesehenen Standort aufgestellt wurde. Am 17. September 1923 wurde die Wiedererrichtung nach dem historischen Vorbild mit einem Kostenaufwand von 141.500 Kronen (155.000 Goldmark) abgeschlossen, eine nicht hoch genug zu schätzende Kulturleistung. Sie hat ihre Parallelen im 20. Jahrhundert in der Wiederherstellung der Domuhr von Münster (1932; Peter Werland) und der Danziger Marienkirchuhr (1997; Andrzej Januszajtis u.a.).

Aussehen und Anzeigen der Uhrscheibe

Die Grundscheibe der Uhr ist in der Art eines Astrolabiums bemalt und beschriftet und gleicht denen von Doberan und Stralsund. Auf die für den Breitengrad von Lund (55° 41′ 54″ n. Br.) mathematisch exakte Bemalung hat Wåhlin besondere Aufmerksamkeit verwendet. Sie zeigt sieben konzentrische Kreise, von denen der äußerste den Wendekreis des Krebses, der mittlere den Himmelsäquator, der innerste den Wendekreis des Steinbockes darstellt. Die Benennung der übrigen vier Kreise entspricht der Uhrscheibe in Doberan. Die senkrechte und die waagerechte Gerade durch das Scheibenzentrum geben den Himmelsmeridian (Nord-Süd-Kreis) und den Ost-West-Kreis an. Die nach unten geöffnete bogenförmige Grenzlinie zwischen dem helleren Feld der Grundscheibe, dem Tagfeld, und dem unteren kreisförmigen dunklen Feld, dem Nachtfeld, ist die Horizontlinie. Zwischen Tag- und Nachtfeld ist rot das Dämmerungsfeld, der Zeitraum zwischen Sonnenuntergang und dunkler Nacht bzw. dunkler Nacht und Sonnenaufgang, gekennzeichnet. Bei der Wiederherstellung durch Wåhlin wurden auch die Bögen der ungleichlangen Tagstunden (»temporale« oder »kanonische« Stunden) wieder angebracht, die bei einer früheren Restaurierung verloren gegangen waren.

An den Wendekreis des Krebses schließt sich nach außen ein unbemalter und unbeschrifteter Kreisring mit 24 Sektoren an. Gleiches gibt es auch an den Uhrscheiben von Stralsund und Doberan, und auch dort ist dieser Ring funktionslos. Dann folgt ein schmaler Kreisring mit 96 Sektoren. Da jeder von ihnen vom Stundenzeiger in einer Viertelstunde überstrichen wird, kann man ihn als Viertelstundenkreis bezeichnen. Der äußerste Kreis, der Stundenkreis, ist in zweimal I … XII Stunden geteilt.

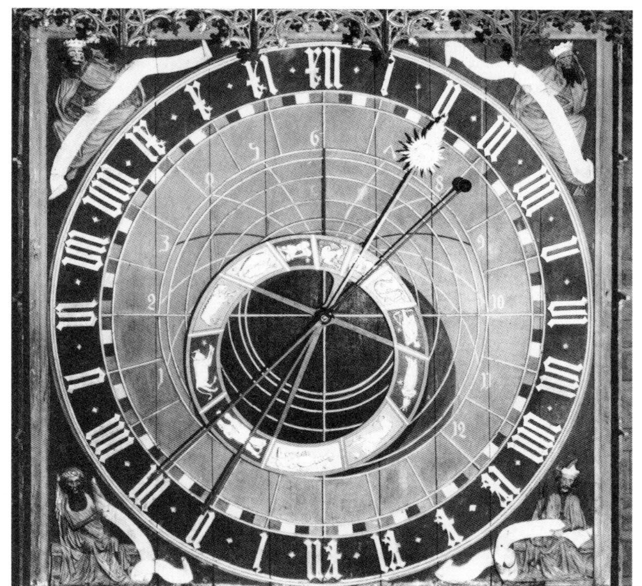

Zentraler Teil der Uhrscheibe.

Über der Uhrscheibe drehen sich die stabförmigen Doppelzeiger der Sonne (= Stundenzeiger) und des Mondes an einem Sonnentag (24 h) bzw. einem Mondtag (24 h 50 min 28 s) sowie der Tierkreisring an einem Sterntag (23 h 56 min 4 s) einmal.

Der Außenrand des exzentrisch um den Drehpunkt bewegten Tierkreisringes stellt die Ebene der Ekliptik dar. Wo sich der Sonnen- bzw. der Mondzeiger über diesem Außenrand befinden, ist der Ort der Sonne resp. des Mondes unter den Tierkreiszeichen.

Die unterschiedliche Drehgeschwindigkeit der drei Zeiger bewirkt, dass sie ihre Lage gegeneinander täglich verändern. Sonne und Mond wandern in einem Jahr bzw. einem (siderischen) Monat (27,32 Tage) durch den Zodiakus. Nach jeweils 29,53 Tagen (1 synodischer Monat) kommen der Sonnen- und der Mondzeiger zur Deckung. Dann ist eine volle Periode der Mondphasen vergangen.

Die Örter der beiden Schnittpunkte von Sonnen- bzw. Mondzeiger mit dem Außenrand des Tierkreiszeigers über der Bemalung der Grundscheibe liefern weitere astronomische Angaben:

✧ Die Zeiten des Aufganges und des Unterganges von Sonne und Mond: Der Schnittpunkt Sonnenzeiger/Außenrand Tierkreiszeiger, bzw. Mondzeiger/Außenrand Tierkreiszeiger, überschreitet den Horizontkreis in Richtung Tagfeld (Aufgang) oder in Richtung Nachtfeld (Untergang).

Die Symbole der Evangelisten Lukas und Markus in den unteren Zwickeln des Kalenderraums der Lunder Uhr.

✧ Die Lage der genannten beiden Schnittpunkte gegenüber der Ost-West- bzw. der Nord-Süd-Linie ergibt die Himmelsrichtung, in der sich Sonne und Mond befinden.

✧ Der Schnittpunkt Sonnenzeiger/Außenrand Tierkreiszeiger befindet sich bei Winterbeginn über dem innersten der sieben konzentrischen Kreise der Grundscheibe. Zu den Zeiten der Tagundnachtgleichen (Frühlings- und Herbstbeginn) verläuft er über dem mittleren und zur Sommersonnenwende über dem äußersten der konzentrischen Kreise.

Der Mondzeiger besitzt auf seiner einen Hälfte eine Mondphasenkugel. Beim Ablauf eines Zahnrades im Drehzentrum des Mondzeigers auf einem gleichartigen auf dem Sonnenzeiger wird die Kugel gedreht, und zwar einmal, wenn der langsamere Mondzeiger um eine Umdrehung hinter dem Sonnenzeiger zurückgeblieben ist. Das tritt nach jeweils 29 ½ Tagen ein.

Bei Vollmond zeigt die Mondphasenkugel dem Betrachter ihre helle Hälfte, bei Neumond die dunkle. In den dazwischenliegenden Zeiten ist entsprechend der Lichtgestalt des Mondes mehr oder weniger von der hellen und der dunklen Fläche der Mondphasenkugel zu sehen.

Die Figuren in den Ecken des Zifferblattes dürfen als die vier »Weltweisen« gedeutet werden, die für die Monumentaluhren in hansischen Kirchen geradezu ein Markenzeichen waren. In Lund sind sie unbenannt, und auch ihre Schriftbänder sind leer.

Der Kalenderraum

Die Zwickel sind mit den geschnitzten Symbolen der vier Evangelisten ausgefüllt:

- Engel des Matthäus (l. o.): »Siehe, es kamen Magier aus dem Morgenlande« (Matthäus 2,1).
- Adler des Johannes (r. o.): »Das war das wahrhaftige Licht, welches alle Menschen erleuchtet« (Johannes 1,9).
- Geflügelter Stier des Lukas (u. l.): »Bleibe bei uns, denn der Tag hat sich geneigt« (Lukas 24,29)
- Geflügelter Löwe des Markus (u. r.): » Er wird versammeln seine Auserwählten von den vier Winden« (Markus 13,27 b) (Die lateinischen Texte finden sich im Anhang; die Übersetzung und ihre Zuordnung zu den Bibelstellen besorgte dankenswerterweise Ulrich Nath, Rostock.)

Die Evangelisten umschließen den Ring der ebenfalls geschnitzten Tierkreiszeichen. Die Kalenderscheibe innerhalb des Tierkreisringes dreht sich jährlich einmal. Da die alte Scheibe 1837 verlorenging, wurde ihre Beschriftung beim Neubau der Uhr »ganz neu komponiert, in erster Linie mit Hülfe der Kalendarien von Lyon und Rostock« (Wåhlin 1923, S. 187). Sie enthält von außen nach innen folgende Angaben:

1. Namen der Monate, z. B. »APRIL månad har 30 dagar«
2. Datum innerhalb der Monate
3. Tagesbuchstaben A bis G. Der 29. Februar ist zwar aufgeführt – an

Details des Kalenderraumes: Chronos weist auf den 12. März.
Die Sonne steht im Zeichen der Fische.

Kalenderteil der Uhr.

den mittelalterlichen Kalenderscheiben fehlte er –; aber da ihm kein Tagesbuchstabe zugewiesen wurde, blieb die bei den alten Uhren übliche Zuordnung der Buchstaben zu den Tagen des Gemeinjahres und damit auch die Zuordnung der Sonntagsbuchstaben zu den Jahren erhalten.

4. Der Tagesname gemäß dem modernen schwedischen Kirchenkalender.

5./6. Römischer Kalender, bei dem das Datum in Nonen, Iden und Kalenden angegeben wird

7. Heiligenfeste, die im Lunder Dom seit dem Mittelalter gefeiert wurden (»missale lundense« des Erzbischofs Birger Gunnarsson)

8. Jahresring, der den Zeitraum von 1923 bis 2123 umfaßt (201 Jahre). Das ist die Zeit zwischen dem 800. und dem 1000. Jahr nach der Weihe des Altars in der Krypta dieses Gotteshauses

9. Sonntagsbuchstaben A bis G. Der dem danebenstehenden Jahr zugeordnete Sonntagsbuchstabe zeigt an, daß alle Tage mit dem gleichen Tagesbuchstaben (Ring 3) in dem betreffenden Jahr Sonntage sind. Beispiel: Das Jahr 2001 hat den Sonntagsbuchstaben G. Das ist der Tagesbuchstabe des 7., 14., 21. Januar usw. Im Jahre 2001 waren der 7., 14., 21. Januar usw. Sonntage.
Schaltjahre haben zwei Sonntagsbuchstaben. Beispiel: 2000 – B, A. Davon gilt der erste bis zum 28. Februar, der zweite ab 1. März.
Die Kombination von Tages- und Sonntagsbuchstaben gestattet, den Wochentag für jedes Datum vom 1. Januar 1923 bis zum 31. Dezember 2123 zu ermitteln.

10. Goldene Zahlen 1 bis 19

11. Sonnenzirkel, das sind die Zahlen 1 bis 28

12. Epakten, das Mondalter am Jahresbeginn; oder die Anzahl der Tage zwischen dem letzten Neumond des alten Jahres und dem 1. Januar. Die Epakte ermöglicht die Berechnung des Osterdatums

13. Indiktionszahlen oder Römer-Zinszahlen 1 bis 19

14. Daten der Fastnachtsonntage für den Gültigkeitszeitraum dieses Kalenders (Fastnachtssonntag = Sonntag Estomihi = Quinquagesima = 50. Tag vor Ostern)
15. Ostersonntagdaten
16. Pfingstsonntagdaten

Beim Datum des 21. März ist an der Kalenderscheibe ein Sonnenzeiger befestigt, der mit der Drehung der Scheibe in einem Jahr durch alle Zeichen des Tierkreises wandert.
Eine links vom Kalenderraum sitzende Chronosfigur weist mit einem Stab auf das aktuelle Datum.
Über dem Zentrum der Kalenderscheibe ist die Figur des Heiligen Laurentius, des Schutzpatrons dieses Domes, angebracht.

Figurenspiele

Der Figurenfries ist an dieser Uhr abweichend von dem an Monumentaluhren allgemein Üblichen in der Mitte angebracht, zwischen Uhrscheibe und Kalendarium. Gezeigt wird die Huldigung der Heiligen Drei Könige für das Jesuskind und die Gottesmutter. Mittags um 12 Uhr und zusätzlich um 15 Uhr an Sonn- und Feiertagen beginnt der Umgang der Drei Könige, die – begleitet vom Herold und von drei Dienern – aus der linken Tür treten. Die Könige wenden sich Maria mit dem Kind zu und verneigen sich. Währenddessen haben die beiden die Szene flankierenden Posaunenbläser ihre Instrumente angesetzt, und es erklingt die Hymne »In dulci jubilo«.
Ganz oben auf dem Uhrengehäuse sind zwei geharnischte Ritter, sog. »Jaquemarts«, zu sehen. Sie begleiten die Glockenschläge mit ihrem Kampfspiel – eine an einer hansischen Kirchenuhr ganz ungewöhnliche Darstellung. Etwas Vergleichbares findet sich an der astronomischen Uhr von 1392 in der Kathedrale von Wells/England. Dort kämpfen zwei Reiterpaare gegen einander.

Zum Uhrwerk

Es ist begründet anzunehmen, dass das älteste Werk dieser Uhr von Nikolaus Lillienveld stammte. Seine Meisterschaft ist an der Stralsunder Uhr inschriftlich belegt, und die ungewöhnlich großen Übereinstimmungen zwischen den Uhren von Stralsund, Doberan und Lund lassen eine gemeinsame Urheberschaft erkennen.
Von dem alten Lunder Uhrwerk blieben 1837 nur drei Zahnräder erhalten. Davon wurden zwei – das Sonnen- und das Tierkreiszeigerrad – in das von Julius Bertram-Larsen neu konstruierte Gesamtwerk eingebaut. Das Hauptwerk, von dem das Stunden- und das Viertelstundenschlagwerk sowie das Zeigerwerk angetrieben und das

Figuren des Umgangs: Vorn der Herold, gefolgt vom ersten der Drei Könige – das Alter und Europa darstellend – und einem Diener.

Figuren- und Musikwerk sowie das Kalenderwerk ausgelöst werden, entstand aus einem Turmuhrenwerk des Uhrmachers Erik Runell von 1706/07, das sich als Trümmerhaufen auf dem Boden eines zum Dom gehörenden Hauses fand.
Die drei alten Zahnräder besitzen je vier geschmiedete Speichen (Wåhlin 1923, Abb. 31, 92, 93 und 94), die mit dem Radkranz verschmiedet sind. Die Zähne haben Sägeform. Das größte, nicht wieder verwendete Rad war ein Kronenrad mit 365 Zähnen. Es kann ehemals mit der Kalenderscheibe verbunden gewesen sein. Für die beiden anderen Räder gab Wåhlin 365 und 228 Zähne an. (Wåhlin 1928, S. 14) Er benannte ersteres irrtümlich als »Sonnenzeigerrad« und letzteres als »Mondrad«. Tatsächlich aber hat das Tierkreisrad 365 Zähne, und als solches wurde es auch in das neue Uhrwerk übernommen. Das Sonnenrad müßte 228 Zähne und das offenbar nicht mehr vorhandene Mondrad 236 Zähne gehabt haben. Das Rad mit 228 Zähnen wurde richtig als Sonnenzeigerrad in das neue Uhrwerk übernommen.
Die beiden Räder stimmen mit denen des in Stralsund erhaltenen Uhrwerkes von Nikolaus Lillienveld überein – ein Argument für ihre Herkunft aus derselben Werkstatt. Aber es gibt noch einen weiteren Beleg. Wåhlin schrieb: »An der einen Speiche des alten Sonnenzeigerrades saß ein abgebrochenes Eisenstäbchen, von dem sich bei

Das Hauptwerk, das Viertelstunden- und das Stundenschlagwerk der Lunder Uhr sind in einen gemeinsamen Rahmen eingefügt.

Die astronomische Uhr in Fjelie/Schweden.

näherer Untersuchung herausstellte, dass es ein Zeiger gewesen war, der an die Zahnreihe des daneben sitzenden Zodiakusrades hinwies. Dieser Zeiger wurde ergänzt (Wåhlin 1923, Fig. 94), eine Monatseinteilung auf das Zodiakusrad eingeschrieben, und jetzt kann, wenn die Uhr einen oder mehrere Tage stehen bleiben sollte, eine vollkommen richtige Stellung der drei Zeiger einzig und allein durch das Vorwärtsdrehen des Radsystems bis zum Einschnappen des erwähnten Zeigers in den Zahn des betreffenden Tages vorgenommen werden« (Wåhlin 1923, S. 183). An einer Speiche des alten Stralsunder Uhrwerkes von 1394 gibt es ein rechteckiges Loch, das mit hoher Wahrscheinlichkeit ehemals einen ebensolchen Zeiger aufnahm! Dieses Detail zeigt besonders überzeugend, dass sich an beiden Uhrwerken dieselbe Handschrift findet. Aus diesen Betrachtungen darf darum geschlossen werden, dass »unser alter unbekannter Uhrmacher des 14. Jahrhunderts« (Wåhlin, a. a. O.; richtiger wäre wohl »15. Jh.«) Meister Nikolaus Lillienveld war, dessen Wirken in Rostock im letzten Jahrzehnt des 14. Jahrhunderts und in Stralsund noch im zweiten Jahrzehnt des 15. Jahrhunderts urkundlich belegt ist.

Literatur

UNGERER 1931, S. 479 f.; WÅHLIN 1923; WÅHLIN 1928; WÅHLIN-DAHLBERG 1992

Die Uhr von 1945 in der Kirche von Fjelie

Fjelie ist ein Dorf am westlichen Stadtrand von Lund. Für die Kirche dieses Ortes, deren Baugeschichte bis ins 12. Jahrhundert zurück reicht, entwarf, konstruierte und baute Pastor Emil Ahrent eine bemerkenswerte astronomische Uhr. In ihrem Zentrum besitzt sie ein Zifferblatt, das dem der Lunder Domuhr nachempfunden ist. Es gleicht den hansischen Uhren vom Astrolabtyp, liefert alle Daten dieser Uhren – sogar die temporalen Stunden! –, stammt jedoch aus der Mitte des 20. Jahrhunderts.

Eine Fülle weiterer Angaben ist auf der quadratischen Uhrscheibe mit 1,5 m Seitenlänge rund um die zentrale Uhr abzulesen: Der Sonnenzirkel und die Sonntagsbuchstaben (links oben), die Goldenen Zahlen und die Epakten (r. o.), Monat und Tag (l. u.), der Wochentag und ein weiteres Mal die Uhrzeit, diesmal mit Stunden und Minuten (r. u.). Außerdem können links der kirchliche Tagesname, rechts das Osterdatum, oben die Zeitgleichung und unten das aktuelle Jahr abgelesen werden. Viertelstündlich erklingt ein Glockenspiel mit der Melodie des Psalms 45.

Emil Ahrent erwies sich mit dieser Uhr und ihren komplizierten Werken über sein seelsorgerisches Wirken hinaus als theoretisch fundierter Konstrukteur und praktisch begabter Mechaniker.

Die Domuhr von Münster in Westfalen

Die Uhr steht im ersten Joch an der Südseite des Chorumganges mit der Front nach Süden.

Aus ihrer Geschichte

Eine Vorgängeruhr an diesem Standort ist erwiesen. Sie soll um das Jahr 1408 von Friedrich, Mönch aus dem Kloster Hude, erbaut worden sein. Es ist zu vermuten, dass es eine Uhr mit Figurenumgang, Zifferblatt mit Sonnen-, Mond- und Tierkreiszeiger und Kalendarium war, wie sie 1405 z.B. in der Marienkirche Lübeck entstanden war. Diese Uhr wurde von den »Wiedertäufern« am 24. Februar 1534 weitgehend zerstört: »dat kunstlich urwerck gantz toschlagen und in grundt vordorven«.

Nach der Niederschlagung der religiös-sozialen Unruhen wurde ein Neubau der Uhr geplant und eingeleitet. Er muß 1540 schon soweit vorangeschritten gewesen sein, dass die Beschriftung der Kalenderscheibe in Auftrag gegeben war; denn ihr Jahresring setzt 1540 ein. 1542 wurden die Arbeiten an der Uhr abgeschlossen, der Mathematiker und Buchdrucker Dietrich Tzwyvel, der Franziskanermönch und Domprediger Johannes von Aachen, der Schmied und Uhrenmacher Nikolaus Windemaker, der Bildschneider Johann Brabender sowie der Maler Ludger tom Ring hatten daran besonderen Anteil. 1696 erhielt die Uhr durch Johann Münch ein neues Werk, nachdem aufwändige Reparaturen 1661/63 und 1670 ohne dauernden Erfolg geblieben waren. Außerdem wurde rechts oberhalb des Zifferblattes die Figurengruppe des Chronos mit dem Tod als Viertelstundenschläger zugefügt. In die neue Uhr wurde anstelle der bisherigen Waag ein Pendel als Schwinger eingebaut. Die dabei nach dem Beispiel von Christiaan Huygens (1629–1695) benutzte Zykloidenaufhängung des Pendels sowie die Verwendung eines Spindel-Lappenganges bewährten sich auch hier nicht. Nachdem die Uhr über ein Jahrhundert mehr schlecht als recht gegangen war (oder gestanden hatte), wurde ihr 1819 eine Rosskur verordnet: Sie erhielt einen Scheren-Stiftengang mit einem vier Meter langen Pendel und einer Pendellinse von über einem Zentner! Die Uhr ging hart und laut, aber nicht besser. Dazu kamen weitere Schäden und Abnutzungen, so dass sich die Klagen über sie durch das 19. bis ins 20. Jahrhundert schleppten (Wieschebrink 1983[2], S. 68 ff.).

Nach ihrem vollständigen Stillstand sollte sie 1927 endgültig beseitigt werden. Wenn sie trotzdem bis heute ein besonderer Anziehungspunkt im Dom und in der Stadt Münster geblieben und nach mehreren Jahrhunderten ständiger Probleme in allen ihren Funktionen wiedererstanden ist, so ist das das Verdienst vornehmlich eines Mannes, »der wegen seiner jahrzehntelangen unermüdlichen Werbearbeit und wegen seiner starken persönlichen Initiative als der geistige Restaurator der wiederhergestellten alten Domuhr zu bezeichnen ist – des Redakteurs und Schriftstellers Peter Werland in Münster« (Schriftleitung »Das schöne Münster« 5 (1933) 1, S. 16). Seit 1908 hatte Werland in Publikationen, Vorträgen und ungezählten Gesprächen unermüdlich und hartnäckig den besonderen kulturellen Wert dieser Uhr erläutert und für ihre Wiederherstellung geworben und um sie gerungen. »Von all den ungezählten Kunst-

Die Uhr im Dom zu Münster.

werken des Domes … ist keines so bekannt, keines so volkstümlich, keines trotzdem in seinen Einzelheiten so wenig verstanden und darum so tief vom Schleier des Geheimnisvollen verhüllt, wie die alte astronomische Uhr« schrieb er 1929, als die positive Entscheidung für die Restaurierung gefallen war. Neben Peter Werland (1873–1953) machten sich der Ingenieur Ernst Schultz (1895–1939) und der Mathematiker und Astronom Erich Hüttenhain (1905–1990), die Uhrmacher Heinrich Eggeringhaus (1877–1954) und Wilhelm Nonhoff (1901–1962) sowie die Turmuhrenfabrik Friedrich A. Korfhage aus Buer bei Osnabrück um die Wiederherstellung verdient. Im Dezember 1932 konnte die Monumentaluhr, mit neuen Werken versehen und auch äußerlich restauriert, in allen ihren Teilen wieder in Betrieb genommen werden.
Die erheblichen Kriegsschäden des Domes überstand die Uhr glücklicherweise so, dass sie in fast allen ihren originalen Teilen restauriert und im Dezember 1951, fünf Jahre vor der Wiedereinweihung des Domes, in Gang gesetzt werden konnte. Die Wiederherstellung der Domuhr bezeichnete Peter Werland auf seinem Sterbebett als sein schönstes Lebenswerk.

Die Uhrscheibe der Domuhr mit einer schier unübersehbaren Fülle von Anzeigen. Zu beachten ist der ›verkehrt herum‹ laufende Stundenring. Sonnen- und Mondzeiger stehen übereinander in ›Neumondstellung‹.

Die Uhrscheibe und ihre Anzeigen

Mit einer Breite von 4,1 m und einer Höhe von 3,3 m nimmt die Uhrscheibe den größten Teil der Uhrenfront ein. Sie liefert außer der Uhrzeit eine Fülle astronomisch-astrologischer Angaben.
Die Uhrscheibe ist vom Astrolabtyp, besitzt aber gegenüber vergleichbaren Uhren in Kirchen des hansischen Raumes (ehemalige Uhren in den Marienkirchen von Lübeck und Wismar, Uhren bzw. -reste in Lund, Stralsund und Doberan) einige Besonderheiten:

✧ Die Grundscheibe ist in Münster mit einer nordpolaren stereografischen Projektion der Himmelskugel für 52 n. Br. versehen. Die o. g. anderen Uhren besitzen eine südpolare Projektion. Das hat zur Folge, dass der Bogen der Horizontlinie in Münster nach oben gekrümmt ist, wie z. B. auch an der Straßburger Münsteruhr oder an der Rathausuhr in Ulm. Außerdem verläuft der Wendekreis des Steinbocks außen – bei den andern genannten hansischen Kirchenuhren innen–, der Wendekreis des Krebses innen – sonst außen. Das wiederum hat Folgen für die Einteilung, Bemalung und Beschriftung des Rete: Die Grenze der Tierkreiszeichen Zwillinge und Krebs befindet sich in Münster an der dem Drehpunkt nächsten Stelle des exzentrischen Retes, die Grenze zwischen den Tierkreiszeichen Schütze und Steinbock dagegen auf seiner vom Drehpunkt entferntesten Stelle.

✧ Wie bei den anderen Uhren ist an der Uhrscheibe in Münster oben »Meridies« (Süden) und unten »Septentrio« (Norden). Dagegen liegt hier abweichend von der Regel »Oriens« (Osten) rechts und »Occidens« (Westen) links. Die Vermutung, dass damit den tatsächlichen Gegebenheiten am Platz der Uhr entsprochen werden sollte, scheint nicht abwegig. Denn bezogen auf den Standort der Uhr geht die Sonne rechter Hand auf und linker Hand unter. Das hat eine ungewöhnliche Konsequenz: Damit der Sonnen(= Stunden)zeiger dem realen Sonnenlauf folgt, zeigt er morgens um 6^{00} waagerecht nach rechts, mittags um 12^{00} wie üblich senkrecht nach oben, abends um 18^{00} waagerecht nach links und um Mitternacht senkrecht nach unten. Der Ziffernring verläuft an dieser Uhrscheibe entgegen dem üblichen Zeigersinn, und alle Zeiger bewegen sich in Gegenzeigerrichtung. Das ist einmalig bei den mittelalterlichen monumentalen astronomischen Uhren.

✧ Die Uhrscheibe ist außer mit der auf Astrolabien üblichen Lineatur (Nord-Süd- und Ost-West-Linie, Wendekreise und Äquatorkreis, Horizontbogen, Höhen- und Vertikalkreise im Tagfeld, zwölf Linien der astrologischen Himmelshäuser, zwölf Bögen der ungleichen Nachtstunden; die Bögen der Tagstunden fehlen auf dieser Scheibe. Wieschebrink 1983, S. 34 f.) mit einer Karte der nördlichen Erdhälfte bis zum Wendekreis des Steinbocks bemalt. Sie wurde der

Astrolab-Lineatur um 1662 durch Heinrich Schmidts aus Münster zugefügt und liefert das damals bekannte Erdbild. Die Darstellung ist seitenverkehrt, so wie ein Betrachter die Erdoberfläche sähe, der vom Südpol durch das Erdinnere gegen den Nordpol blickt (Ausführliche Beschreibung: Wieschebrink 1983, S. 36–46).

Die Fülle der Bemalungen der Grundscheibe – von der jede ihren Sinn und ihre Bedeutung hat – ist vom Betrachter vor der Uhr kaum zu erkennen, zumal große Teile der Scheibe durch die Zeiger verdeckt sind, insbesondere durch das Rete mit seinen Zierelementen.

Die Uhrscheibe hat einen 2 x I bis XII-Ziffernring aus plastischen, der Scheibe aufgesetzten gotischen Minuskeln. Zwischen die Ziffern sind auffällige Blütenornamente gesetzt, von denen jedes in der Mitte durch einen doppelgesichtigen, mondsichelförmigen Ring gerafft wird.

An den linksherum verlaufenden Stundenring schließt sich unscheinbar ein schmaler Minutenring an (»Horarú minutae«), bei dem die Strecke zwischen zwei Ziffern des Stundenringes in immer 4 x 15 farblich unterschiedliche Stückchen geteilt ist. Insgesamt sind es also 24 x 60 = 1.440 Abschnitte, für jede Minute des Tages eine.

Innerhalb des Ziffernringes bewegen sich sich acht Zeiger über die Grundscheibe. Neben dem Sonnen-, dem Mond- und dem Tierkreiszeiger, wie man sie auch an anderen Astrolabuhren findet, sind es fünf Zeiger für die Planeten Merkur, Venus, Mars, Jupiter und Saturn. Davon ist einer, der Merkurzeiger, ein Scheinzeiger, weil er im Winkel von 29°, der größten Elongation des Merkur, starr mit dem Sonnenzeiger verbunden ist. Die anderen Planetenzeiger werden über Getriebe bewegt und zeigen den Lauf der Planeten gegenüber der Sonne und dem Tierkreis an:

Planetenzeiger	*Umlaufzeit um den Tierkreiszeiger*
Venuszeiger	584 Tage*
Marszeiger	1,9 Jahre
Jupiterzeiger	11,9 Jahre
Saturnzeiger	29,5 Jahre

* Pendelt mit einer Elongation von 46° um die Sonne

Die Domuhr von Münster ist heute die einzige mittelalterliche astronomische Großuhr in Deutschland, bei der neben den Örtern von Sonne und Mond in der Ekliptik auch die der klassischen fünf Planeten angezeigt werden. Gleiches gab es früher an der 1942 zerstörten Uhr in Lübecks Marienkirche.

Ausschnitt aus der Uhrscheibe der Domuhr in Münster.

Die Planetenzeiger setzen am Drehpunkt an (keine Doppelzeiger wie die von Sonne und Mond), sind verschieden lang, tragen am Ende einen Stern und auf der Zeigerstange ihr Namensschild. Sterne und Schilder sind so angeordnet, dass sie sich nicht verdecken, wenn sie in gleicher Richtung stehen.

Der Sonnenzeiger dreht sich in 24 Stunden einmal, wie die anderen Zeiger dieser Uhr im Gegenzeigersinn. Seine Hälfte mit dem Sonnenbild reicht über den Ziffernring hinaus und gibt die Uhrzeit an. Auf der anderen Zeigerhälfte, die bis an den Rand der Grundscheibe reicht, ist ein Regenbogen befestigt. Der Sonnenzeiger bildet mit seinen parallel im Abstand von 7 cm übereinanderliegenden beiden Stangen ein langes flaches Rechteck. Auf ihm ist das Sonnenbild verschiebbar und befindet sich immer über dem äußeren Rand des exzentrischen Tierkreisringes. Außerdem ist es drehbar gelagert und an einer Stelle der Rückseite beschwert, so dass das Sonnengesicht bei der Zeigerdrehung immer aufrecht bleibt.

Beim Zurückbleiben des Sonnenzeigers gegenüber dem etwas schnelleren Tierkreiszeiger befindet sich das Sonnenbild bei Winterbeginn über der längsten Speiche des Tierkreisringes an der Grenze der Zeichen Schütze und Steinbock. Zu Sommeranfang ist es – wesentlich näher dem Drehpunkt der Zeiger – über der kürzesten Speiche an der Grenze der Zeichen Zwillinge und Krebs. Zu den Tagundnachtgleichen im Frühling bzw. Herbst befindet es sich rechtwinklig von diesen Positionen an der Grenze der Zeichen Fische und Widder bzw.

Jungfrau und Waage über dem Äquatorkreis der Grundscheibe und ist gut zu erkennen, weil er mit 360 abwechselnd roten und weißen Abschnitten gekennzeichnet ist. Aus der Lage des Sonnenzeigers gegenüber der Bemalung des Tierkreiszeigers lässt sich das aktuelle Datum mit guter Näherung erkennen.

Für die Gebiete auf der Erdkarte, die sich gerade unter der Sonnenbildhälfte des Sonnenzeigers befinden, ist Mittag. Für die Orte der Karte, die unter der Regenbogenhälfte dieses Zeigers liegen, ist Mitternacht.

Der Mondzeiger dreht sich in 24 h 50 min 28,3 s um 360°. Er ist deutlich langsamer als der Tierkreisring und der Sonnenzeiger, hinter denen er täglich um rund 13° bzw. 12° zurückbleibt. Nach einem siderischen Monat (27,32 Tage) macht er eine Umdrehung weniger als der Tierkreisring. Nach einem synodischen Monat (29,53 Tage = Wiederholungszyklus der Mondphasen) ist er um einen Umlauf hinter dem Sonnenzeiger zurückgeblieben.

Die eine Hälfte des Mondzeigers besteht aus einem Rohr, an dessen Ende eine Halbschale befestigt ist. Innerhalb des Rohres verläuft ein Stab. An seinem Ende im Drehzentrum sitzt ein Zahnrad, das in ein gleiches im Zentrum des Sonnenzeigers greift. In der Halbschale steckt eine Kugel, die fest mit dem Stab verbunden ist. Beim Zurückbleiben des Mondzeigers gegen den Sonnenzeiger wird sie allmählich gedreht, und zwar einmal in einem synodischen Monat. Die Hälfte der Mondkugel, die der Betrachter bei Vollmond sieht, wenn die Mondkugel der Sonnenscheibe genau gegenüber steht, glänzt metallisch silbern. Bedecken sich Sonnenbildnis und Mondkugel (Neumondstellung), ist die schwarze Hälfte dem Betrachter zugekehrt. Zu Halbmondzeiten zeigt sich die Mondkugel halb silbern, halb schwarz. Zu anderen Zeiten ist gemäß der Phasengestalt des Mondes in der Natur mehr oder weniger von der silbernen und der schwarzen Fläche zu sehen.

Das Rete füllt in Münster große Teile der Fläche über der Grundscheibe. Es dreht sich in 23 h 56 min 4,1 s (= 1 Sterntag) um 360°. An seinem Außenrand ist eine 360°-Teilung angebracht. Exzentrisch ist in ihm der Tierkreisring der Ekliptik mit den zwölf Tierkreiszeichen gelagert. Jedem Zeichen gehört ein Winkel von 30°, gemessen vom Drehpunkt. Wegen der exzentrischen Lage des Ringes sind die Sektoren der drehpunktnahen Zeichen Krebs und Zwillinge schmaler als die aller anderen Zeichen. Am breitesten sind die der drehpunktfernen Zeichen Schütze und Steinbock. Jedes Zeichen ist in 3 x 10° (10/20/30) geteilt, die astrologischen Dekane. Außerdem sind sie als ›gute‹, ›neutrale‹ oder ›böse‹ Zeichen gekennzeichnet:

Ausschnitt aus der Uhrscheibe der Domuhr in Münster.

Signum bonum	*Signum indifferens*	*Signum malum*
Widder	Krebs	Stier
Waage	Skorpion	Zwillinge
Schütze	Fische	Löwe
Wassermann		Jungfrau
		Steinbock

Weiterhin ist auf dem Rete die Lage von 14 Sternen und der Plejaden markiert.

Die Strecke Drehpunkt – Außenrand des Tierkreisringes ist in Richtung der kurzen Speiche gleich dem Radius des auf der Grundscheibe befindlichen Wendekreises des Krebses. In Richtung der mittellangen Speichen ist er gleich dem Radius des Äquatorkreises, und in Richtung der langen Speiche gleich dem des Wendekreises des Steinbocks.

Die Retis von 1540 und aus den 1660er Jahren waren aus Holz. 1930 wurde die barocke Form aus dem 17. Jahrhundert zwar beibehalten, aber das Ganze in Bronze gegossen.

Links und rechts außerhalb des Ziffernringes finden sich zwei 2,30 m hohe schmale Tafeln mit je zwölf Schlitzen. Über den Schlitzen der rechten Tafel ist, von unten beginnend, geschrieben: »IN 1 HO REGIT« bis »IN 12 HO REGIT«, unter den Schlitzen der linken Tafel steht von oben nach unten »REGIT IN 13 HO« bis »REGIT IN 24 HO« (HO = Abkürzung für HORA = Stunde). Hinter den

Schlitzen beider Tafeln verläuft je eine senkrechte Welle. Auf ihnen sind in Höhe der Schlitze siebeneckige Brettchen befestigt, auf deren Stirnflächen in bestimmter Folge (Tabelle 5) die Namen der sieben Himmelskörper stehen, die nach vorkopernikanischem Erkenntnisstand zu den Wandelsternen rechneten: Neben den damals bekannten Planeten Merkur, Venus, Mars, Jupiter und Saturn sind das auch Sonne und Mond. Täglich um Mitternacht werden die Wellen um 1⁄7 (ca. 51,5°) gedreht. Hinter dem Schlitz der ersten Stunde (rechts unten) ist dann der Name des Himmelskörpers zu lesen, der dem beginnenden Tag den Namen gibt (z.B. Sonntag ›SOL‹) und die erste Stunde sowie den ganzen Tag nach astrologischer Auffassung regiert. Hinter den anderen Schlitzen sind die Namen der Gestirne zu sehen, die die 2., 3. bis 24. Stunde regieren. Es handelt sich hier um eine astrologische Planetenstundenuhr, wie sie in dieser Art heute einmalig an einer Monumentaluhr in Deutschland ist. Eine andere Art von Planetenstundenuhr findet sich an der Uhr in Rostocks Marienkirche. Ehemals besaß die Lübecker Marienkirchuhr eine astrologische Anzeige gleicher Art – ein weiteres Indiz dafür, dass die Verwandtschaft zwischen der ehemaligen Lübecker und der Münsteraner Monumentaluhr vielleicht größer ist, als bisher erforscht. Beide gehen auf das Anfangsjahrzehnt des 15. Jahrhunderts zurück. Spielte der Mönch Friedrich von Hude dabei eine vermittelnde Rolle?
Die in den vier Ecken um den Ziffernring befindlichen Evangelistensymbole mit Spruchbändern von 1542 werden dem Maler Ludger tom Ring oder seiner Werkstatt zugeschrieben. Es sind:

- ❋ Matthäus als Engel (o.r.): Siehe, die Magier kommen von Osten (Matthäus 2,1)
- ❋ Johannes als Adler (o.l.): Hat nicht der Tag zwölf Stunden? (Johannes 11,9)
- ❋ Lucas als geflügelter Stier (u.l.): Finsternis kam über die ganze Erde (Lukas 23,44)
- ❋ Markus als geflügelter Löwe (u.r.): Sie kommen zum Grabe, als die Sonne schon aufgegangen ist (Markus 16,2) (Die lateinischen Originaltexte → Lateinische Inschriften)

Oberhalb des Ziffernringes findet sich eine Schrifttafel, deren lateinische Inschrift (→ Anhang) übersetzt lautet: »Auf dieser beweglichen Uhr kann man dieses und vieles andere erkennen: Die Zeit der gleichen und ungleichen Stunden. Die mittlere Bewegung aller Planeten. Das aufsteigende oder absteigende Zeichen. Überdies die Aufgänge und Untergänge einiger Fixsterne. Dazu auf beiden Seiten die Herrschaft der Planeten in den astronomischen Stunden. Oben der Opfergang der Drei Könige. Unten das Kalendarium mit den beweglichen Festen«.

Das Kalendarium

Das Kalendarium findet man unterhalb der Uhrscheibe und gegenüber dieser zurückgesetzt – eine Gliederung, wie sie bei den mittelalterlichen monumentalen astronomischen Uhren allgemein üblich war.
Die Kalenderscheibe hat 148 cm Durchmesser und ist damit relativ klein. Die Rostocker Scheibe (206 cm) besitzt die doppelte, die Danziger Scheibe (270 cm) mehr als die dreifache Fläche. Dazu kommt, dass einerseits 30 Prozent der Fläche durch die Kalenderbilder und die Tierkreiszeichen für kalendarische Angaben nicht zur Verfügung stehen, während diese Scheibe andererseits Daten für 532 Jahre enthält, soviel wie keine andere. Merkwürdig ist auch, dass der äußerste, der größte Ring unbeschriftet blieb. Lediglich die Kalenderscheibe der alten Lübecker Marienkirchuhr war mit 136 cm ähnlich klein – wiederum eine Gemeinsamkeit zwischen diesen beiden Uhren.
Die Scheibe dreht sich im Uhrzeigersinn jährlich einmal. Jeweils um Mitternacht wird sie um knapp 1° weiterbewegt.
Von außen nach innen werden angezeigt:

Den Jahren zugeordnete Daten

1. Die Jahreszahlen in römischen Ziffern von MDXL (1540) bis MMLXXI (2071), also für 532 Jahre. Ein solcher Zeitraum hieß »Große Indiktion« oder »Dionysische Ära« und ist das Produkt aus dem Wiederholungszyklus der Mondphasen zum gleichen Datum (19 Jahre; Metonscher Zyklus) und dem Wiederholungszyklus des Kalenders (28 Jahre; Sonnenzirkel). Nach 19 x 28 = 532 Jahren fielen die Mondphasen wieder auf dasselbe Datum und denselben Wochentag. Die Große Indiktion war damit ein Wiederholungszyklus der Osterdaten.

Zu Beginn des Gültigkeitszeitraumes dieses Jahresringes (1540) galt der Julianische Kalender. Seit langem aber waren dessen Schwächen bekannt, die zu einer Verfrühung des Osterdatums führten. Darum wurde der Julianische Kalender 1582 von dem Gregorianischen Kalender abgelöst. 400 Gregorianische Jahre haben drei Tage weniger als 400 Julianische Jahre. Um die eingetretene Abweichung zwischen tatsächlichem und kalendarischem Frühlingsbeginn (im 16. Jahrhundert zehn Tage) zu korrigieren, wurden außerdem zehn Tage ausgelassen. In Münster folgte auf Sonntag, den 17. November 1583 unmittelbar Montag, der 28. November. Seither sind eine Reihe

Ausschnitt aus der Kalenderscheibe der Domuhr in Münster.

Teil der astrologischen Stundentafel. Merkur regiert die vierte Stunde.

der nachfolgend genannten Angaben dieser Scheibe ›aus dem Tritt gekommen‹.

Die mit der Wahl des Zeitraumes einer Großen Indiktion gegebene Erwartung, die Kalenderangaben von 1540 bis 2071 wären für die nachfolgenden 532 Jahre (2072–2603) wieder zu verwenden, ist seit 1584 erheblich beeinträchtigt.

2. Die Osterbuchstaben für jedes Jahr. Aus ihnen ließe sich in Verbindung mit dem innersten Ring der den Tagen zugeordneten Daten (Osterbuchstaben für den Zeitraum 22. März bis 25. April) das Osterdatum für jedes der 532 Jahre bestimmen – wenn es den Julianischen Kalender noch gäbe.

3. Die Goldenen Zahlen 1 bis 19.

4./5. Die Sonntagsbuchstaben A bis G in zwei Ringen. Der äußere dieser Ringe enthält den Sonntagsbuchstaben für die beiden ersten Monate eines Schaltjahres, der innere Ring den Sonntagsbuchstaben der Gemein- und der Monate März bis Dezember der Schaltjahre.

6./7. Das Intervallum, den Zeitraum Weihnachten – Fastnacht, ebenfalls in zwei Ringen. Davon steht im äußeren Ring die Anzahl der vollen Wochen, im inneren die Anzahl der Resttage, beides in römischen Zahlen.

8. Die Indiktionen oder Römer-Zinszahlen.

Den Tagen zugeordnete Daten

9. Das Datum im Monat gemäß der heutigen Zählweise, aber in römischen Zahlen.

10. Die Tagesbuchstaben A, b, c, d, e, f, g.

11. Die Benennung der Tage in den Monaten gemäß dem römischen Kalender in Kalenden, Nonen und Iden (Tabelle 8).

12. Die Monatsnamen.

13. Die Namen der Tagesheiligen und die datumfesten Kirchenfeste. Außerdem wird hier der Eintritt der Sonne in ein neues Tierkreiszeichen angezeigt. Es ist interessant, dass dabei bis heute an den Julianischen Daten von 1540 festgehalten wurde. So ist beispielsweise der Eintritt der Sonne in das Zeichen des Stieres für den 10. April statt

für den 20. April angegeben (→ Tabelle 3). Dieses Beispiel zeigt, dass bei allen Instandsetzungen auf den Erhalt der originalen Beschriftung von 1540 Wert gelegt wurde.

14. Die Osterbuchstaben b bis v und A bis Q in drei Zyklen: Neben dem Osterzyklus (22. März bis 25. April) sind auch die Zeiträume 18. Januar bis 21. Februar und 10. Mai bis 13. Juni mit der Folge der Osterbuchstaben versehen.

Der zentrale Teil der Kalenderscheibe wird von Säulen dominiert, die sich zu Bögen formen und Maßwerke umschließen. Darin sind zwölf Tierkreiszeichen und zwölf Monatsbilder eingefügt. Die Symbole der Tierkreiszeichen sind auf Plaketten an dünnen Säulen gemalt. Die Kupferscheiben mit den Miniatur-Monatsbildchen von 14,5 cm Durchmesser sind drehbar befestigt und an der Rückseite beschwert. Dadurch bleiben die Bilder bei der Drehung der Kalenderscheibe immer aufrecht. Die Darstellungen deuten stilistisch auf die Zeit um 1540, die Bilder werden Ludger tom Ring oder seiner Werkstatt zugeschrieben. Sie zeigen charakteristische Tätigkeiten des jeweiligen Monats und sind durch die landschaftliche Szenerie von besonderem Reiz. Jedem Bild ist am äußeren Rand ein lateinischer Hexameter beigegeben, deren deutsche Übersetzung (Werland 1934, S. 5–16, dort und bei Wieschebrink 1983, S. 17–20, ausführliche Darstellung.) hier angeführt sei:

Januar	Szene im Wohnraum eines Bürgerhauses	Januar liebet den Wein und trinkt schmausend am häuslichen Herde
Februar	Wäscherinnen in Schnee und Frost bei der Arbeit am Bach vor der Stadt	Frierend schließt Februar dann alle Flüsse mit eisiger Decke
März und April	Szenen im Garten am Haus	Darauf beschneidet der März unsre Reben und furchet die Felder / Blütenschmuck bringe hervor der April, denn er öffnet das Erdreich
Mai	Zwei Liebespaare auf einer Waldwiese	Quelle und grünend Gebüsch sind im Maien der Zunder der Liebe
Juni	Mann und Frau beim Scheren von Schafen	Juni bringt unter die Schere die Scharen der springenden Schafe
Juni	Heumahd mit Sensen	Nährendes Heu unserm Viehstand gewährend, mäht Juli die Wiesen
August	Beladen des Erntewagens mit Garben	Und das geschnittene Korn von den Feldern bringt dann August heim
September	Pflügen und Säen	Fleißig gepflügeten Furchen vertraut der September die Saat an
Oktober	Traubenlese im Garten am Haus (große Ähnlichkeit von Garten und Haus mit der März-April-Darstellung)	Dann liest Oktober befriedigt zusammen die goldreifen Trauben
November	Schweineschlachten vor einem Haus in der Stadt	Jedermanns Freude ist groß, wenn November ihm schlachtet sein Schweinchen
Dezember	Holzfäller bei der Arbeit	Holz für den häuslichen Herd siehst du spalten im Wald den Dezember

Tutemann und Frau an der Stundenglocke.

Teil der Giebelbemalung der Domuhr in Münster.

Dem Besucher an der Uhr erschließen sich die Schönheit und die Details der Bildchen wegen des an sich schönen alten Gitters und ihrer Kleinheit nur schwer. Gleichwohl sind sie kulturgeschichtlich von hohem Wert.

Die Domuhr von Münster ist eine von nur zwei astronomischen Großuhren in Deutschland mit Monatsbildern. Während sie hier gemalt sind, finden sie sich an der Uhrscheibe in Rostocks Marienkirche geschnitzt.

Die links neben der Kalenderscheibe stehende Figur weist mit ihrem Stab auf das aktuelle Datum im Monatsring. Im Zentrum der Scheibe – aber an ihrer Drehung nicht beteiligt – steht die Figur des Dompatrons, Apostel Paulus, mit Buch und Schwert. Ein hinter seinem Rücken befestigter Stab zeigt auf das aktuelle Jahr. Er wird jährlich in der Silvesternacht vom Domküster per Hand auf das neue Jahr eingestellt und dreht sich mit der Scheibe.

Die Darstellungen im Uhrengiebel. Hinsichtlich der künstlerischen Gestaltung dieser Uhr verdient der obere Abschluß mit dem Dreikönigsumgang und den gemalten Figurengruppen innerhalb einer Architekturmalerei besondere Beachtung.

Im Zentrum vor dem gemalten Renaissancegiebel sitzt die Gottesmutter mit dem Kind. Der siebeneckige Balkon, der im mittleren Feld die Jahreszahl 1542 trägt, ist der Schauplatz der Huldigung. Mittags um 12 Uhr tritt der Zug nach dem Stundenschlag aus der vom Betrachter rechten Tür. Voran ein junger, am Schluss ein älterer Diener und zwischen ihnen die Figuren der reichgewandeten Heiligen Drei Könige (42 cm hoch). Diese wenden sich dem heiligen Paar zu, verbeugen sich und drehen sich zurück. Währenddessen zieht über ihnen der Stern von Bethlehem seine Bahn. Der feierliche zweimalige Vorbeizug der Gruppe wird von den Tönen des Glockenspiels mit seinen zehn Glocken begleitet.

Links und rechts dieser Szene des Mittelteils sind Arkaden gemalt, an deren Brüstung sich 34 Personen jedes Alters drängen, unter ihnen befinden sich aber keine Frau und kein Geistlicher. Wer sich die Details der sehr fein ausgeführten Malerei dieses oberen Abschlusses erschließen will, sollte Zeit und ein Fernglas mitbringen. Die Inschrift und ein Signum weisen auf die Urheberschaft Ludger tom Rings hin.

Literatur

GEISBERG 1933; HÜTTENHAIN, E. 1936; HÜTTENHAIN, T. 1947; JÁSZAI 1981; PETER 1994; SCHULTZ 1929; SELLE 1998; SELLE/SCHUKOWSKI 1996; UNGERER 1931, S. 261 ff.; WERLAND, P. 1910, 1924/25, 1929 (zus. m. Schultz), 1930, 1933, 1934, 1956; WERLAND, W. o.J.; WIESCHEBRINK 1983[2]

Die Uhr in der Rostocker Marienkirche

Die 11 m hohe Monumentaluhr befindet sich im Chorumgang zwischen den beiden östlichen Pfeilern. Das Uhrengesicht zeigt nach Osten, zur Marientidenkapelle im Chorscheitel. Hauptaltar und Uhr stehen Rücken an Rücken. Das ist der »klassische« Aufstellungsort mittelalterlicher astronomischer Uhren in hansischen Kirchen.

Die Vorgängeruhr

Zum Abschluß des Rechnungsjahres 1379/80 belegten die Kämmereiherren Rostocks Ausgaben der Stadt in Höhe von 212 Mark und 10 Schillingen für die Anfertigung einer Uhr und des Uhrengehäuses (»ad pixidem et ad orlogium«) in Lübeck und deren Transport nach Rostock. Das waren rund sechs Prozent der Haushaltsausgaben der Stadt in jenem Jahr (Wortlauf der Urkunde: MUB Nr. 11247, Bd. XIX S. 476; s.a. Schukowski 1992, S. 17f.). Zwar ist der Aufstellungsort dieser Uhr ungenannt, und es sind keine Reste von ihr bekannt, aber es ist begründet anzunehmen, dass sie ihren Platz im Chorumgang der Marienkirche erhielt. St. Marien war die Hauptpfarrkirche Rostocks und der Chorumgang der bevorzugte Aufstellungsort zu jener Zeit für monumentale Uhren in hansischen Kirchen (s.a. Marienkirchen Lübeck, Stendal und Wismar sowie Nikolaikirche Stralsund). Für keine andere der vier mittelalterlichen Rostocker Pfarrkirchen ist eine Kunstuhr im Innenraum belegt. Außerdem ist der Guss einer Glocke für die Marienkirche für dasselbe Jahr (1379) erwiesen (MUB 11225). Auf Grund ihrer überlieferten Inschrift konnte sie als die in der Turmlaterne der Marienkirche hängende Schlagglocke von 177 cm Durchmesser identifiziert werden, die schon von Vicke Schorler im letzten Viertel des 16. Jahrhunderts dort befindlich gezeichnet wurde (Ehlers/Witt 1989).

Es ist möglich, dass die Materialkosten für diese (Stunden-)Glocke in der o.g. Rechnung enthalten sind. Denn dort finden sich Ausgaben von 26 Mark für 1 Schiffspfund (= 135,25 kg) Zinn und weitere 35 Mark 2 Schillinge für »stanno ad orlogium«. Diese Ausgaben für ungefähr 318 kg Zinn wären für das Uhrwerk und das Uhrengehäuse nicht zu verstehen. Auch war es in jener Zeit nicht unüblich, die Uhrglocke ebenfalls als »horologium« zu bezeichnen. 318 kg Zinn ergäben bei einem Zinnanteil von 20–25 Prozent an der Glockenbronze eine Glocke mit einer Masse zwischen 1590 und 1270 kg, was allerdings weniger als die angenommene Masse der in der Turmlaterne hängenden Glocke ausmacht.

1398 stürzte das im Umbau von der Hallenkirche zur Basilika befindliche Langhaus der Rostocker Marienkirche ein. Dabei könnte die Uhr in Mitleidenschaft gezogen worden sein. Außerdem dürfte ihr die rege Bautätigkeit an der Kirche in den folgenden Jahrzehnten nicht bekommen sein, bei der die Basilika fertiggestellt und zusätzlich zum ursprünglichen Bauplan Querhäuser nach Norden und Süden zugefügt wurden. Ist von der alten Uhr nichts übriggeblieben? Eine technikgeschichtliche Analyse der Uhrwerkteile auf eventuell wiederverwendete Teile aus dem »orlogium« von 1379 steht ebenso wie dendrochronologische Untersuchungen des Gehäuses noch aus.

Die Vermutung einer frühen monumentalen Uhr in St. Marien stützt sich nicht nur auf die Urkunde von 1380. Die heutige Uhr, die in wesentlichen Teilen auf die Zeit um 1472 zurückreicht, zeigt in den Ecken des Kalenderteiles die geschnitzten vier Weltweisen, die zum »Markenzeichen« der Uhren aus der Zeit um 1400 in hansischen Kirchen zu rechnen sind. In Doberan, Lübeck, Lund, Stendal und Stralsund befinden sie sich in den Zwickeln der Zifferblätter. Vermutlich war in Rostock die Erinnerung an die alte Uhr von 1379/80 noch wach, als man 90 Jahre später einen Neubau in Auftrag gab. Zwar wurden die Weltweisen an das Kalendarium ›verbannt‹. Aber es ist auffällig, »dass die stilistische Auffassung und die handwerksmäßige Ausführung der Figuren archaisierende oder rückblickende Elemente aufweisen« (Kristina Hegner in Schukowski 1992, S. 38). Zwei der Figuren sind »bärtige Greise, vertreten einen um 1400 üblichen Typ, doch sprechen die fehlende Schönläufigkeit der Gewänder … sowie modische Details für eine Entstehung nach 1460« (K.H., ebd. S. 37). Es spricht vieles dafür, dass mit den Weltweisen an der Rostocker Uhr entsprechende Darstellungen an der Vorgängeruhr in der Darstellungsweise der nachfolgenden Generationen im Gedächtnis bewahrt bleiben sollten. Resümierend darf eine Vorgängeruhr in St. Marien als sicher gelten, auch wenn ihre Anzeigen, ihre Gestaltung und der Standort nur vermutet werden können.

Aus der Geschichte der jetzigen Uhr

Von 1464 bis 1470 erbaute der aus Thorn kommende Uhrmacher Hans Düringer in Danzigs Marienkirche eine astronomische Schauuhr. Das ist durch den Vertrag zwischen dem Rat der Stadt Danzig und Hans Düringer vom 30. April 1464 belegt.

Zwischen der Danziger und dem spätgotischen Kern der Rostocker Marienkirchuhr gibt es eine so große Übereinstimmung hinsichtlich der Anzeigen und der Gesamtkomposition, wie sie sonst nirgendwo zwischen zwei derartigen Uhren zu beobachten ist. Die Gestaltungsunterschiede wie der Monatsring sowie die kleinere Kalenderscheibe mit umgebendem Tierkreisring in Rostock fallen demgegenüber wenig ins Gewicht und sind den unterschiedlichen Wünschen der Auftraggeber geschuldet. Es ist berechtigt, die Rostocker Uhr als die jüngere Schwester der Danziger Uhr zu bezeichnen. Während letztere in ihrer Jugendgestalt alterte, wurde erstere insbesondere durch die Hinzufügung eines Spätrenaissancerahmens 1641/43 erweitert. Die Danziger Uhr lässt Schlüsse auf das Aussehen der Rostocker Uhr in den ersten 170 Jahren ihrer Geschichte zu (Schukowski 1984 und 1990).

Hans Düringer darf auf der Grundlage solcher Analogiebetrachtungen als Erbauer der Uhr in der Rostocker Marienkirche angesehen werden, auch wenn das nicht urkundlich belegt ist. Da er bis 1470 in Thorn und Danzig gebunden war und 1477 in Danzig starb und dort begraben wurde, darf man den Neubau der Rostocker Uhr als »um 1472« ansetzen. Damit stimmen sowohl kunsthistorische Betrachtungen als auch die Datierung einer Ablassurkunde von Bischof Werner aus Schwerin vom 26. Oktober 1472 überein. In ihr wurde 40-tägiger Ablass denjenigen versprochen, die für den Abschluss der Dacheindeckung mit Kupfer und die Vollendung der neuen Uhr in Rostocks Marienkirche spenden: »… ad perficiendum tectum cupreum & ad complendum horologium nouum quod pro vtilitate & laude fidelium in eadem ecclesia …«. (Text der Ablassurkunde nach Schröder S. 2238–2240; abgedruckt bei Schukowski 1992, S. 49).

Über die ersten 170 Jahre dieser Uhr ist wenig bekannt. 1641 begannen Stadt und Kirche mitten in den Schwierigkeiten des Dreißigjährigen Krieges das große Werk der inneren und äußeren Instandsetzung und Erweiterung der Uhr in der Marienkirche. Die Arbeiten wurden 1643 abgeschlossen. An ihnen waren der Uhrmacher Lorentz Borchardt, der Maler Carl Wilbrandt, der Glaser Jochim Preen, der Bildschneider Andreas Brandenburg, der Tischler Michel Grothe, der Kleinschmied Hinrich Suter und manch anderer Handwerker und Helfer beteiligt. Damals erhielt die Kalenderscheibe ihre zweite Beschriftung, für die Lorentz Borchardt die Daten von der Lübecker Uhr übernahm. Insgesamt wurden Mittel von rund 950 Gulden aufgewendet, von denen 170 durch Spenden erbracht wurden. Die Uhr erhielt das Aussehen, in dem sie bis heute erhalten ist (Schukowski 2004).

1710 gab der Kirchenvorsteher Hinrich Hoppe das Geld für eine moderne, bis heute verwendete Pendel-Haken-Hemmung anstelle der ursprünglichen Spindel-Waag-Hemmung.

Von 1697 bis 1742 wartete der Uhrmacher Simon Siemsen die Uhr, danach Andreas Schönfeldt. 1745 erhielt Magister Johann Hermann Becker »vor Prolongir. (Verlängerung) des Calenders hinter dem Altar und regulir. des Monat weiser zum Douceur (Geschenk) 12 Ducaten =

Die Uhr in der Rostocker Marienkirche.

Uhrscheibe der Rostocker Uhr. Der Stundenzeiger weist auf 14^{30}.
Die Sonne steht im Zeichen der Jungfrau. Es ist etwa zehn Tage nach Neumond.

Astrologische Scheibe auf dem Stundenzeiger der Uhr in Rostocks Marienkirche.

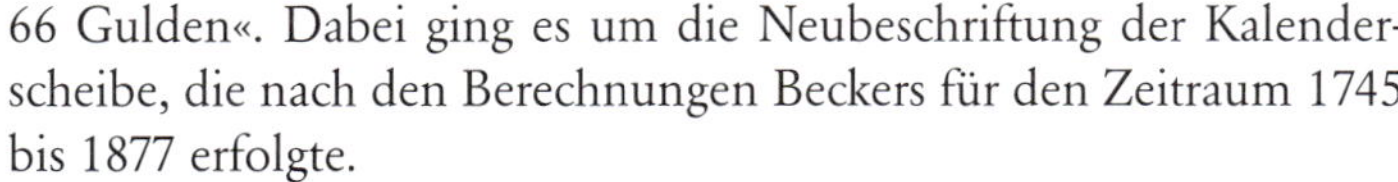

66 Gulden«. Dabei ging es um die Neubeschriftung der Kalenderscheibe, die nach den Berechnungen Beckers für den Zeitraum 1745 bis 1877 erfolgte.

Von 1835 bis 1885 stand die Uhr. Sie hatte durch Schutt und Staub bei einer 1835 erforderlichen Gewölbereparatur Schaden genommen. Eine große Orgelreparatur und die Renovierung des Kircheninneren im Jahre 1842 verbrauchte die vorhandenen Mittel. Der 1877 abgelaufene Kalender konnte nicht wieder beschriftet werden. Erst 1885 standen die Mittel für die Reparatur der Uhr durch Carl Börger und die Neubeschriftung der Kalenderscheibe – der vierten in ihrer Geschichte – für den Zeitraum 1885 bis 2017 zur Verfügung.

Nach den Bombenangriffen vom April 1942 auf Rostock, die die Marienkirche als einzige der großen Rostocker Kirchen dank des Einsatzes des Kirchendieners Friedrich Bombowski und seiner Tochter Ursula (Bombowski 1989) weitgehend unbeschadet überstand, wurde die Uhr eingemauert. Erst 1951 wurde sie wieder freigelegt und notdürftig instandgesetzt. (Nath/Schukowski 2005)

Von 1974 bis 1977 wurden alle Uhrwerke in der Berliner Werkstatt des Metallrestaurators Wolfgang Gummelt (1938–1998) einer umfassenden und sorgsamen Behandlung unterzogen und anschließend wieder zusammengebaut. Seither geht die Uhr in allen ihren Teilen. 1994 hat der Verfasser der St. Mariengemeinde, dem Denkmalamt und dem Stadtarchiv Rostock alle Daten für die fünfte Beschriftung der Kalenderscheibe für die 133 Jahre von 2018 bis 2150 vorgelegt.

Die Anzeigen auf der Uhrscheibe

Der quadratischen Uhrscheibe mit einer Fläche von 16,5 m^2 sind zwei Ziffernringe und zwei Figurenringe eingeschrieben. Ihre Anzeigen ergeben sich aus der Stellung von drei Zeigern über diesen Ringen, aus der Stellung von Sonnen- und Mondzeiger gegeneinander sowie aus den Angaben zweier Schwerkraftuhren auf dem Stundenzeiger. Der größte der Ringe enthält gotische Ziffern für die 24 Tagesstunden (zweimal I bis XII). Dieser Stundenring wird vom Stundenzeiger, einem Doppelzeiger, täglich einmal umrundet. Die am Tage in der oberen Hälfte des Zifferblattes befindliche Zeigerhälfte endet in einer Hand mit ausgestrecktem Zeigefinger. Die andere Zeigerhälfte, tags in der unteren, nachts in der oberen Scheibenhälfte zu finden, zeigt an ihrem Ende einen Stern.

An den Stundenring schließt ein Ring an, der zwölf mal die Ziffernfolge 5, 10, 15, 20, 25, 30 enthält. Sie teilt den innen anschließenden Ring der Tierkreiszeichen von fünf zu 5° in zwölf mal 30°. Denn jedem Tierkreiszeichen sind 30° des Zodiakus zugewiesen. Der Tierkreis verläuft an dieser Uhr entgegengesetzt zum Stundenring. Waagerecht rechts liegt das Zeichen des Widders. Ihm folgen in Gegenzeigerrichtung die geschnitzten Zeichen des Stieres, der Zwillinge, des Krebses, des Löwen, der Jungfrau, der Waage, des Skorpions, des Schützen, des Steinbocks, des Wassermanns und der Fische.

Der innerste Figurenring ist der Monatsring. In zwölf Flachreliefs werden charakteristische Tätigkeiten der jeweiligen Monate dargestellt:

Januar	tafelnder Herr
Februar	frierender Mann am Feuer
März	ein Mann pflanzt zwei Bäume
April	eine Frau beim Umgraben
Mai	ein Bauer mit Holzmulde beim Säen
Juni	ein Schnitter mäht das Gras mit einer Sense
Juli	eine Bäuerin sichelt das Getreide
August	ein Bauer drischt Korn mit dem Flegel
September	ein Winzer bei der Weinlese
Oktober	ein Bauer bei der Apfelernte
November	ein Mann hackt Holz
Dezember	ein Mann schlachtet ein Schwein.

Solche Darstellungen finden sich vielerorts in Monatsbildern. So stimmen z. B. sieben der Rostocker Motive zeitlich und thematisch mit den Darstellungen im Brevier des Prager Kreuzherrengroßmeisters Löw aus dem Jahre 1356 überein. Zwei weitere sind nur zeitlich verändert.

Im zentralen Teil der Uhrscheibe liegen unter dem Stundenzeiger zwei Scheiben übereinander: Oben die Sonnenscheibe, von der ein Viertel der Fläche kreisrund ausgeschnitten ist. Darunter die Mondphasenscheibe mit demselben Durchmesser von 1,78 m. An jeder der beiden Scheiben ist ein Zeiger befestigt, der ein Sonnen- bzw. ein Mondbildnis trägt. Die Stellung des Sonnenzeigers gegenüber den Figurenringen gibt den Stand der Sonne in den Tierkreiszeichen und

Monatsbilder April und August.

Zentraler Teil der Rostocker Uhrscheibe: Die Sonnenscheibe ist mit dem Bildnis eines Drachens versehen. In ihrem Ausschnitt ist die darunter liegende Mondscheibe zu erkennen, die den abnehmenden Mond anzeigt.

Scheibe mit dem Bildnis des Rostocker Senators Zacharias Sebes (1601–1650). Das Bild wurde gegen 10^{00} aufgenommen.

den aktuellen Monat an. Der Mondzeiger zeigt den Ort des Mondes in den Tierkreiszeichen. Die Sonnenscheibe dreht sich einmal im Jahr, die Mondphasenscheibe einmal in 27,32 Tagen (= 1 siderischer Monat).

Die Sonnenscheibe ist mit Sternen und dem Bild eines feuerspeienden Drachens bemalt. Das hängt mit der Vorstellung des bei Finsternissen die Sonne bzw. den Mond verschlingenden Ungeheuers zusammen. Die Schnittpunkte der Mondbahn mit der Erdbahnebene heißen noch heute in der Astronomie Drachenpunkte, und an süddeutschen astronomischen Rathausuhren (Ulm, Tübingen, Esslingen) ist der Zeiger, der die Wanderung der Drachenpunkte in der Ekliptik darstellt, als Drachen geformt. In der kreisförmigen Öffnung der Sonnenscheibe wird ein Teil der Mondphasenscheibe sichtbar. Diese ist an der Seite, an der sich der Mondzeiger befindet, mit den in weißer Farbe gezeichneten Konturen eines schwarzen Mondgesichtes bemalt.

Bei Neumond stehen Sonnen- und Mondzeiger übereinander, und im Ausschnitt der Sonnenscheibe erscheint dies dunkle Neumondgesicht. Danach wird dort mehr und mehr von dem gelben Mond sichtbar, bis bei Vollmond – der Mondzeiger steht dem Sonnenzeiger dann gegenüber – ein goldgelbes Mondgesicht in dem Ausschnitt erschienen ist. Danach nimmt die sichtbare Fläche des Mondes wieder ab.

Der Mondzeiger eilt dem Sonnenzeiger täglich um 12,2° voraus. Nach jeweils 29,5 Tagen (= 1 synodischer Monat) kommen beide wieder zur Deckung (Neumondstellung). Die Anzahl der seit Neumond vergangenen Tage heißt das Mondalter. Auf einem Ziffernring an der Außenkante der Sonnenscheibe sind die Zahlen 1 bis 29 eingetragen. Der Sonnenzeiger ist in einem Feld zwischen der 1 und der 29 befestigt. Der Ort des Mondzeigers unter diesem Ziffernring gibt das Mondalter an.

Auf dem Stundenzeiger sind zwei Scheiben drehbar befestigt: Auf der mit dem Stern versehenen Zeigerhälfte befindet sich eine Miniaturuhr mit dem Bildnis und charakterisierenden Attributen des Rostocker Senators Zacharias Sebes (1601–1650). Der Rand dieser Sebes-Scheibe ist mit den Zahlen 1 bis 24 versehen. Hinter der 24 ist ein Massestück befestigt. Dadurch bleibt das Bildnis bei der Drehung des Stundenzeigers immer aufrecht, und an einer Marke auf dem Stundenzeiger ziehen im Verlauf des Tages die Zahlen 1 bis 24 vorbei und zeigen ein weiteres Mal die Uhrzeit an. Ähnliche Konstruktionen gab bzw. gibt es an den drei Lübecker astronomischen Kirchenuhren.

Anders als die Sebes-Scheibe ist die auf der anderen Hälfte des Stundenzeigers befestigte astrologische Stundenuhr rückseitig außer mit einem Massestück mit einem Getriebe versehen. Es bewirkt, dass unter dem roten Zeiger stündlich einer der 28 Sektoren vorbeiwandert, sich die Scheibe gegenüber dem roten Zeiger in 24 Stunden also nur um 24/28 ihres Umfanges dreht. Die Sektoren sind in bestimmter Reihenfolge mit den Namen und Zeichen der ptolemäischen »Planeten« versehen: Sonne, Venus, Merkur, Mond, Saturn, Jupiter, Mars. (Tabelle 5). Unter dem Zeiger befinden sich Name und Zeichen des Planeten, der die aktuelle Stunden beherrscht. Der Regent der ersten Stunde (0 … 1 Uhr) ist gleichzeitig Tagesregent (Possessor) und gibt dem beginnenden Tag den Namen:

Sonntag	Sonne
Montag	Mond
Dienstag/Tuesday/mardi	Mars (Ziu, Tiu, Tyr)
Mittwoch/Wednesday/mercredi	Merkur (Wodan)
Donnerstag/Thursday/jeudi	Jupiter (Donar, Thor)
Freitag/Friday/vendredi	Venus (Freya)
Sonnabend/Saturday	Saturn.

Die astrologische Stundenuhr, die es in anderer Art auch an den Uhren in Lübecks Marienkirche und im Dom von Münster gab oder gibt, ist ein Zeichen dafür, dass mittelalterliche astronomische Uhren immer auch astrologische Uhren waren. Je weniger über das Wesen astronomischer Vorgänge und Erscheinungen bekannt war, desto größer war die Versuchung, sie zu mystifizieren und auszudeuten. Daher waren Astronomie und Astrologie noch während des gesamten Mittelalters eng miteinander verknüpft (Schukowski 1997).

In den vier Ecken der Uhrscheibe befinden sich die Symbole der vier Evangelisten: Matthäus als Engel (o. l.), Johannes als Adler (o. r.), Markus als geflügelter Löwe (u. l.) und Lukas als geflügelter Stier (u. r.). Sie wurden in nachreformatorischer Zeit zugefügt, wahrscheinlich 1641/43. Ursprünglich waren nur die beiden oberen Zwickel besetzt, wie die unter dem Engel und unter dem Adler vorhandenen Türen erkennen lassen. Auch darin glich die Rostocker Uhr der Danziger. Vielleicht befanden sich hier auf Schiebebühnen Darstellungen der Verkündigung des Engels an Maria und der Anbetung der Heiligen Drei Könige, wie sie für die Danziger Uhr verbürgt sind.

Außer den Evangelistensymbolen stammen alle Teile der Uhrscheibe aus ihrer Entstehungszeit um 1472. Das bestätigten kunsthistorische Untersuchungen von Kristina Hegner. Die seitlichen Begrenzungen der Uhrscheibe wurden ihr bei der Instandsetzung und Erweiterung 1641/43 zugefügt. Die beiden Pilaster sind mit geschnitzten allegorischen Figuren (oben links Sinnbild der Mathematik, oben rechts Sinnbild der Astronomie), Fratzen, Putten, Früchten und geometrischen Ornamenten reich geschmückt. Auch der Aufsatz oberhalb der Uhrscheibe, die vier Säulen seitlich vom Kalenderraum und die zwölf Fenster aus flämischem Glas an den Seiten des Uhrengehäuses stammen aus der Erweiterung von 1641/43.

Die seitliche Begrenzung der Rostocker astronomischen Uhr aus den Jahren 1641/43, als Bekrönungen der reich geschnitzten Pilaster findet sich links die Darstellung der Mathematik und rechts die der Astronomie.

Der Kalenderraum

Die drehbare eichene Scheibe besitzt einen Durchmesser von zwei Metern. Rechnet man den sie umgebenden feststehenden Tierkreisring dazu, erhält man einen Diameter von 270 cm. Das ist gleichzeitig die Seitenlänge des Kalendariumsquadrates und entspricht dem Durchmesser der Danziger Kalenderscheibe.

Der durch eine Scheibe mit zwei Ausschnitten abgedeckte zentrale Teil der Kalenderscheibe misst ca. 72 cm im Durchmesser. Auf ihm sind ein geschnitzter Flammenkreis und die Inschriften »Allhier sieht man zu aller frist, Wie lang der tag von stunde ist« und »Allhier wird dir auch fürgebracht Wie lang von stunde ist die nacht« zu finden. Zwei Hände zeigen mit ihren ausgestreckten Zeigefingern auf zwei Ziffernringe, die in den einander gegenüberliegenden Fenstern sichtbar werden. In dem linken Ausschnitt wird auf die Dauer des lichten Tages (Zeitraum Sonnenaufgang – Sonnenuntergang), im rechten auf die Länge der Nacht (Zeitraum Sonnenuntergang – Sonnenaufgang) hingewiesen. Beide Zeiträume schwanken in Rostock im Laufe des Jahres zwischen 7 und 17 Stunden.

Die Ecken der Kalenderscheibe sind mit den geschnitzten Figuren von vier sitzenden unbenannten »Weltweisen« ausgefüllt, von denen die beiden linken bartlos, die beiden rechten bärtig sind. Sie halten Schriftbänder, deren ursprüngliche (lateinische?) Texte unbekannt sind und die in nachreformatorischer Zeit (1641/43?) durch die Bibeltexte »Ein Tag saget's den andern. – Und eine Nacht thut's kund den andern. – O Mensch bedenk' das Ende, – So wirst du nimmer übel thun.« ersetzt wurden. (Nach Psalm 19,3 und Jes Sir 7,40)

Die gleichfalls geschnitzten Tierkreisfiguren gleichen denen der Uhrscheibe. Jedoch verläuft ihre zeitliche Aufeinanderfolge hier im Uhrzeigersinn. Sie beginnt mit der Figur des Widders links von der Kalenderscheibe. Am Außenrand ist jedes Tierkreiszeichen in sechs Abschnitte von je 5° geteilt (|5, 1|0, 1|5, 2|0, 2|5, 3|0).

Auf der Kalenderscheibe sind außen in sechs Ringen den 365 Tagen des Gemeinjahres zugeordnete Angaben vorhanden:

1. Monatsring mit dem Namen und der Anzahl von Tagen des jeweiligen Monats (DECEMBER, HABET DIES 31).

Dieser Monatsring ist auf Kupferblech aufgetragen, das die hölzerne Kalenderscheibe außen umgibt und den Spalt zwischen beweglicher Scheibe und feststehendem Rahmen abdeckt.

2. Ring mit 366 abwechselnd roten und weißen Feldern.
3. Tagesdatum für die zwölf Monate.
4. Tagesbuchstaben A bis G für jeden Tag des Jahres.
5. Heiligenname oder Name des Festtages für alle 365 Tage sowie Kennzeichnung der Tage, an denen die Sonne in ein neues Tierkreiszeichen tritt. Während die meisten Bezeichnungen in schwarzer Schrift ausgeführt sind, werden 70 besondere Kirchenfesttage durch rote Schrift hervorgehoben.
6. Ortszeit des Sonnenaufganges für Rostock für jeweils zwei Tage, zwischen 3^{29} Uhr (20.–23. Juni) und 8^{31} Uhr (19./20. Dezember) alternierend.

Ein von der zentralen Deckscheibe kommender Zeiger reicht bis zum Ring 6 und weist auf die aktuelle Sonnenaufgangszeit. Ein »Kalendermann« an der linken Seite des Kalenderraumes zeigt mit einem Stab das gegenwärtige Datum an (Ring 3). Diese Figur diente zuvor einem anderen Zweck, wie Bohrungen für frühere Befestigungen sowie der von der Zeigerrichtung abgewandte Blick des edlen Gesichtes und die veränderte zeigerhaltende Hand zeigen. Sie dürfte 1641/43 ihre heutige Funktion übertragen bekommen haben.

Die nächsten sieben Ringe auf der Kalenderscheibe liefern Daten, die 133 Jahren fest zugeordnet sind:

7. Die Ziffernfolge 1 bis 19 der Goldenen Zahl
8. Jahresring von 1885 bis 2017.
9. Folge der Sonntagsbuchstaben A bis G. Gemeinjahre haben einen, Schaltjahre zwei Buchstaben. Davon gilt der erste bis zum 28. Februar, der zweite ab 1. März.
10. Die Ziffernfolge 1 bis 24 – Sonnen Circkel –, der Wiederholungszyklus des Kalenders.
11. Die Ziffernfolge 1 bis 15, die Römer-Zinszahl.

◁ *Die Rostocker Kalenderscheibe.*

▷ *Die Rostocker Kalenderscheibe reicht bis zum Jahr 2017. Im Jahr 2005 war der Martinstag (11. November; Tagesbuchstabe G) ein Freitag.*

12. Die Anzahl der Tage und Wochen zwischen Weihnachten (25. Dezember) und Fastnachtsdienstag, Intervallum genannt. Dieser Zeitraum kann zwischen fünf Wochen fünf Tage und zehn Wochen fünf Tage (40 … 75 Tage) liegen.
13. Ostertermine für die Jahre 1885 bis 2017.

Im 14. und 15. Ring werden – wie schon beschrieben – die Dauer des lichten und des dunklen Tages angezeigt.

Beim Datum des 25. Februar befindet sich am Außenrand der Kalenderscheibe ein Sonnenzeiger. Er steht zu Frühlingsbeginn an der Grenze der Tierkreiszeichen Fische und Widder, wandert im Laufe des Jahres durch alle Zeichen und gibt den Ort der Sonne unter den Tierkreiszeichen an.

An der Rückseite der Kalenderscheibe ist ein eiserner Zahnkranz mit 365 Zähnen befestigt, in die die Zahnwalze der treibenden Welle vom Kalenderwerk greift. Täglich um Mitternacht wird die Scheibe, deren Masse etwa 75 kg beträgt, um eine Zahnbreite weitergedreht. In der Nacht zum 29. Februar eines Schaltjahres wird diese Bewegung verhindert, so dass der 28. Februar dann an zwei Tagen angezeigt wird. Ab 1. März stimmt die Anzeige des Datums wieder für die nächsten vier Jahre.

Die Nische des Kalenderraumes ist seitlich durch je vier Rechtecke eingefasst. Vier Säulen tragen den Architrav. Die Flächen hinter und unter den Säulen sind reich kassettiert. Zwischen Kalendernische und Uhrscheibe wird auf fünf Tafeln auf die große Instandsetzung von 1641/43 hingewiesen: »GOTT dem Herrn zu Ehren / der Kirchen zur Zierde / und der allgemeinen / Bürgerschaft zum Besten / erneuert ANNO 1643«. Daneben blicken zwischen den Säulen zwei Gaffköpfe auf die Besucher.

Ein hölzernes Gitter schützt die Uhr, macht sie aber gleichzeitig optisch gut zugänglich. Ein schönes schmiedeeisernes Gitter mit handgeschmiedeten Seemannsknoten, das den Kalenderraum ehemals abschloss, hängt heute an der Ostwand des südlichen Seitenschiffes. Es verdient die Beachtung der Besucher.

Das religiöse Programm

Astronomische Monumentaluhren in Kirchen sind Teil der Kirchenausstattung und deren religiöser Aussage, Ausdruck mittelalterlichen Gottes-, Welt- und Lebensverständnisses. Denn in christlicher Sicht bilden Sonne, Mond und Sterne ebenso einen Teil der Schöpfung Gottes wie die Zeit, das Licht und der Mensch als Gottes Ebenbild. Sie alle sind Ausdruck seiner Allmacht. In diesem Sinne darf man astronomische Uhren hinsichtlich ihrer ikonografischen Gestaltung als eine Art »Bilderbibel« bezeichnen.

Zuoberst finden sich an der Rostocker Uhr in den Spiegeln zweier ca. 147 cm hoher dreieckiger geschnitzter Ornamentrahmen Adam und Eva, von Engeln umgeben. Mit ihnen beginnt die biblische Geschichte des Menschengeschlechts. Die Etage unter diesem oberen Abschluss der Uhr ist Christus, dem Sohn Gottes und Erlöser der Menschheit, sowie seinen Boten, den Aposteln gewidmet: Im Zentrum steht Christus als Weltenrichter auf einem Altan, seitlich

von ihm in der Pilaster-Bogen-Gliederung je drei Apostel (davon je einer an der linken und rechten Seitenfläche). Dass es sich um Jünger Jesu handelt, zeigt deutlich die zweite Figur von links an der Frontseite: Neben dem Buch, das auch andere dieser Figuren tragen, hält sie eine Säge. Das ist eines der Kennzeichen des Jüngers Simon ›Kananäus‹, von dem berichtet wird, er sei in zwei Teile zersägt worden. Die Figur links neben Simon mit dem nur unvollständig erhaltenen Kreuzstab könnte den jugendlich bartlosen Philippus darstellen. Bei den anderen Figuren ist eine solche Zuordnung wegen fehlender oder verlorener Attribute nicht eindeutig zu treffen. Jedoch darf begründet angenommen werden, dass hier nicht zwei Apostel neben vier beliebigen Figuren Christus flankieren, sondern dass es sechs der zwölf Jünger Jesu sind.

Die anderen sechs bilden den Apostelumgang, der nach dem Mittags- und dem Mitternachts-Stundenschlag ausgelöst wird. Dann öffnet sich die innere der beiden Türen im Bogen rechts hinter Christus, und es treten nacheinander die rot und grün gewandeten, etwa 38 cm hohen Figuren des Petrus mit einem Schlüsselbund, des bartlosen Johannes mit einem Kelch, Jacobus d. J.(?), Jacobus d. Ä. mit der Muschel des Pilgers am Hut und einem Stab, Paulus mit länglich kahlem Kopf und ehemals vielleicht einem Schwert heraus. Sie prozessieren vor Christus, wenden sich ihm zu, werden gesegnet und verlassen den Schauplatz durch die innere der beiden Türen im Bogen links hinter Christus. Der letzte in dieser Reihe ist der einfarbig graugrün gekleidete Judas Ischariot mit einem Geldbeutel. Er wendet sich Christus nicht zu, wird auch nicht gesegnet, und vor ihm schließt sich die Tür. Mit dem Rücken zu den Betrachtern und zu Jesus muss er hier verweilen, bis sich die Tür zum nächsten Umgang öffnet.

In den etwas kleineren beiden äußeren Türen der Umgangs-Bögen standen – wie Fotos zeigen – noch nach der Mitte des 20. Jahrhunderts zwei Engelsfiguren. Sie sind leider verlorengegangen.

◁◁ *Historische Aufnahme des Apostelumganges.*

◁ *Details des oberen Gehäuseabschlusses mit zwei Apostelfiguren und der Allegorie der Astronomie. Seitlich wurde das Gehäuse 1641/43 durch Fenster aus flämischem Glas geschlossen.*

Apostel des Umganges an der Uhr in Rostocks Marienkirche:

▷ *Jakobus d. Ä. mit Buch, Stab, Pilgerhut und Muschel,*
▷▷ *Jakobus d. J. (?) mit Buch und ehemals mit (inzwischen abgebrochenem) Schwert oder Walkerstange,*
▷▷▷ *Paulus (?) mit Buch und Schwurhand (?), vielleicht ehemals auch mit Schwert.*

Neben der Präsentation des Heilands und seiner Apostel hat diese Etage eine weitere ikonografische Bedeutung: Christus steht über den Anzeigen der Uhrscheibe und den Angaben der Kalenderscheibe. Er ist Herr über die Zeit und das Licht – vertreten durch ihre Quellen Sonne und Mond – und die Gestirne.

Während die Darstellungen auf der Uhrscheibe den ›kosmischen‹ Teil der Schöpfung illustrieren, sind die der Kalenderscheibe auf das irdische Geschehen und die Zeitabläufe im kirchlichen, öffentlichen und individuellen Leben gerichtet.

Die in evangelischer Zeit zugefügten Evangelistensymbole auf der Uhrscheibe weisen auf die besondere Bedeutung der Evangelien für die Verkündung der Heilsbotschaft von Jesus Christus hin. Insofern verbinden sie die ikonografische Aussage der Apostelreihe mit Christus im Zentrum mit den Aussagen der Uhrscheibe, wie die Weltweisen mit ihren Sentenzen Erde und Himmel verknüpfen.

Die Uhr besaß eine Anzeige nach Westen

Oberhalb der Christusfigur steht im obersten Geschoss der Uhr zwischen den beiden Kartuschen eine dreigeschossige Laterne von 155 cm Höhe. Es gibt eine zweite, ganz ähnliche, aber größere Laterne. Sie stand früher auf dem Rahmen von Schlag- und Musikwerk hinter der kleineren. Da sie vom Betrachter vor der Uhr nicht gesehen werden konnte und darum funktionslos war, wurde sie zur Entlastung des Werkrahmens nach der Restaurierung 1974/77 nicht wieder dorthin gesetzt. Sie steht heute im Obergeschoss des Uhrwerkes gleich hinter der Altarrückwand. Ihr ebener oberer Abschluss lässt möglich erscheinen, dass sie ehemals eine bekrönende Figur trug. Ihre frühere Aufgabe, das Obergeschoss der Uhr nach Westen, in das Kirchenschiff hinein sichtbar zu machen, erlosch, als 1720 die neue, höhere Altarrückwand aufgebaut wurde.

Beide Laternen stammen dem Stil nach von der Erweiterung und Instandsetzung 1641/43. Wenige Jahrzehnte zuvor war 1621 eine mit der Monumentaluhr in Verbindung stehende, über dem Altar nach Westen zeigende Stundenuhr an die Westwand des Kirchenschiffes »mitten unter die grosse Orgel gebracht« worden (Vicke Schorler). Sie muss damals ein eigenes Werk erhalten haben, das wohl im Turm untergebracht wurde. Außer den Stunden schlug sie nun auch die Viertelstunden: »Und weil vormals nur der seiger die gantze Stunden oben auf dem thurm zu Sanct Marien geschlagen, so ist der seiger so weit vorendert, das auch in der kirchen sowol auch oben auf dem thurm zu Sanct Marien die vierteil stunden geschlagen, welche vierteil stunden von den 13. Maij erstmals auf dem thurm

und in der kirchen von dem engel und der Marien seint geschlagen worden. Mit der stoffirung (Ausstaffierung, Gestaltung) des neuen gebeudes und werckes in der kirchen hat es sich vorweilet bis auf den tag vor Weinachten, da es dan in der kirchen fertig und die stellungen (Gerüste) wiederumb abgebrochen worden sein.« (Ehlers 2000, Notiz 397, S. 96). Für die von Schorler hier genannten Figuren des »engels und der Marien« setzte er offensichtlich voraus, dass

◁ *Das Hauptwerk in seinem eisernen Rahmen ist das Herz des Rostocker Uhrwerks.*

▷ *Spuren am Rahmen des Hauptwerkes der Rostocker Uhr, die auf Veränderungen hinweisen; a) Normales Endstück einer Rahmenstrebe; b) Meißelspuren weisen darauf hin, dass diese Rahmenstrebe verkürzt wurde; c) Dieses Loch und die Kerbe in der eisernen Rahmenstrebe sind heute funktionslos. Es gibt mehrere derartige Spuren an diesem Rahmen.*

sie seinen Zeitgenossen bekannt waren. Daher kann angenommen werden, dass sie schon Elemente am vormaligen Ort dieser Uhr über dem Altar waren.

Im Zusammenhang mit dem Bau der Fürstenloge unterhalb der Orgel 1749/1751 wurde die Uhr dort entfernt (Niehenck 1777, S. 114; Schukowski 2004[2]).

Im Uhrwerk findet sich kein unmittelbarer Beleg für den Antrieb eines westlichen Zifferblattes und eventuell für die Bewegung eines die Stundenglocke schlagenden Engels. Wohl aber gibt es deutliche Spuren von Veränderungen am Uhrwerk: Der eiserne Rahmen wurde verkleinert, wie Meißelspuren an den Enden der nach Westen gerichteten Rahmenstreben zeigen. Der Holzrahmen, auf dem der eiserne Uhrwerkrahmen befestigt ist, bleibt in seinem westlichen Drittel ungenutzt. Auf ihm dürfte(n) ehemals das Werk/die Werke für die Altaruhr und vielleicht für die Bewegung von Figuren gestanden haben.

Aus der Summe dieser Mitteilungen und Feststellungen ergibt sich, dass eine westliche Stundenanzeige und ein Figurenspiel bis 1621 nahezu sicher ist. Ähnliches ist z. B. für die Marienkirche und die Nikolaikirche in Wismar erwiesen.

Zu den Uhrwerken

Die sechs Werke (Hauptwerk, astronomisches Zeigerwerk, Stundenschlagwerk, Kalenderwerk, Musikwerk, Apostelwerk) sind im Uhrgehäuse in drei Etagen angeordnet. Sie stammen aus der Entstehungszeit dieser Uhr um 1472 bzw. ihrer Erweiterung und Restaurierung 1641/43. Die jetzige Pendel-Haken-Hemmung ersetzte 1710 die ursprüngliche Spindel-Waag-Hemmung.

Das Hauptwerk ist das Herz der Uhr. Von ihm wird das Zeigerwerk angetrieben, und es löst das Stundenschlagwerk und das Kalenderwerk (24-stündlich) aus. Vom Stundenschlagwerk werden das Musikwerk und das Apostelwerk (12-stündlich) in Gang gesetzt.

Der Rahmen des Hauptwerkes (1,41 m hoch, 1,22 m breit, 0,79 m tief) besteht aus 29 größeren geschmiedeten Teilen, die durch Keile

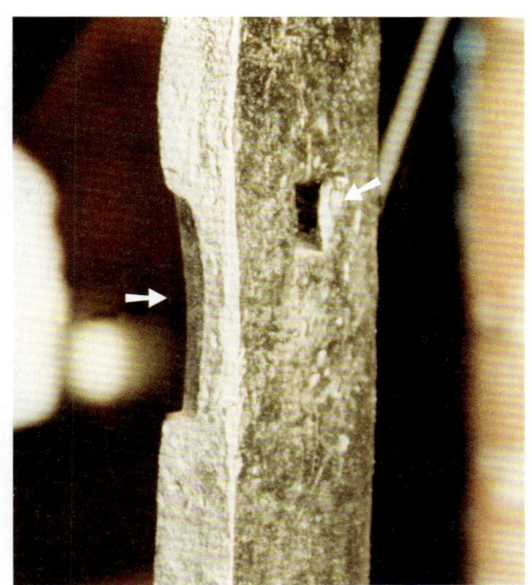

miteinander verbunden sind. Das Werk besitzt neun Zahnräder mit 20 bis 288 Zähnen und sieben Triebe (sechs bis zwölf Zähne bzw. Triebstecken), davon drei Laternentriebe. Das Tagesrad als größtes Zahnrad hat einen Durchmesser von 1,12 m. Das Pendel benötigt für eine Schwingung (Hin- und Hergang) drei Sekunden.

Je ein Zapfen am Stundenrad und am Tagesrad bewirken über Hebel und Seilzüge die Auslösung des in der darüber- bzw. darunterliegenden Etage befindlichen Stundenschlag- bzw. Kalenderwerkes.

Es stehen derzeit noch technologiegeschichtliche Vergleiche und Materialuntersuchungen für die Beantwortung der Frage nach der Entstehungszeit einzelner Werkteile aus. Daher ist die Frage offen, ob Teile des Uhrwerks von 1379 erhalten sind, und was 1641/43 von dem Rostocker Uhrmacher Lorentz Borchardt verändert und zugefügt wurde. Borchardt hatte 1642 eine Reise nach Lübeck und Hamburg unternommen, »umb den Seÿer daselbst zubesehen«. Für seine Arbeit, »das alte Calender= und Zeigerwerck hinterm Chor in Unser Kirchen … zu reparieren, und in vorigen perfectern Standt zu setzen«, erhielt er 335 Gulden, rund 35 Prozent der damaligen Ausgaben für die Uhr. Aus den Formulierungen der erhaltenen Abrechnung von 1643 geht einerseits hervor, dass es sich um Reparatur und Verbesserung des Vorhandenen, nicht um einen Neubau handelte. Andererseits lässt die Höhe der Ausgaben für den Uhrmacher darauf schließen, dass er erhebliche Leistungen erbrachte. Belegt ist, dass Meister Lorentz »die Glocken zur Sing Uhr (Musikwerk) selbst gegoßen« hatte, wofür er 15 Gulden erhielt. Zum Glockenspiel gehören 24 Glocken, eine weitere dient dem Stundenschlag. Ihr Durchmesser liegt zwischen 12,5 cm und 27 cm. Sie wurden 1885 um- oder neu gegossen. Zu vermuten ist, dass Lorentz Borchardt die o. g. Verkleinerung des Rahmens des Hauptwerkes vorgenommen hat, nachdem 1621 die Nebenuhr über dem Altar an die Turminnenwand verlegt wurde. Als sicher darf auch gelten, dass das Musikwerk und das Stundenschlagwerk 1641/43 von ihm neu geschaffen wurden. Nicht auszuschließen ist, dass das Apostel- und das Kalenderwerk noch von der Uhr von 1379/80 stammen.

Die Werke wurden drei Jahrzehnte durch den Küster Siegfried Engel (1936–2000) oder seinen Vertreter von Hand aufgezogen: Täglich müssen die Gewichte des Haupt-, Stundenschlag-, Musik- und Apostelwerkes gehoben werden, während für das Kalenderwerk ein wöchentlicher Aufzug ausreicht. Heute haben Georg Martini und andere diese Aufgabe übernommen.

1974/77 baute der Berliner Metallrestaurator Wolfgang Gummelt eine Mechanik ein, die gestattet, Glockenspiel und Schlagwerk bei Kirchenveranstaltungen und Konzerten auszuschalten, ohne die Uhr anhalten zu müssen.

Literatur

BOMBOWSKI 1988; LAUDAN u. a. 1990; MANN 1885; NATH/SCHUKOWSKI 2005; PREISS 1960; SCHMITT 1992; SCHUKOWSKI 1981, 1983, 1984, 1985, 1990, 1992, 1994, 1995, 1997, 2001, 2004[1,2]; SOFFNER 1994; UNGERER 1931, S. 275 ff.

Die Stendaler Marienkirchuhr

Die Uhrscheibe hängt an der Ostwand des Turmes unter der Orgelempore. Ihr ursprünglicher Platz war zwischen den beiden östlichen Pfeilern des Chorumganges. Dort finden sich noch heute waagerechte Balken, an denen das Zifferblatt befestigt war, und eine Leiter, über die man zum Uhrwerk gelangte.

Ihre unbekannte Geschichte

Stendal gehörte von 1359 bis 1518 zur Hanse. Wie andere Hansestädte der Altmark (Gardelegen, Salzwedel, Tangermünde) lebte Stendal vom landwirtschaftlichen und gewerblichen Fernhandel. Unter der Herrschaft der Hohenzollern verloren die Städte der Altmark im ausgehenden 15. Jahrhundert ihre politischen und wirtschaftlichen Privilegien.

Die Marienkirche, eine dreischiffige Hallenkirche, erhielt ihre jetzige Gestalt in den Jahren von etwa 1420 bis 1447. Es darf angenommen werden, dass aus dieser Zeit auch die Uhr im Hohen Chor stammt. Die Kirche besaß außerdem eine Turmuhr, die 1458 urkundlich belegt ist (Kuhs 1998, S. 3).

Auf die Entstehungszeit und die weitere Geschichte der Monumentaluhr kann nur indirekt geschlossen werden. Es sind bisher keine Belege über sie bekannt, ausgenommen eine »Acta des Magistrats in Stendal betreffend die astronomische Uhr in der Kirche St. Marien zu Stendal« von 1856/57 (Stadtarchiv Stendal. K-V-99-15). Aus solchen Schlüssen kann unter Berücksichtigung der Baugeschichte von St. Marien folgende »Uhrengeschichte« vermutet werden: Die Uhr wurde im zweiten Viertel des 15. Jahrhunderts nach dem Beispiel anderer Uhren in Hauptpfarrkirchen hansischer Städte (Lübeck, Rostock, Stralsund, Wismar) unter Verwendung traditioneller und neuer Elemente erbaut.

Mit dem wirtschaftlichen Niedergang Stendals im 16. und 17. Jahrhundert verkam sie, wobei die Reformation nicht ohne Einfluss war. Irgendwann im 17. oder 18. Jahrhundert wurde die Uhrtafel (vielleicht auch die Werkreste) unter die Orgelempore von 1580 gebracht und war dort vor allem Zierelement. Im 18. und 19. Jahrhundert sind mehrere Versuche anzunehmen, die Uhr wieder in Gang zu setzen. Belegt ist durch die oben genannte Akte, dass der Unterküster und Musikus Louis Zimmermann 1856 das Werk der Uhr herrichtete und die Uhr in Gang setzte. Das »Altmärkische Intelligenz- und Leseblatt« berichtete unter dem 12. September 1856: »Unter dem Schülerchor der St. Marienkirche befindet sich ein altes künstliches Uhrwerk. Von demselben waren nur noch übrig: 1 Rad und Trieb, das Zifferblatt und die Zeiger. Endlich nach etwa 300 Jahren ist diese astronomische

Die Uhrscheibe in Stendals Marienkirche. Diese Aufnahme wurde um 12 Uhr gewonnen. Es herrschte zunehmender Halbmond. Die Sonne stand an der Grenze der Zeichen Schütze und Steinbock (21. Dezember).

Uhr nach der jetzigen astronomischen Rechnung berechnet und neu gebaut worden … Das Gangwerk der Uhr und der Mechanismus der Zeigerwerke besteht aus 29 Rädern und Trieben, von welchen das eine Trieb an 300 Stecken hat (gemeint ist offenbar das Stiftenrad mit 263 Stiften. M. Sch.). – Der Mathematicus am hiesigen Gymnasio, Herr Oberlehrer Dr. Eitze hat die Berechnungen geprüft, sie richtig befunden, und darüber ein Zeugniß ausgestellt, welches sich zur Zeit in den Händen des Wohllöblichen Magistrats befindet. Jenes großartige Uhrwerk ist eine seltene Zierde der St. Marienkirche, und macht seinem beharrlichen Erbauer viel Ehre.« (a. a. O. S. 377)

Louis Zimmermann wurde der vereinbarte Lohn trotz des Zeitungslobes vorenthalten. Andererseits wurde ihm durch die Königliche Regierung in Magdeburg der Titel »Großuhrmacher« verliehen (Kuhs 1998 S. 3 f.). Er soll sein Werk selbst wieder zunichte gemacht haben. Vielleicht fehlte darum 1975 die Hemmung? Später fand man ihn in einem Gewässer; sein Tod blieb unaufgeklärt. Unbekannt ist auch, welche Rolle ein C. Stachow bei Zimmermanns Arbeiten spielte, dessen Name sich nebst der Jahreszahl 1856 auf einer Welle findet.

Das größte Verdienst um die Wiederherstellung des Werkes und die Wiederingangsetzung der Uhr gebührt dem Stendaler Goldschmiedemeister Oskar Roever. Der ehemalige Zahnarzt und Uhrenkenner Ernst Werner, damals in Beelitz wohnhaft, hatte den Kirchgemeinderat 1975 auf die Uhr aufmerksam gemacht. Daraufhin entdeckten Roever und sein Sohn Detlev in einer Kammer hinter der Uhrscheibe – die damals allgemein als bloßes Schaustück gehalten wurde – wesentliche Teile des alten Uhrwerkes. Oskar Roever sicherte, säuberte, zerlegte und dokumentierte das Werk, komplettierte es, z. B. mit einer Hemmung aus einem anderen alten Turmuhrwerk, einem neuen Pendel, neuen Zeigerwellen und einem Aufzugsmechanismus, arbeitete die vorhandenen Teile auf und setzte alles wieder zusammen. In hartnäckiger zweijähriger Arbeit gelang es ihm, der Uhr neues Leben einzuhauchen. Seinem und seines Sohnes Einsatz, auch für die laufende Wartung, ist es zu verdanken, dass diese Uhr nun schon über drei Jahrzehnte einwandfrei läuft.

Die merkwürdige Gestaltung der Uhrscheibe, ihre astronomischen Anzeigen und die Schlüsse daraus

Die quadratische Uhrscheibe mit drei Metern Seitenlänge ist vorherrschend in den Farben Schwarz, Braun und Gold gehalten. Ihr Ziffernring zeigt zweimal die Ziffernfolge I bis XII in gotischen Minuskeln. Der Stundenzeiger umrundet den Ziffernring ihn täglich einmal. Der Minutenzeiger – ein Zusatz, der der Uhr kaum vor dem Ausgang des 17. Jahrhundert zugefügt worden sein kann – macht einen Umlauf in zwei Stunden. Zu den vollen Stunden zeigt er senkrecht nach oben oder nach unten, zur halben Stunde waagerecht nach links oder rechts. Solche Eigenart am Minutenzeiger einer Uhr könnte darauf hindeuten, dass er in der Frühzeit der Minutenzeiger zugefügt wurde, als sich spätere Normen – »zur vollen Stunden zeigt der Minutenzeiger senkrecht nach oben« – noch nicht verfestigt hatten. Der sehr frühe Minutenzeiger an der Uhr von 1627/28 im Lübecker Dom weist zur vollen Stunde bis heute senkrecht nach unten!

Nach innen schließt sich an den Stundenring ein Ring mit 96 farblich unterschiedlichen Segmenten an. Dieser Ring ist ein Rudiment aus jener Zeit, als die Uhr noch keinen Minutenzeiger besaß und das Weiterrücken des Stundenzeigers von Segment zu Segment die Viertelstunden angab.

Die Stendaler Uhr hängt unter der Orgelempore.

Dann folgen zwei Ringe mit den Namen und den Bildern der zwölf Tierkreiszeichen. Der innerste, schmale Ring teilt den Tierkreisring von fünf zu fünf Grad in 12 x 30°. In jedem der zwölf Felder ist angegeben, ob das Zeichen ›gut‹, ›neutral‹ oder ›schlecht‹ ist, z. B.

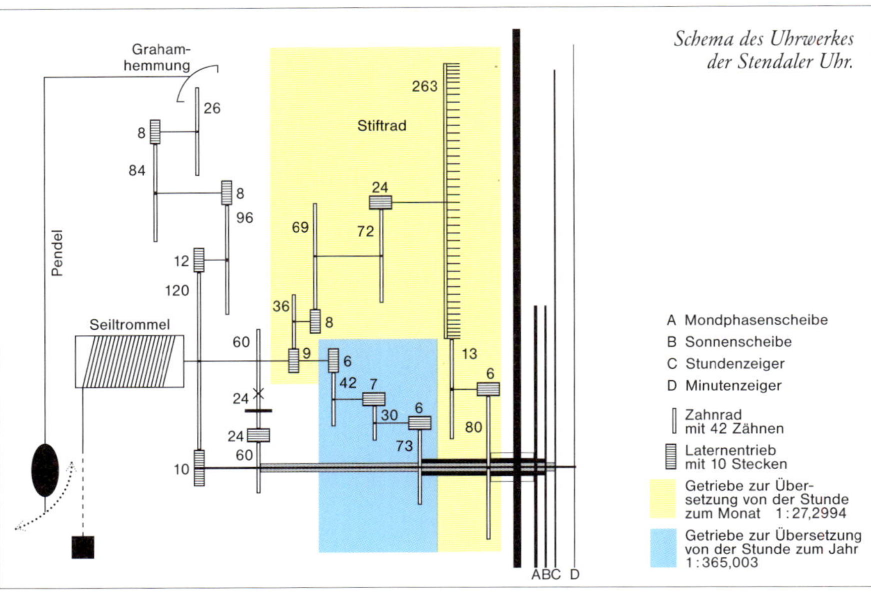

Schema des Uhrwerkes der Stendaler Uhr.

◁ Am ehemaligen Aufstellungsort hinter dem Hauptaltar sind deutliche Spuren erhalten.

CAPRICORNI EST SIGN MALU. Bis auf die Zwillinge (INDIFFERENS) entspricht die Wertung in Stendal genau der, die sich an der Domuhr in Münster findet. Im Schriftband des Löwen hat Detlev Roever jüngst die Jahreszahl 1552 entdeckt. Außerdem findet sich in fast allen Zeichen das im Mittelalter symbolträchtige Ω (Omega). (O. Roever in einem Brief vom 23. November 2004 an den Verfasser) Die Jahreszahl kann aus mehreren Gründen nicht das Baujahr der Uhr angeben, sondern bezieht sich vermutlich auf eine Wiederherstellung oder Veränderung.

Im Zentrum der Uhrscheibe liegen zwei Scheiben drehbar übereinander. Die oberste, die Sonnenscheibe, rotiert einmal jährlich. Die darunterliegende Scheibe, auf der durch einen kreisförmigen Ausschnitt in der Sonnenscheibe das Bild der Mondphase zu sehen ist und die darum als Mondphasenscheibe bezeichnet wird, dreht sich in 27,3 Tagen einmal. Nach jeweils 29,5 Tagen erreichen beide Scheiben wieder dieselbe Stellung zueinander. Im Ausschnitt wiederholt sich mit dieser Periode das Phasenbild.

An der Sonnen- bzw. der Mondphasenscheibe ist je ein Zeiger mit einem Sonnen- bzw. Mondbild befestigt. Der Sonnenzeiger bewegt sich in einem Jahr durch den Tierkreis, der Mondzeiger in einem siderischen Monat. Sie zeigen an, in welchem Zeichen sich Sonne und Mond gerade befinden. Die an den Scheiben entgegengesetzt zum Sonnen- und zum Mondzeiger angebrachten Sternzeiger haben keine Anzeigefunktion. Sie gleichen die Drehmomente des Sonnen- und des Mondzeigers auf die jeweilige Scheibe aus.

Nach der Art ihrer astronomischen Anzeigen gleicht diese Uhr denen von Danzig (1463/70) und Rostock (um 1472). Allerdings drehen sich die Sonnen- und die Mondphasenscheibe in Stendal im Zeigersinn. In Danzig und Rostock bewegen sie sich im Gegenzeigersinn. Daher verläuft die Folge der Tierkreiszeichen an der Stendaler Uhr spiegelbildlich zu denen von Danzig und Rostock.

Wie an den Uhren des älteren hansischen Typs (Doberan, Lübeck, Lund, Stralsund), die zwischen 1390 und vor 1435 erbaut wurden, sind in den Ecken der Uhrscheibe Gelehrtenbilder mit Schriftbändern in Latein zu finden. Ihre Namen werden nicht genannt. Ihre Sinnsprüche sind gegenüber denen von Stralsund und Doberan kritischer gegenüber der Astrologie: »Die Sterne machen geneigt, aber sie zwingen nicht« (l. o.); »Die Verlautbarungen der Astrologen sind nicht unabänderlich« (r. o.); »Zeiten werden zu Zeichen und Tage zu Jahren« (l. u.) und »Fürchtet nicht von den Zeichen des Himmels, was die Heiden fürchten« (r. u.). (→ Lateinische Inschrifen)

So nimmt die Stendaler Uhr – abgesehen von dem später zugefügten Minutenzeiger – eine Zwischenstellung gegenüber den Uhren des älteren und des jüngeren Typs ein. Das passt zeitlich auch zur Baugeschichte der Stendaler Marienkirche und bestärkt die Auffassung von einer Entstehung im zweiten Viertel des 15. Jahrhunderts.

Detail des Uhrwerkes in der Stendaler Marienkirche.

Zum Uhrwerk

Das von Oskar Roever aufgefundene, komplettierte und wiederhergestellte Werk enthält Bauteile verschiedener Epochen. In ihm sind 15 Zahnräder mit 24 bis 120 Zähnen, ein Stiftrad mit 263 Stiften, zwölf Triebe mit zwölf bis 24 Zähnen bzw. Triebstecken und 16 Wellen oder Achsen in einem eisernen, verschraubten Rahmen verarbeitet. Das Pendel hat eine Länge von 3,25 m, die Masse der Pendellinse beträgt 14 kg.

Die vom Verfasser 1985 gemessene Schwingungsdauer des Pendels von T = (3,47 ± 0,01) s stimmt gut mit der theoretischen von 3,46 s überein. Denn das Minutenrohr, das sich in zwei Stunden (= 7200 s) einmal dreht, ist im Verhältnis von 1 : 2.080 untersetzt: 7200 s/2080 = 3,461538… s. Das Werk wird alle fünf Tage von Oskar oder Detlev Roever oder ihrem Vertreter aufgezogen.

Literatur

BOER/STROHMAIER 1979; FASSBENDER 1995; KUHS 1998; SCHMITT 1992; SCHUKOWSKI 1985; ZANDER 1980[4] – Bei UNGERER 1931 ist die Uhr in der Stendaler Marienkirche nicht enthalten.

Die Uhr in der St.-Nikolaikirche Stralsund

Die Uhr befindet sich im Scheitel des Chorumganges zwischen den beiden östlichen Pfeilern mit der Schauseite nach Osten.

Aus ihrer Geschichte

Diese Uhr trägt ihre ›Geburtsurkunde‹ bei sich. In einer Schriftzeile unterhalb des Zifferblattes steht in Latein: »Im Jahre 1394, am Tage des Heiligen Nicolaus (6. Dezember), wurde dies Werk von Nicolaus Lillienveld vollendet. Betet für die Verfertiger und Stifter, welche es mit Fleiß geschaffen haben« (→ Anhang Lateinische Inschriften). Diese Inschrift übermittelt wichtige Nachrichten:

✧ Den Tag der Vollendung der Uhr, besser wohl: den Tag ihrer Weihe, der feierlichen Aufnahme in die Ausstattung der Nikolaikirche: 6. Dezember 1394, Festtag des Schutzheiligen der Nikolaikirche, gleichzeitig Namenstag des Erbauers. Dieser Tag fiel 1394 auf einen Sonntag.

Die astronomische Uhr gehört damit zu den ältesten erhaltenen Ausstattungsstücken der Stralsunder Nikolaikirche.

✧ Den Namen des Erbauers, zutreffender: des ›Auftragnehmers‹; denn am Bau waren Handwerker verschiedener Gewerke beteiligt, eben »die Verfertiger«. Lillienveld darf man als den ›geistigen Vater‹ der Uhr bezeichnen, insbesondere ihrer technische Ausstattung und Gestaltung. Die Wünsche der Auftraggeber, vielleicht auch der Stifter, gaben die Richtung, die danach vom Uhrmacher und den ungenannten Zimmerleuten, Tischlern, Schmieden, Malern und sonstigen Helfern umgesetzt wurden.

Nicolaus Lillienveld könnte zwischen 1350 und 1365 geboren sein. Seine Herkunft ist ebenso unbekannt, wie sein Todesort und -jahr, das zwischen 1418 und 1435 zu vermuten ist. 1396 ist er urkundlich als Uhrmacher und kluger, geachteter Rostocker Bürger (»orologista«, »homo discreta«, »opidani in Rozstok«) belegt. Nach obiger Annahme wäre er damals zwischen 31 und 46 Jahre alt gewesen. Urkundlich belegt ist sein Wirken ferner als Architekt und Wasserleitungsbauer um 1406 für die Kartause Marienkrone in Pommern (»horologista de Roscztok«) und vor 1620 als Erbauer einer Wasserleitung in Stralsund, wofür er 570 Mark erhielt (Stralsunder Liber memorialis S. 106, Nr. 525). Zu dieser Zeit wäre er bei dem angenommenen Geburtszeitraum etwa 55 bis 70 Jahre alt gewesen. Dass Nicolaus Lillienveld am Bau der astronomischen Uhren von Doberan (1390) und Lund (um 1424) Anteil hatte, wird durch Analogien in der Gestaltung der erhaltenen Teile dieser Uhren gestützt, bleibt aber zunächst eine Hypothese.

Historische Aufnahme der Uhr in der Stralsunder Nikolaikirche, vor 1942.

Die Uhr in der Stralsunder Nikolaikirche, Zustand 2003.

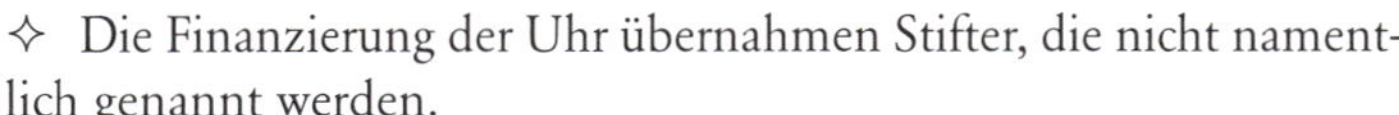

✧ Die Finanzierung der Uhr übernahmen Stifter, die nicht namentlich genannt werden.

Die »Vollendung« 1394 ist relativ zu sehen. Das geplante Kalendarium blieb unvollendet. Lediglich der Ort an der Uhr und das Schutzgitter für die Kalenderscheibe sind vorhanden. Die Scheibe selbst fehlt, und es gibt auch keinerlei Spuren, die auf eine Halterung oder ein Kalenderwerk hindeuten. Wie Untersuchungen zeigten (Schmitt/Schukowski 2000), waren weder ein Figurenspiel noch ein Musikwerk vorgesehen. Der Stundenschlag hat sich wohl auf einen Glockenschlag jede Stunde beschränkt. Auch die Ausführung der Uhrscheibe als gemaltes und nicht als geschnitztes Kunstwerk bestärkt die Auffassung, dass beim Bau der Uhr finanzielle Grenzen

Die »Geburtsurkunde« an der Stralsunder Uhr.

Anfang der Schriftzeile: Anno dm m ccc xc llll In die sa nicolai ….

ihren Einfluss hatten. Nicht unbegründet ist die Auffassung, dass die während der Bauzeit der Uhr in Stralsund eskalierenden Auseinandersetzungen zwischen der kleinen Gruppe der ratsfähigen Familien und den aufstrebenden bürgerlichen Mittelschichten – Kaufleute und Handwerker – um eine Reform der Stadtverfassung nicht ohne Auswirkungen auf die Finanzierung dieser Uhr blieben. Am 21. Februar 1393 wurde Karsten Sarnow, 1391/93 Bürgermeister und Gegenspieler Bertram Wulflams in diesen Machtkämpfen, in unmittelbarer Nähe der im Bau befindlichen Uhr auf dem Alten Markt enthauptet – ein einmaliger Vorgang in der Geschichte Stralsunds. Die These Wolfgang Erdmanns, dass im Zusammenhang mit diesen Ereignissen die Jahreszahl in der Inschrift an der Uhr von ›1388‹ (MCCCLXXXVIII) auf ›1394‹ (MCCCXCIIII) verändert wurde, ließe sich nur durch eine Untersuchung der Farbschichten bestätigen oder widerlegen (Erdmann 1997).

So gut der Anfang dieser Uhr dokumentiert ist, so sehr liegt ihre weitere Geschichte im Dunkel. Es gibt keine Unterlagen über Wartungs- oder Reparaturkosten. Es wird vermutet, dass das Uhrwerk beim »Stralsunder Kirchenbrechen« am 10. April 1525, einem Aufstand der Stadtarmen im Zusammenhang mit reformatorischen und sozialpolitischen Auseinandersetzungen, beschädigt wurde. Erwiesen ist das nicht. Das Werk kann schon Schaden genommen haben, als der Blitz 1480 in die Uhr schlug: »… vp St. Gertruden dag (17. März) schlog idt einen grothen donnerschlag vnd besengede de schiuen (die [Uhr]Scheibe) tho sunte Nicolaus …« (Mohnicke/Zober 1833, S. 214). Wahrscheinlich war es ein Wechselspiel von Vernachlässigung und besonderen Ereignissen, das zum dauernden Stillstand führte. Ähnliches gab es auch an anderen derartigen Uhren.

Das Ungewöhnliche und Besondere dieser Uhr besteht darin, dass sie über die Jahrhunderte in ihrer äußeren gotischen Gestalt unverfälscht und nahezu vollständig erhalten blieb. Auch ihr Uhrwerk von 1394 ist in wesentlichen Teilen am originalen Platz ohne jeden Zusatz aus späterer Zeit vorhanden (Vilkner 1980; Schmitt/Schukowski 2000). In diesem Sinne ist die Stralsunder astronomische Uhr einmalig in Europa. Nirgendwo gibt es eine monumentale Uhr aus dem Anfangsjahrhundert des Uhrenbaus, bei der Gehäuse und Werk in solcher Vollständigkeit original erhalten sind.

Nach den Bombenangriffen vom Frühjahr 1942 auf die Küstenstädte Lübeck und Rostock wurden auch in Stralsund Auslagerungsfestlegungen getroffen. Das Zifferblatt der astronomischen Uhr ist im August 1942 zusammen mit anderen Ausstattungsstücken der Stralsunder Kirchen in den Turm der Marienkirche Grimmen gebracht worden. Von dort kehrte es nach dem Kriege an seinen alten Aufstellungsort zurück. Dagegen sind die gotischen Verzierungen des Zifferblattes verlorengegangen, die 1894 wiederhergestellt und ergänzt worden waren. Ihre Spuren haben sich in der Nachkriegszeit verloren.

Zum 600-jährigen Jubiläum der Weihe dieser Uhr wurden Gehäuse und Werk behutsam restauriert. Dabei wurde nichts zugefügt und nichts fortgenommen.

Das Uhrenäußere und seine Anzeigen

Der quadratischen **Uhrscheibe** von 3,98 m Seitenlänge ist ein Stundenring von 3,54 m Durchmesser mit zweimal den Ziffern I bis XII in gotischen Minuskeln eingeschrieben. Nach innen schließt sich ein schmaler Ring an, der in 72 Abschnitte unterteilt ist. Diese Dreiteilung jeder Stunde ist eine Eigentümlichkeit der Stralsunder Uhr. (In Lund ist jede Stunde in vier, in Doberan in sechs Abschnitte geteilt; in Wismar waren es vier Segmente.) Der Zweck des nächsten, breiten 24-teiligen Ringes ohne weitere Kennzeichnung ist unbekannt. Die in ihm zu findenden Wörter »meridies« (Mittag, Süden), »occide(n)s« (Westen), »septentrio« (Norden) und »oriens« (Osten) stehen in Beziehung zu den Linien der Grundscheibe eines Astrolabs, das den zentralen Teil der Uhrscheibe ausmacht. Es enthält:

✧ Sieben konzentrische Kreise, von denen der 1., 4. und 7. golden, die übrigen rotbraun sind. Die Beschriftungen an den Ringen lauten von außen nach innen:

- tropic cancri (Wendekreis des Krebses)
- circul geminorr + leonis (Ring der Zwillinge und des Löwen)
- circul tauri + virginis (Ring des Stieres und der Jungfrau)
- circul arietis + libre sive equinoxcialis (Ring des Widders und der Waage oder der Äquinoktien /Tag-und-Nacht-Gleiche/)
- circul piscii + scorpionis (Ring der Fische und des Skorpions)
- circul aquarii + sagitarii (Ring des Wassermanns und des Schützen)
- tropic cap/ri/corni (Wendekreis des Steinbocks)

✧ Den nach unten geöffneten Horizontbogen, der das grünliche ›Tagfeld‹ oberhalb des Bogens vom schwärzlichen ›Nachtfeld‹ trennt. Nach innen schließt sich an den Horizontbogen ein weißer, in das Nachtfeld verwaschen auslaufender ›Dämmerungsbogen‹ an. Am Horizontbogen steht Stralsunds geografische Breite: 54 gd 25 m (moderner Wert 54°18′).

✧ Elf Bögen der temporalen Stunden im Tagfeld. An ihrem äußeren Ende stehen die arabischen Ziffern 1 bis 11. Der Horizontbogen ist in diese Anzeige der ungleich langen Stunden einbezogen: In seiner linken (östlichen) Hälfte gibt er die temporale Stunde »Null« (Sonnenaufgang; Beginn der hora prima), in seiner rechten (westlichen) Hälfte die temporale Tagesstunde »12« (Sonnenuntergang; completorium) an.

Über dieser Bemalung und Beschriftung der Grundscheibe bewegten sich zwei stabförmige Zeiger: Der Sonnen(= Stunden)Zeiger und der Mondzeiger. Zu den ›Zeigern‹ ist außerdem der kreisförmige, exzentrische Tierkreisring zu rechnen. Von seinem Drehpunkt aus

Das Zifferblatt der Stralsunder Uhr.

ist der Kreisring in je 30° geteilt, so dass zwölf unterschiedlich breite Abschnitte auf dem Tierkreisring entstehen: In Drehpunktnähe sind sie schmal (Tierkreiszeichen Schütze und Steinbock), in Drehpunktferne sind sie breiter (Tierkreiszeichen Zwillinge und Krebs). Jedes der Tierkreiszeichen ist am Außenrand in sechs Abschnitte geteilt, von denen jeder zweite mit »10«, »20« bzw. »30« (Grad) bezeichnet ist.

Ehemals drehte sich der Sonnenzeiger in 24 Stunden einmal, der Mondzeiger in 24 h 50 min 31,6 s und der Tierkreisring in 23 h 56 min 5,9 s. Die unterschiedliche Winkelgeschwindigkeit der drei Zeiger bewirkte, dass sie ihre Lage zueinander täglich veränderten: Der Sonnenzeiger blieb gegen den schnelleren Tierkreisring um knapp 1°, der Mondzeiger um mehr als 13° zurück.

Die Örter des Sonnen- und des Mondzeigers über dem Tierkreisring zeigten den Stand von Sonne und Mond in den Tierkreiszeichen an.

Im Drehzentrum des Sonnenzeigers befindet sich ein 24-zähniges Kronrad. Das darüberliegende Stück der einen Mondzeigerhälfte ist gekröpft. Hier endete früher die mit dieser Mondzeigerhälfte

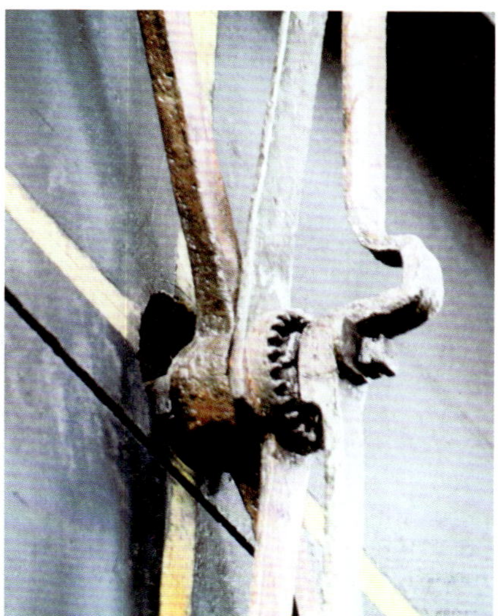

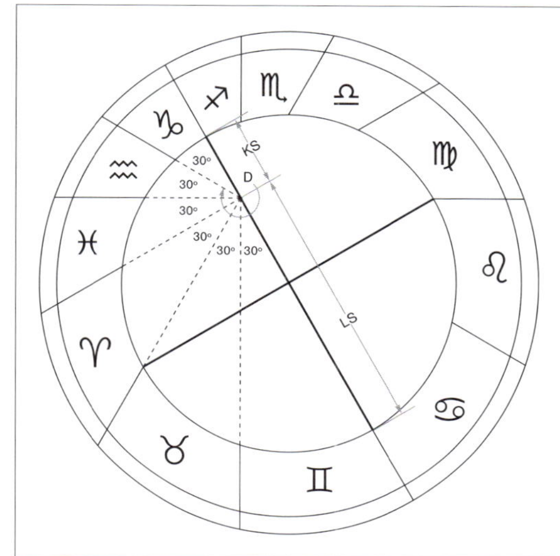

▹ Detail im Drehzentrum der Uhrscheibe in Stralsunds Nikolaikirche. Das Kronenrad auf der Sonnenzeigerwelle und die gekröpfte Mondzeigerhälfte belegen die Art der ehemaligen Mondphasenanzeige.

▹▹ Schematische Darstellung der Tierkreiszeiger bei den Uhren mit südlichem Astrolab (Lund, Stralsund; ehemals auch Doberan, Lübeck und Wismar). Jedes Zeichen nimmt – vom Drehpunkt D aus – einen Sektor von 30° ein. Bei drehpunktnahen Zeichen (Schütze, Steinbock) ist der zugehörige Kreisring schmaler als bei drehpunktfernen Zeichen (Zwillinge, Krebs). Bei Uhren des nördlichen Astrolabs (Münster) ist es umgekehrt.

verbundene Welle der Mondphasenkugel in einem 24zähnigen Rad. Da sich Sonnen- und Mondzeiger unterschiedlich schnell bewegten, rollte das Zahnrad des Mondzeigers auf dem des Sonnenzeigers ab und drehte dabei die am Ende des Mondzeigers befindliche Mondphasenkugel.

Es ist anzunehmen, dass sich an dem einen Ende des Sonnenzeigers früher ein Sonnenbild befand. Bei Neumond standen Sonnenbild und Mondphasenkugel übereinander. Bei Vollmond standen sie sich im gestreckten Winkel gegenüber. Bei zunehmendem oder abnehmendem Halbmond bildeten sie einen rechten Winkel. Die Mondphasenkugel zeigte das jeweilige Phasenbild an.

Der Ort des Sonnenzeigers über dem Außenrand des Tierkreisringes ergab die Zeit und die Himmelsrichtung des Sonnenaufganges und -unterganges (Analog für den Mondzeiger: ... des Mondaufganges und -unterganges) sowie die temporale Tageszeit.

Die Darstellung der Gesetze der himmlischen Welt auf der Uhrscheibe wird ergänzt von den lateinischen Sprüchen der »Weltweisen« Ptolemäus (o. l.), Alfons X. von Kastilien (o. r.), Hali (u. l.) und Albumasar (u. r.):

Das Niedere wird vom Höheren gelenkt (o. l.)

Die Bewegung der Sonne und der Planeten findet in schrägem Kreise statt (o. r.)

Der Tag ist die Erhebung der Sonne über den Horizont (u. l.)

Der Weise wird sich von den Sternen leiten lassen (u. r., → Anhang Lateinische Inschriften).

Bis zu ihrer Auslagerung 1942 war die Uhrscheibe oben und unten mit reich ornamentierten hölzernen Bogenfriesen und seitlich mit hölzernen Fialen geschmückt. In der Mitte des oberen Frieses thronte Gottvater in einer geschnitzten Nische. In der Mitte des unteren Frieses befanden sich in einer kleinen Nische Schnitzfiguren mit Christus am Kreuz zwischen den beiden Marien (die Figuren der unteren Nische fehlten 1942 schon). Dieser verlorene Zierrat nahm der Uhrscheibe viel von ihrer heutigen Nüchternheit. Mit den Figuren ist ein wesentlicher Teil der ikonografischen Aussage verlorengegangen.

Die linke **Seitenwand des Uhrengehäuses** ist mit teils gemalten, teils durchbrochenen Fenstern verziert. In einem davon ist in Höhe des Uhrwerkes das Bildnis eines bärtigen Mannes in mittlerem Alter mit Barett und Stulpenärmeln gemalt. Er stützt sich auf das Sims des gleichfalls gemalten Fensterrahmens. Wachen Blickes schaut er auf die Besucher der Uhr. Es darf begründet angenommen werden, dass sich hier das Bildnis des Nicolaus Lillienveld erhalten hat. Wer sonst hätte das Recht, aus dem Uhrwerk auf das Treiben an der Uhr zu blicken?

Der **Raum unterhalb der Uhrscheibe** ist 2,14 m hoch und 2,46 m breit. Durch eine viertelkreisförmige Hohlkehle sind beide miteinander verbunden. In der Mitte begrenzt ein ehemals vergoldetes Gitter, das denen der Chorbegrenzung ähnelt, den Raum, für den die Kalenderscheibe vorgesehen war. Zwei Pfosten links und rechts des Gitters tragen den Oberbau der Uhr. Bei der Entfernung einer Übermalung der hölzernen Teile des Unterbaus kamen 1894/96 die

Die »Weltweisen« Hali (Ibn Ridwan) und Albumasar mit ihren Sprüchen.

Symbolfiguren des »Morgen« und des »Abend« mit ihren Sinnsprüchen.

o. g. »Geburtsurkunde« und zwei Tafelbilder zum Vorschein, die den Kalenderraum links und rechts gegen die Chorpfeiler abschließen. Die Bilder sind 1,37 m hoch und 0,52 m breit. Sie zeigen zwei bärtige Männer mit Kappen und langen Gewändern und mit Spruchbändern. Der linke drückt mit der linken Schulter und dem Arm von innen gegen eine Tür und öffnet sie. Er gilt als Sinnbild des Morgens. Der rechte zieht mit seiner rechten Hand eine Tür hinter sich zu und wird als Abend gedeutet. Beide weisen mit dem Zeigefinger einer Hand auf die lateinischen Texte ihrer Spruchbänder:
Nach Gott sind Sonne und Mond das Leben aller Lebenden (l.; s. a. Schriftband des Albumasar in Doberan)
Der Tag bietet in der Frühe reiche Gaben, endet aber oft übel (r.; → Lateinische Inschriften).

Zum Uhrwerk

Durch die Zeiten hielt sich hartnäckig die Auffassung, vom Werk der Uhr seien nur noch Reste vorhanden. Ungewollt wurde damit suggeriert, es lohne nicht, über ihre Instandsetzung nachzudenken. So schrieb beispielsweise Hagemeister 1895: »Das Uhrwerk ist jetzt meistenteils beseitigt.« Bei Maurice 1976 (!) heißt es gar: »Von der astronomischen Uhr im Chorumgang ist allein nur noch das Zifferblatt erhalten.« (Klaus Maurice, Die deutsche Räderuhr. München 1976, B. II S. 4) Es war das Verdienst Hans Vilkners, das Werk untersucht und als erster ernsthaft über seine Komplettierung nachgedacht

Uhrwerk von 1394 vor der Restaurierung von 1994.

zu haben (Vilkner 1980). Er kam zu dem Resultat, dass die vorhandenen fünf Zahnräder, das einfache und das Doppeltrieb, die fünf Wellen und zwei Seiltrommeln nur durch ein 366er Zahnrad und ein Doppeltrieb (beliebige, aber gleiche Zahnzahl) sowie die Waag zu ergänzen seien. Mathematisch ergibt das gemäß seinem Vorschlag komplettierte Werk die geforderten Zeigerbewegungen. Allerdings ergaben detaillierte Untersuchungen vor Ort (Schmitt/Schukowski 2000), dass die von Vilkner vorgeschlagene Lösung am Objekt so weder jemals realisiert war noch hätte realisiert werden können. Hinsichtlich der zwingenden Gründe für diese Feststellung, deren Darlegung den Rahmen dieses Buches sprengen würde, sei der technisch speziell Interessierte auf Schmitt/Schukowski 2000 verwiesen. Der entscheidende Unterschied zur Vilknerschen Lösung – soviel sei hier gesagt – besteht in folgendem: Das hypothetische 366er Zahnrad, für das im Werk kein Platz vorhanden ist, wird durch ein Doppeltrieb (76/112 Zähne) als Tierkreisantrieb ersetzt. Betont sei, dass das Vilknersche Verdienst, mit einem langjährigen Vorurteil aufgeräumt zu haben, von den jüngeren Schlussfolgerungen nicht beeinträchtigt wird. Die große Leistung Meister Lillienvelds bestand eben darin, mit einem überraschend einfachen Werk komplizierteste Naturvorgänge in analoge Zeigerbewegungen umgesetzt zu haben.

Der obere Teil der Uhrscheibenrückwand sowie der beiden seitlichen Innenwände des Uhrwerkraumes sind ornamental bemalt. Offenbar war dieser obere Teil des »Uhrenkastens« ehemals über den Altar

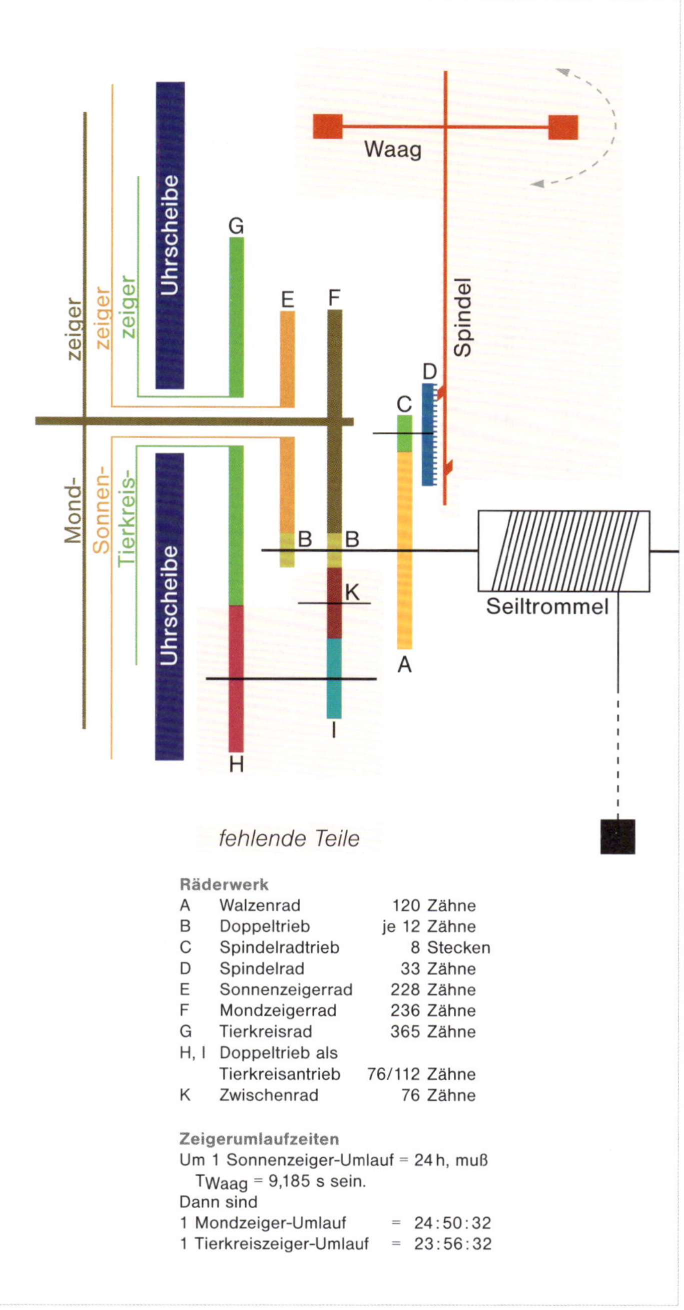

Schema des Uhrwerkes der astronomischen Uhr in Stralsund (nach Schmitt/Schukowski 2000).

Ornamentaler Schmuck an den oberen Flächen im »Uhrenkasten«, Indiz dafür, dass diese Teile ehemals aus dem Kirchenschiff zu sehen waren.

hinaus aus dem Kirchenschiff einsehbar und wurde darum verziert. Damit stimmt überein, dass die Altarrückwand bis etwa 1500 wesentlich niedriger war als heute.

Literatur

BOER/STROHMAIER 1979; HAGEMEISTER 1895; HASELBERG 1902, S. 517 f.; LANGE 1992; SCHMITT/SCHUKOWSKI 2000; SCHUKOWSKI 1982, 1984, 1988, 1994 (3 x); UHSEMANN 1924², 1936; UNGERER 1931, S. 285 ff.; VILKNER 1980; WÅHLIN 1928

Astronomische Uhren in Stralsunds Jakobikirche und in der Marienkirche?

Stralsund war eine führende Stadt der Hanse und nahm auch hinsichtlich der Uhrmacherei schon früh einen besonderen Platz ein. Nach dem für 1376 belegten Uhrwerk, das von dem Uhrmacher Ulryk Krusen betreut wurde, entstanden in Stralsund bald weitere öffentliche Uhren: St. Nikolai – 1394; St. Jakobi – um 1400 (?); St. Marien – 1411.

Jakobikirche

Das in wesentlichen Teilen erhaltene und gegenwärtig (2004) zerlegte Uhrengehäuse der Jakobikirche stammt in seiner heutigen Gestalt aus dem Jahre 1673 und wurde damals unter Verwendung des Zifferblattes einer älteren Uhr oder von Teilen eines früheren Zifferblattes von Nicolaus Arpe umgebaut. Damals wurde der ursprüngliche Rahmen durch ein reich verziertes barockes Gehäuse mit fünf größeren, z. T. mechanisch bewegten allegorischen Figuren, einem Halbskelett des Todes und fünf Büsten von Engeln geschaffen (»Niclaus Arpe vndt peter schack habe(n) dieses Vhr staviiere(n) (ausstaffieren) lassen«). In das Zentrum der Uhr wurde das alte Zifferblatt eingefügt. Der Raum unterhalb davon zeigt ein Bild mit Jesus und den Jüngern beim Abendmahl. Wenn dies Zifferblatt aus der Zeit um 1400 stammen soll (Haselberg 1902, S. 400), muss es zuvor eine, zwei oder gar drei andere Bemalung(en) gehabt haben. Es wäre dann das älteste Stück der Uhr und wäre 1673 bei der Um- oder Neugestaltung als historisches Relikt eingefügt worden.

Haselberg stützte seine Datierung auf den Duktus der Ziffern des Stundenringes, die denen der Uhrscheibe in der Nikolaikirche (1394) gleichen. Hagemeister schrieb 1895, dass »neuerdings das Gehäuse einer alten Uhr wieder vom Boden der nordöstlichen Seiten=Kapelle heruntergeholt und in einem Seitenraum aufgestellt« worden sei. Haselberg zufolge stand sie 1902 »neben dem sechsten Joche nördlich«. Für die Vermutung, dass diese alte Uhr nach ihrer Entstehung Astronomisches anzeigte, spricht auch der Aufstellungsort »ehemals hinter dem Hauptaltar« (Hagemeister 1895; Haselberg 1902), obwohl die Jakobikirche keinen Kapellenumgang besitzt und daher der Platz im Ostchor eng bemessen ist. Haselberg berichtete von den »zwölf Thierzeichen im Außenring«, von denen aber auf den ersten Blick nichts zu sehen ist. Sie waren mir darum zweifelhaft, bis mir der Restaurator Reinhard Labs schrieb, dass »bei starkem Seitenlicht durch ihre Erhabenheit einige Tierzeichen (unter der heutigen Farbschicht) zu erkennen« seien (Briefe vom 23. Juni und 26. September 2004). Diese ehemaligen Tierkreiszeichen befinden

Historisches Foto der Uhr in der Stralsunder Jakobikirche mit gotischem Zifferblatt und barockem Gehäuse.

Das Zifferblatt der Uhr in der Jakobikirche, Zustand 2004.

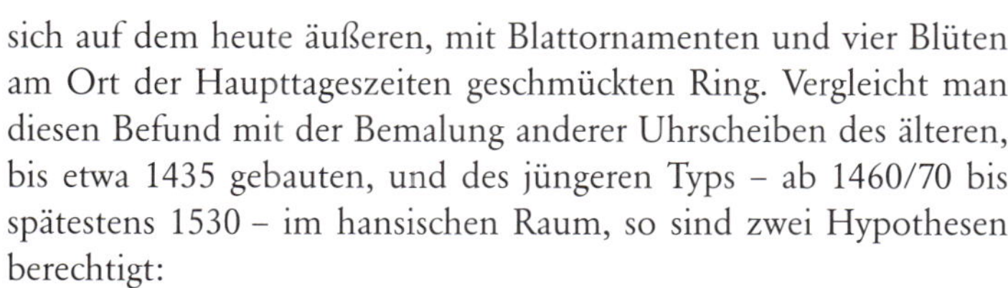

sich auf dem heute äußeren, mit Blattornamenten und vier Blüten am Ort der Haupttageszeiten geschmückten Ring. Vergleicht man diesen Befund mit der Bemalung anderer Uhrscheiben des älteren, bis etwa 1435 gebauten, und des jüngeren Typs – ab 1460/70 bis spätestens 1530 – im hansischen Raum, so sind zwei Hypothesen berechtigt:

1. Die Scheibe stammt von einer Uhr des älteren Typs. Wenn die Haselbergsche Vermutung stimmt, dass die Uhrscheibe aus der Zeit um 1400 stammt – was sich außer der Haselbergschen Begründung auch mit der Stralsunder Uhrengeschichte vertrüge –, dann müssten sich in einer ältesten Bemalung auf der Scheibe Spuren der alten Astrolab-Bemalung finden. Es ist begründet anzunehmen, dass diese Ur-Scheibe größer und rechteckig war und die heutige aus der alten Scheibe herausgesägt wurde (heutiger Durchmesser 2,04 m). Die Reste der Tierkreiszeichen wären dann Teile einer zweiten Fassung (jüngerer Typ). Denn beim älteren Typ gibt es keine auf die Uhrscheibe gemalten Tierkreiszeichen. Sie sind dort vielmehr auf dem Kreiszeiger angebracht. Da aber beim jüngeren Typ der Tierkreisring immer innerhalb des Ziffernringes liegt und er sich heute ganz außen in einem reinen Zierring befindet, ist zu vermuten, dass ein ehemals vorhandener Stundenring bei der Verkleinerung der Uhrscheibe (nach 1550) entfernt wurde.

2. Die Scheibe stammt von einer Uhr des jüngeren Typs. Irrt Haselberg, und die Uhr wurde erst rund ein Jahrhundert später und als

jüngerer Typ erbaut – Ziffern des gleichen Duktus gibt es z. B. auch an der Rostocker Uhr von 1472 –, dann wären die Tierkreiszeichen die ursprüngliche Bemalung und unter ihr wären keine Linien einer älteren Astrolab-Bemalung zu finden. Innerhalb des Tierkreisringes gäbe es dann keine Linien, weil sich dort zwei drehbare Kreisscheiben befunden hätten. Die heutige Fassung mit einem 12-Stunden-Ring kann aus uhrengeschichtlichen Gründen erst ab frühestens 1550, möglicherweise auch erst im 17. Jahrhundert aufgebracht worden sein. Ich halte aber für wahrscheinlich, dass das in der Hansestadt Stralsund vor der Neugestaltung 1673 geschehen ist. Denn in der Rostocker Marienkirche ist eine Uhr mit dem ›modernen‹ Zwölfferring 1621, im Lübecker Dom vor 1628 (möglicherweise schon 1556) und in der dortigen Petrikirche spätestens 1606 erwiesen. Der respektvolle Umgang mit dem alten Zifferblatt, das bei mehreren ›Modernisierungen‹ wieder verwendet wurde und so vielleicht schon sechs Jahrhunderte überdauert hat, lässt ein unbewusstes Empfinden für seine historische Bedeutung vermuten. Es wäre für die weitere Aufhellung der Stralsunder Uhrengeschichte wichtig, die Uhrscheibe bei der beabsichtigten Restaurierung auf ältere Farbschichten hin zu untersuchen. Dann könnten die vorgetragenen Hypothesen weiter geprüft, diskutiert und präzisiert werden.

Marienkirche

Die Annahme, dass auch die dritte der großen Pfarrkirchen Stralsunds, die Marienkirche, ehemals eine astronomische Uhr besessen haben könnte, stützt sich auf Schlussfolgerungen aus nur wenigen Nachrichten. Der Stralsunder Bürgermeister und Vorsteher der Marienkirche, Franz Wessel († 1570), hat handschriftlich auf den Innenseiten der Deckel und den Vorsatzblättern einer Bibel Nachrichten aus alten Chroniken oder aus eigener Anschauung übermittelt (Zober 1870). Darunter sind zwei von Bedeutung für die Vermutung einer ehemaligen astronomischen Uhr:

1. »Anno xiiij^{c} vnd xi (1411) done wordt de seyger (Uhr) gehengeth; de mester hete Gramelow, de dat holtwerck buwete vnd de klocke darup brachte« (Zober a. a. O., S. 514).

Ausführlicher und fast anekdotisch wurde darüber in »Johann Berckmanns Stralsundischer Chronik« (Mohnicke/Zober 1833, S. 175 f.) berichtet: »Anno eodem (1411) do wardt de seyer tho vnser leuen fruwen vpgehenget, wende (denn) dar waß ein gades=mann, de waß ein timmermann, de lath den seyer hengen, de het Gramelowe. Wenn de seyer schloch (schlug), so repen de kinder: ›Gramelow schleit (schlägt)!‹ Wor he se affgahn konde, so gingck he by einem stocke, wenn se dunne repen ›Gramelow schleit!‹, so schloch he se mit sinenn kloweken (Kloben, Holzscheit) vnd sede (sagte): ›nu schleit Gramelowe!‹ – wente idt was ein seltsam mann. Gott wese ehme gnedig!«

Um eine Turmuhr kann es sich nicht gehandelt haben. Denn das Fundament des Westwerks der Marienkirche wurde erst 1416/17 gegraben. In Frage kommen als Standorte für die Uhr von 1411 nur der nördliche Querhausgiebel, an dem sich bis heute ein Zifferblatt befindet, oder der Chorumgang, der klassische Aufstellungsort für monumentale Uhren in hansischen Kirchen.

2. Für diesen letztgenannten Ort spricht eine Mitteilung Franz Wessels, die dieser als Zeitzeuge niederschrieb: »Anno xv^{c} vnd lij (1552) sloch ock ein donnerslach vmme Johanni mithsamers achter deme korhe in de fenster vnd schanferde de ßeygerschiue vnd sloch den ort van deme stene in deme korhe, dar de treppe angheith thomm ciborium. Ock sloch desülve slach bauen der karcken langest her vnd sloch an den thorme vnder den klocken, dat dar mer wen twe lade stens vth fylen langest demm dake hen dale, vnd suß amme kopperdake, so dat men den shaden mit v^{c} marck nowe beteren konde« (Zober 1870, S. 518). (Im Jahre 1552 schlug ein Donnerschlag (Blitz) um Johanni Mittsommers (um den 24. Juni) hinter dem Chor in die Fenster und beschädigte die Uhrscheibe und schlug in den Stein im Chor, an dem die Treppe zum Tabernakel beginnt. Derselbe (Blitz)Schlag schlug auch oben in der Kirche entlang in den Turm unter den Glocken, so dass dort zwei Lasten Steine längs dem Dache herunterfielen, und außerdem am Kupferdach, so dass man den Schaden mit 500 neuen Mark beziffern konnte.) Diese Nachricht ist ein starkes Argument für eine Uhr im Chorumgang. Wenn von ihr heute keine Spuren mehr zu finden sind, sei erinnert, dass die ehemals reich ausgestattete Marienkirche – zur Zeit Franz Wessels verfügte sie über 44 Altäre! – wie keine andere in Stralsund leergeräumt wurde. Die Bilderstürmer des 16. Jahrhunderts, die napoleonische Besatzung zu Anfang des 19. Jahrhunderts – die Kirche wurde damals als Kaserne und Heumagazin missbraucht –, aber auch sorgloser Umgang mit alten, beschädigten oder ›aus der Mode gekommenen‹ Ausstattungsstücken haben diese Kirche völlig geleert.

Anzumerken wäre, dass Johann Berckmann wie Franz Wessel zwar Gramelow, den Zimmermann nennen, leider aber nicht den Namen des Uhrmachers übermitteln. So kann nur vermutet werden, dass auch diese Uhr die Handschrift Nicolaus Lillienvelds trug, der noch 1416/18 als Konstrukteur der Wasserleitung von Garbodenhagen zum Alten Markt in Stralsund tätig war.

Die Wismarer Marienkirchuhr

Im Chorumgang hinter dem Hochaltar mit der Schaufront nach Osten und einem Nebenzifferblatt sowie bewegten Figuren oberhalb des Altars nach Westen.

Aus ihrer Geschichte

Der zeitliche Ursprung der Uhr in der Wismarer Marienkirche dürfte um 1421 liegen, damals wurde eine Stundenglocke für eine Wismarer Kirche gegossen (Schlie 1897, Bd. II, S. 44). Dieses Datum würde sich mit der zeitlichen Einordnung des Typs dieser Uhr gut vertragen.

Ein reichliches Jahrhundert später, in der Nacht vom 23. zum 24. Juli 1539 steckte ein Blitz den Turm der Marienkirche »bauen (oben) vnder deme knope« in Brand. Vom Turm, der »beth nedden yn de grundt« abbrannte, griff das Feuer auf das Dach des Langhauses über. Dabei verbrannten in der Kirche »dat szeygerwerck … vnde dat grote orgelwerk« (Stadtarchiv Wismar, Crull-Coll. Nr. 44). Diese Nachricht gab die Gewissheit, dass es schon vor 1542 in der Wismarer Marienkirche eine Uhr gab. Denn bisher begannen die fast immer knappen Mitteilungen über diese Uhr meist mit dem Jahre 1542.

Damals vereinbarten Stadt und Kirchenvorstand mit dem Uhrmacher Mychelt Sayghert aus Parchim den Neubau einer Uhr. Wenn bisher fast immer »Mychel, Seygermacher aus Parchim« als der Erbauer genannt wurde, so ist das wohl der zufälligen Übereinstimmung von Familiennamen und Berufsbezeichnung geschuldet. In dem Vertrag vom 4. August 1542 (Voller Wortlaut bei Schukowski 1998) heißt es eindeutig: »… myth mester Mychell Saygher, en seyghermaker wanende to Parchym affer en gekamen …«. Meister Saygher (in einer anderen Urkunde: Szeiger) verpflichtete sich zum Bau einer neuen 24-Stunden-Uhr mit Stundenschlag und erhielt dafür 100 Gulden oder 150 Mark sowie ½ Last (690 … 700 kg) bestes schwedisches Eisen (»ossemunde«). Nach getanem Werk wurde er am 13. Februar 1544 entlohnt.

In der zweiten Hälfte des 16. Jahrhunderts sind verschiedenste Ausgaben für Sayghers Uhr belegt: Materialkosten für Seile, Drähte und Uhrwerkteile, Werkzeuge »de man thom seyer bruket« sowie Arbeitslöhne für Zimmermanns-, Seiler-, Maler-, Kleinschmiede- und Uhrmacherarbeiten. Daneben gibt es Belege, dass »dath olde seyerwerck achta dem chur wedder ferdich gemachet«. Offenbar war das durch den Brand und Einsturz von 1539 geschädigte und durch Meister Saygher ersetzte Werk doch wieder hergerichtet worden. Es scheint, als sei man mit dem Uhrwerk des Parchimer Meisters nie recht glücklich geworden.

Die ehemalige Wismarer Marienkirchuhr.

Eine entscheidende Verbesserung wurde durch einen Vertrag vom 13. November 1581 mit dem Lübecker Uhrmacher Jürgen Mußke angestrebt. Er sollte die vorhandenen Uhrwerke reparieren oder erneuern, so »dass halwege, auch fulle werck lofen«. Die Uhr besaß damals offenbar bereits neben dem Werk für die 24-Stunden-Anzeige an ihrer Schauseite (»fulles werck«) ein anderes für eine 12-Stunden-Anzeige oberhalb des Altars nach Westen (»halwege werck«, »halfwage Seier«). Nach den Erfahrungen der vorangegangenen Jahrzehnte wurde in diesen Vertrag eine ›Garantieklausel‹ aufgenommen:

»Geschege eß auch, dass ahn mhergedachten Seier inner halb Jari frist edtwas mangelhaftig wurde, als hadt der Meister dahin obligiret vnd verpflichtet solches für das Capitelgeldt ane ferner vnd anderser Kirchen Verkostung zu vorfertigen.« (Geschehe es, dass an genannter Uhr innerhalb Jahresfrist etwas mangelhaft wird, so hat sich der Meister dazu verpflichtet, solches für das bereits erhaltene Geld ohne weitere und andere Kosten für die Kirche anzufertigen.) Das Uhrwerk wurde nach Lübeck in die Werkstatt von Meister Mußke gebracht und beim Wiedereinbau anders hingestellt als zuvor. Die Garantieverpflichtung scheint gewirkt zu haben. Im Stadtarchiv Wismar finden sich jedenfalls keine weiteren Unterlagen über Werkreparaturen.

Im 17. und 18. Jahrhundert wird die Uhr wie ähnliche andernorts mehr oder weniger lange gestanden haben oder gegangen sein. Mitte des 17. Jahrhunderts erhielt St. Marien eine Turmuhr mit Schlagwerk und vier Zifferblättern, so dass die Uhrzeit nun überall in der Stadt gesehen und gehört werden konnte. Die Kalenderscheibe der astronomischen Uhr erhielt 1749 ihre letzte Beschriftung für einhundert Jahre. Danach ist nicht mehr viel mit ihr geschehen. Schlie handelte sie kurz ab: »Hinter dem Altar hat sich eine mittelalterliche Uhrscheibe sammt einem Planetarium erhalten« und zitierte dann Dieterich Schröder aus dem 18. Jahrhundert (Schlie 1897 Bd. II, S. 44). Und Ungerer konstatierte: »Derzeit ist die ganze Uhr stumm und bewegungslos« (Actuellement toute l'horloge est muette et immobile. – Ungerer 1931, S. 297)

Im April 1945 wurde die Uhr beim Brand der Kirche nach einem Bombenangriff vernichtet. Einzig ihr Mondzeiger hat sich bis heute erhalten.

Aussehen und Anzeige der Uhrscheibe

Die Uhr bestand wie andere Monumentaluhren in hansischen Städten aus dem Zifferblatt, darunter und zurückgesetzt dem Kalenderraum mit der Kalenderscheibe sowie ehemals wohl auch aus einem oberen Figurenteil.

Die hölzerne, quadratische Uhrscheibe hatte drei Meter Kantenlänge. Ihr war ein Stundenring mit zweimal den Ziffern I bis XII eingezeichnet. An ihn schloss sich nach innen ein schmaler Ring mit 96 abwechselnd hell und dunkel gemalten Sektoren, der Viertelstundenring, an. Denn der Stundenzeiger überstrich in einer Viertelstunde einen Sektor.

Die innerhalb dieser Ringe liegende Fläche war in einen helleren oberen Teil, das Tagfeld, und einen dunkleren unteren Teil, das Nachtfeld, geteilt. Die nach unten gebogene Grenzlinie zwischen beiden bezeichnete den Ortshorizont von Wismar. Auf den überlieferten Fotos sind sieben (?) konzentrische Kreise zu erkennen. Der äußerste bildete den Wendekreis des Krebses, der mittlere den Äquator und der innerste den Wendekreis des Steinbocks. Außerdem waren eine durch den Mittelpunkt der Uhrscheibe verlaufende Senkrechte, der Himmelsmeridian und eine Waagerechte, die Ost-West-Linie vorhanden.

Über der Uhrscheibe bewegten sich drei Zeiger: Der stabförmige Sonnen- oder Stundenzeiger drehte sich in 24 Stunden (= 1 Sonnentag) einmal. Er war wie auch der nachfolgend genannte Mondzeiger als Doppelzeiger ausgeführt, der vom Stundenring über das Drehzentrum bis in den entgegengesetzten Teil des Stundenringes reichte. Der Mondzeiger hat eine Länge von 275 cm. Er drehte sich einmal an einem »Mondtag«, dem mittleren Zeitraum zwischen zwei aufeinanderfolgenden oberen Kulminationen des Mondes (24 h 50 min 30 s). Nahe seinem einen Ende besitzt er eine Mondphasenkugel (Durchmesser 16,5 cm). Sein zentraler Teil ist von einer 102 cm langen Drachenfigur (Kopf und Leib bemaltes Holz, Flügel bemaltes Kupfer; Flügelspannweite 36 cm) bedeckt.

Ein Zahnrad nahe dem Zentrum des Mondzeigers hat 30 Zähne. Ehemals griff es in ein ebenfalls 30-zähniges Rad im Drehzentrum des Sonnenzeigers. Beim Ablaufen des schnelleren Sonnenzeigerrades auf dem langsameren Mondzeigerrad wurde die Mondphasenkugel gedreht.

Der dritte ›Zeiger‹ war der exzentrisch gelagerte Tierkreisring. Er war in zwölf ungleich breite Sektoren geteilt – jeder davon umfasste vom Drehzentrum aus gemessen 30° –, auf die die Tierkreiszeichen gemalt waren. Dem Drehzentrum am nächsten und darum am schmalsten waren die Zeichen Schütze und Steinbock. In Richtung der größten Entfernung vom Drehzentrum hatten Zwillinge und Krebs ihren Platz. Vom Drehzentrum aus im rechten Winkel dazu fanden sich Fische und Widder bzw. Jungfrau und Waage. Der Abstand Drehzentrum – Außenrand des Tierkreisringes entsprach in Richtung der geringsten Entfernung dem Radius des innersten der o. g. konzentrischen Kreise auf der Uhrscheibe, in Richtung der größten Entfernung dem Radius des äußersten dieser Kreise und in Richtung der Grenze zwischen den Zeichen Fische/Widder bzw. Jungfrau/Waage dem Radius des mittleren dieser Kreise (= Äquator).

Der Tierkreiszeiger drehte sich in 23 h 56 min 4 s einmal. Da sich alle drei Zeiger im Uhrzeigersinn bewegten, blieb der Sonnenzeiger täglich um ca. 1°, der Mondzeiger um etwa 13° gegen den Tierkreisring

Ein Drache zierte das Zentrum des Mondzeigers an der Wismarer Marienkirch-Uhr. Er galt als das Untier, das die Sonne oder den Mond bei Finsternissen verschlingt.

zurück. In einem Jahr machte letzterer 366, der Sonnenzeiger nur 365 Umläufe. Der Mondzeiger blieb schon nach 27,3 Tagen (= 1 siderischer Monat) um einen Umlauf hinter dem Tierkreisring, nach 29,5 Tagen (= 1 synodischer Monat) um einen Umlauf hinter dem Sonnenzeiger zurück. Im Jahr machte er 12,36 Umläufe weniger als dieser und 13,36 Umläufe weniger als der Tierkreiszeiger.

Die täglich veränderte Stellung der Zeiger gegeneinander sowie ihre Lage gegenüber den Linien und Ziffern auf der Uhrscheibe ließen außer der Uhrzeit die Mondphase, die Stellung von Sonne und Mond in den Tierkreiszeichen, die Auf- und Untergangszeiten von Sonne und Mond, die Dauer des Jahres, des siderischen und des synodischen Monats, des Stern-, des Sonnen- und des Mondtages, die Zeiten der oberen und unteren Kulminationen von Sonne und Mond und das ungefähre Datum erkennen.

Die halbrunde Bühne am oberen Abschluss der Uhrscheibe lässt einen ähnlichen Figurenumgang vermuten, wie an anderen Uhren. Unbekannt bleibt, ob er vor Maria mit dem Kind oder vor Christus erfolgte. Die Begrenzungen der Uhrscheibe waren durch Zierleisten ähnlich denen der Uhr in der Stralsunder Nikolaikirche gebildet.

Die Zwickel der Uhrscheibe waren mit den vier Winden Subsolanus (Ostwind), Auster (Südwind), Zephyrus (Westwind) und Aparcias (Nordwind) bemalt. Darin unterschied sich die Wismarer Uhr von allen anderen dieses Typs. Eine vergleichbare Darstellung findet sich in den Ecken der Scheibe der astronomischen Uhr von 1392 in der Kathedrale von Wells/England.

Ungerers Mitteilung, dass sich auf dem unteren Teil der Uhrscheibe ein menschliches Gesicht befand (le haut d'un visage humain – Ungerer 1931, S. 297), lässt sich nicht mehr prüfen.

Die Angaben der Kalenderscheibe

Die Kalenderscheibe hatte einen Durchmesser von 210 … 220 cm und drehte sich im Uhrzeigersinn einmal im Jahr. Auf 13 Kreisringen enthielt sie von außen nach innen folgende Daten:

1. Die Namen der Monate und die Anzahl ihrer Tage (z. B. »October oder Weinmonat hat 31 Tage«)
2. Das Datum innerhalb der Monate
3. Die Tagesbuchstaben A … G
4. Den Heiligennamen oder die Festtagsbezeichnung für alle 365 Tage
5. Wiederholung des Ringes 2
6. Tagesangabe nach dem römischen Kalender in Nonen, Iden und Kalenden
7. Die Jahreszahlen, zuletzt die 100 Jahre von 1749 bis 1848
8. Die Zahlenfolge 1 … 28 des Sonnenzirkels
9. Die Sonntagsbuchstaben A … G
10. Die Zahlenfolge 1 … 19 der Goldenen Zahl
11. Eine Zahlenfolge 1 … 15, die Indiktion oder Römer-Zinszahl
12. Die Anzahl der Tage zwischen Weihnachten und Ostersonntag (den 25. Dezember als 1. Tag gerechnet)
13. Die Osterdaten.

◁◁ *Zum oberen Abschluß des Altaraufsatzes in der Marienkirche gehörten eine 12-Stunden-Uhr und zwei Böcke, die sich beim Stundenschlag stießen. Zwischen ihnen stand – vermutlich seit 1749 – Christus vor einer Strahlenglorie.*

◁ *Das einzige überlieferte Foto des Uhrwerkes in der Wismarer Marienkirche.*

Während die Ringe 3, 4 und 6 den durch die Ringe 1, 2 und 5 gegebenen Daten zugeordnet waren, gehörten die Angaben der Ringe 8 bis 13 jeweils zu dem in gleicher Zeile stehenden Jahr des Ringes 7. Der innere Teil der Kalenderscheibe (Ringe 8 bis 13) war durch ein gewölbtes Blech abgedeckt. Ein Ausschnitt in dieser Abdeckung gab die Angaben für das laufende Jahr frei. Auf dem zentralen Teil der Deckscheibe waren die sieben Wochentage geschrieben. Eine Hand zeigte den Namen des aktuellen Wochentages an. Vor dem Mittelpunkt der Kalenderscheibe befand sich eine (Heiligen-)Figur.

Das laufende Datum wurde von einer gekrönten sitzenden Skulptur mit einem in der Rechten gehaltenen Stab angezeigt. Auf Kreisabschnitten mit wulstartig erhöhtem Rand rund um die Kalenderscheibe waren die zwölf Tierkreiszeichen zu sehen. Ihre Begrenzung gegen die drehbare Kalenderscheibe war in soviel abwechselnd hell und dunkel gemalte Abschnitte geteilt, wie dem Tierkreiszeichen Tage zugeordnet waren. Beim Datum des 21. März war an der Kalenderscheibe ein Sonnenzeiger angebracht. Er bewegte sich mit der Kalenderscheibe im Laufe des Jahres durch alle Tierkreiszeichen und zeigte – wie der Sonnenzeiger an der Uhrscheibe – den Ort der Sonne in den Tierkreiszeichen an.

Die Ecken des durch ein hölzernes Gitter geschützten Kalenderraumes waren ornamental bemalt.

Die Nebenuhr nach Westen

In den oberen Abschluß der Rückwand des Altars von 1749 war links eine blecherne Uhrscheibe mit einem 12-Stunden-Ziffernring (I … XII), außenliegendem Minutenring (5, 10 … 60) und den beiden zugehörigen Zeigern eingefügt. Rechts befand sich eine zweite Scheibe, vor der sich zwei Böcke nach jedem Stundenschlag mit den Hörnern stießen. Diese Anordnung war vom Kirchenschiff aus sichtbar.

Beide Scheiben wurden 1841 entfernt, kehrten aber im Sommer 1900 an ihren Platz zurück (Ungerer 1931, S. 297). Ein Glockenschläger für die Viertelstunden in der Tracht des 16. Jahrhundert und die Stunden- und die Halbstundenglocke, die ihren Platz ehemals zwischen den beiden Scheiben hatten, kamen dagegen nicht wieder dorthin. Im 18. Jahrhundert noch war über sie geschrieben worden: »Über dem Althar ist das Uhrwerck welches, nach dem Chor hinein mit Brettern zugekleidet, auf welchen die H. Dreyfaltigkeit abgemahlet, und zwar auf eine Art, die nicht allen gefällig. Gantz oben auf diesem Gerüste sind die Stund= und die Halb=Stunden=Glock. Wenn jene schläget, so stoßen sich bey jeden Schlag zwene Böcke, bei dieser aber stehet ein kleiner Kerl, welcher mit einem Hammer auf die Glocke schläget, und bey jeden Schlag den Kopff und rechten Arm rühret« (Schröder 1739, S. 122). An die Stelle der Glocken und des

Glockenschlägers war, vermutlich mit dem neuen Altar von 1749, die Darstellung der Himmelfahrt Christi getreten: Christus im wolkendurchsetzten Strahlenkranz, flankiert von zwei knienden Engeln.

Zum Uhrwerk

Das Uhrwerk wurde zerstört, ohne auch nur einmal einigermaßen gründlich beschrieben worden zu sein. Die einzige bekannte Abbildung ist bei Wåhlin 1923 (Fig. 17, S. 25) abgedruckt. Sie zeigt ein großes Zahnrad mit 360 … 380 Zähnen und ein kleineres mit etwa 96 Zähnen und vier Speichen sowie ein Kronrad (ca. 66 Zähne, vier Speichen). Die Anzahl der Speichen und der Schattenwurf auf dem Foto lassen konzentrisch zu dem großen Zahnrad zwei gleich große weitere Räder unmittelbar an der Rückwand der Uhrscheibe vermuten. Auf gleicher Welle mit dem ca. 96-zähnigen Rad scheint sich eine hölzerne Seilrolle mit Gesperr zu befinden.
Es sind drei offenbar unterschiedlich alte Rahmen bzw. Böcke zu erkennen: Der eiserne, verkeilte Rahmen (16. Jahrhundert ?) steht auf einem hölzernen Bock (15. Jahrhundert ?), der an den hölzernen Rahmen des Uhrwerkes in der Stralsunder Nikolaikirche erinnert. Rechts im Bild ist ein zweiter offensichtlich jüngerer hölzerner Bock zu erkennen.
Ungerer, der die Uhr vermutlich nicht selbst gesehen hat, sondern sich auf seine Gewährsleute Schlie, Techen und Wåhlin berief, beschrieb den Uhrwerktorso »hinter dem Astrolab« übersetzt wie folgt: »Es mißt 50 x 70 cm und sein Hauptrad hat einen Durchmesser von 42 cm. Das Viertelstunden- (?) und das Stundenwerk befinden sich in demselben Rahmen von 1 x 1,50 m und 1,50 m Höhe. Seine Haupträder haben 55 bzw. 84 cm Durchmesser. Vom Kalenderwerk sind noch zwei aus Schmiedeeisen sorgfältig ausgeführte Räder übrig mit 0,84 und 1,40 m Durchmesser« (Ungerer 1931, S. 297). Eine Zuordnung dieser Angaben zu dem Foto bei Wåhlin fällt schwer.

Literatur

SCHLIE 1897; SCHRÖDER 1739; SCHUKOWSKI 1998; UNGERER 1931; WÅHLIN 1923

Astronomische Uhren in der St.-Jürgen- und in der St.-Nikolai-Kirche zu Wismar

Nikolaikirche

In St. Nikolai, der dritten der großen Wismarer Pfarrkirchen, befindet sich noch heute zwischen den beiden östlichen Pfeilern des Chorumganges ein Zifferblatt mit einem geschnitzten 2 x I … XII-Stundenring in gotischen Minuskeln. Die Zwickel sind mit den gleichfalls geschnitzten Evangelistensymbolen gefüllt. Das heute einheitlich

Hinter dem Altar in der Nikolaikirche Wismar hat sich eine Uhrscheibe mit einem Ziffernring aus gotischen Minuskeln und den vier Evangelistensymbolen erhalten. Standort und Gestaltung lassen eine Uhr mit ehemals astronomischen Anzeigen möglich erscheinen.

braun gestrichene quadratische Zifferblatt hat eine Seitenlänge von 248 cm. Es besitzt zentral ein Loch für die Zeigerachse(n). Eine Untersuchung älterer Farbschichten auf dem Zifferblatt könnte Auskunft über dessen ehemalige Bemalung und damit über die Art der Uhr geben.

Eine Uhr in der Nikolaikirche ist schon 1485 erwiesen: »Anno 1485 vp Mitfasten don wart olde Klocktoren affgebracken vnd dat Seierwarck vnd dat sperte des tornes« (Schröder 1739, S. 2382). Wie bei St. Marien befindet sich auch an der Nikolaikirche der Glocken- oder Seierturm (»Klocktoren«) nahe dem östlichen Ende des Dachfirstes des Langhauses, genau über dem Ort der Uhr. Die beiden noch heute im Dachreiter hängenden Uhrschlagglocken stammen von 1479 bzw. 1543 (bzw. 1548) (Peter 1993/94, S. 84 u. 93 f.).

Für einen Neubau der Uhr im Jahre 1546 sind sogar der Name und die Herkunft des Uhrmachers und die Kosten überliefert: »Zu Wismar in der St. Nicol. Kirche hinter dem Chor, ward dat nye Seyer=Werk gesettet. De Meister was von Lüneborch, sin nahme was Meister Casper und koste am Gelde 83 Marck 5 schilling.« (Schröder 1788, S. 481) Die Formulierung »dat nye Seyer=Werk« darf im Sinne von »an Stelle des bisherigen, alten Uhrwerks« verstanden werden.

Heute sind weder die Zeiger noch Teile des Uhrwerkes vorhanden. Aber auch in dieser Kirche gab es eine nach Westen gerichtete, für die Gemeinde im Kirchenschiff sichtbare Uhr. Sie ist in die Gestaltung der Altarrückfront von 1775 eingefügt. Ihre Uhrscheibe, allerdings ohne Ziffern und Zeiger, ist erhalten. Der Uhrenkasten dahinter macht den Eindruck, als habe diese Uhr zuletzt ein eigenständiges Werk mit Pendel gehabt. Offen ist, ob es in dieser Kirche eine Altaruhr schon vor 1775 gab und ob sie ehemals mit dem Werk der Uhr im Chorumgang zusammenhing.

Georgenkirche

Über eine Uhr in der Georgenkirche (St. Jürgen) ist zu lesen: »Das Uhrgehäuse hinter dem Hauptaltar (jetzt ist es nur noch eine unansehnliche Verkleidung) wurde 1590/91 von dem Kunsttischler und Bildschnitzer Samuel Regenfart angefertigt.« (Schlie 1897, Bd. II, S. 86) Diese Mitteilung läßt folgende Schlüsse zu:

1. Zur Zeit der Bestandsaufnahme durch Schlie war das Uhrgehäuse über 300 Jahre alt. Er hielt diese ›unansehnliche Verkleidung‹ jedoch für wert, in die Liste der Kunst- und Geschichtsdenkmäler aufgenommen zu werden. Die Meinung, dass sie trotz offensichtlicher Vernachlässigung von Sachkennern noch immer für bemerkenswert gehalten wurde, wird durch ihre Erwähnung bei Dehio bestärkt (»Das jetzt sehr entstellte Uhrgehäuse hinter dem Hochaltar 1590 von Sam. Regenfart« – Dehio 1906, S. 463). Denn in dem gesamten Band des Dehio, der die Kunstdenkmäler von Königsberg bis Hamburg erfasst, sind außerdem nur die Uhren in den Marienkirchen von Danzig und Lübeck erwähnt. Ungenannt blieben die astronomischen Uhren von Stralsund, Rostock, Wismar/Marienkirche, Doberan und Malchin. Die Uhr im Chorumgang der St.-Jürgen-Kirche sollte daher kulturgeschichtlich nicht ganz unbedeutend gewesen sein.

2. »Hinter dem Hauptaltar« war in den Kirchen der hansischen Städte der Ort für monumentale astronomische Uhren. Daher ist zu vermuten, dass eine Uhr im östlichen Chorabschluss mit einem ehemals repräsentativen Gehäuse auch hier mehr als die Uhrzeit angab. Leider sind von ihr weder Abbildungen noch Beschreibungen oder Urkunden bekannt.

3. Der Bau des Uhrengehäuses durch Samuel Regenfart 1590/91 braucht nicht mit der Entstehungszeit dieser Uhr identisch zu sein. Es ist durchaus möglich, dass Regenfart ein neues Gehäuse um eine vorhandene Uhr baute, oder dass Uhrwerk und Gehäuse erneuert oder erweitert wurden.

Die letzten Jahrzehnte des 16. Jahrhunderts waren auch hinsichtlich der Glockengeschichte – die oftmals Beziehungen zur Uhrengeschichte aufweist – für die St.-Jürgen-Kirche bedeutsam. 1581 goss der Wismarer Glockengießer Gerdt Bincke die im Dachreiter hängende Uhrglocke. Ehemals hing dort noch eine zweite, kleinere, die derzeit an die Kirche nach Zurow gegeben worden ist. Sie wurde schon 1462 wahrscheinlich von dem Rostocker Gießer Andreas Ribe geschaffen. Ist das ein Hinweis für die Datierung einer Vorgängeruhr in St. Jürgen? Eine weitere, bis 1945 im Glockenstuhl existierende Glocke wurde 1591 – dem Jahr, in dem Samuel Regenfart das neue Uhrgehäuse fertigstellte – gleichfalls von dem o. g. Gerdt Bincke gegossen (Peter 1993/94, S. 85 ff.).

Liste der öffentlichen astronomischen Großuhren *Stand Oktober 2005*

Deutschland

MPK = Mondphasenkugel; MPA = Mondphasenanzeige

Amberg	Rathaus
Arnstadt	Rathaus
Aschersleben	Rathaus
Augsburg	*Dom, 1609 abgebrochen*
Bad Berka	Rathaus
Bad Bergzabern	*Schloss, zerstört*
Bad Doberan	Münster, nur Uhrscheibe vorhanden
Bad Liebenwerda	Kirche, MPK z.Z. ohne Antrieb
Bad Schmiedeberg	Au-Tor
Bad Urach	Rathaus, MPA z.Z. nur aufgemalt
Bad Windsheim	Rathaus
Bad Tölz	Altes Rathaus, 20. Jahrhundert
Bernburg	Im Landratsamt, »Fuchsuhr«
Bietigheim	Rathaus
Blaubeuren	Kloster, nur Uhrscheibe vorhanden
Delitzsch	St.-Peter-und-Paul-Kirche, früher MPK
Dillingen	Mitteltorturm, früher MPK
Dresden	TU Willertbau, 20. Jahrhundert
Esslingen	Rathaus
Esslingen	FESTO, Technologie Center, 20. Jh.
Frankfurt/M.	*Kathedrale, zerstört*
Glashütte	Ingenieurschule, »Goertz-Uhr«, 20. Jh.
Görlitz	Rathaus
Görlitz	St.-Peter-und-Paul-Kirche
Grimma	Rathaus, MPK 20. Jahrhundert
Günzburg	Unteres Tor, MPK
Hannover	Gartenkirche, MPK, Ende 19. Jh.
Hann. Münden	Blasiuskirche, 2 MPK
Heilbronn	Rathaus
Jena	Rathaus
Kaufbeuren	Rathaus, 20. Jahrhundert
Kirchheim unter Teck	Rathaus
Köln	*Dom »Dreikönigsuhr«, 1750 entfernt*
Köln	Universität, Hauptgebäude, Rückseite, 20. Jh.
Landshut	St.-Martins-Kirche
Leipzig	Altes Rathaus
Leipzig	Krochhochhaus, 20. Jahrhundert
Lübeck	Dom
Lübeck	St.-Marien-Kirche, Nachbau 20. Jahrhundert
Lübeck	*St.-Peter-Kirche, 1942 zerstört*
Malchin	St.-Maria-u.-St.-Johannes-Kirche
Markgröningen	Rathaus
Marburg	Rathaus
Marburg	Schloss
München	Deutsches Museum
München	*Frauenkirche zerstört*
München	Bayrisches Nationalmuseum
München	Altes Rathaus
München	Im Neuen Rathaus
München	Universität, Aula, 20. Jahrhundert
Münster	Dom
Münster	Nonhoff-Uhr, Rothenburg 12, 20. Jahrhundert
Nürnberg	Liebfrauenkirche
Ochsenfurt	Rathaus
Osnabrück	*Dom, Stillstand Mitte 17. Jh., danach verschollen*
Paderborn	Im Rathaus
Pirna	Rathaus
Plauen	Rathaus
Pößneck	Rathaus
Rockenhausen	Pfälzisches Turmuhrenmuseum, 20. Jahrhundert
Rostock	St.-Marien-Kirche
Rostock	Fünfgiebelhaus, Breite Straße, 20. Jahrhundert
Sangerhausen	St.-Jakobi-Kirche
Schramberg	Rathaus, 20. Jahrhundert
Schwäbisch Hall	St.-Michael-Kirche
Sigmaringen	Schloss
Stendal	St.-Marien-Kirche
Stephanskirchen	Restaurant »Zum Gocklwirt«, 19. Jahrhundert
Stralsund	St.-Nikolai-Kirche
Stralsund	*St.-Jakobi-Kirche, ehem. wahrsch. Astronom. Uhr*
Stuttgart-Möhringen	Restaurant im Hotel »Stuttgart International« Plieninger Str. 100, 20. Jahrhundert
Stuttgart	Rathaus am Markt, 20. Jahrhundert
Tübingen	Rathaus
Überlingen	Wallfahrtskirche Birnau
Ulm	Rathaus
Villingen	*Dom, zerstört*
Weikersheim	Rittersaal im Schloss
Weißenfels	Rathaus
Wismar	St.-Nikolai-Kirche, Uhrscheibe vorhanden

Wismar	*St.-Marien-Kirche, 1944 zerstört*
Wismar	*St.-Georgen-Kirche, 1944 zerstört*
Worms	Rathaus, 20. Jahrhundert
Zittau	*Rathaus, zerstört*

Belgien

Lier	Zimmerturm

Dänemark

Kopenhagen	Im Rathaus

Großbritannien

Bradford	Rathaus/Uhrenturm
Durham	Kathedrale
Exeter	Kathedrale
London	Hampton, Court Palace/Anne-Boleyn-Tor
London	Gebäude der »Financial Times«, 20. Jh.
Norwich	Kathedrale
Ottery	St.-Mary-Kirche
Salisbury	Kathedrale
Wells	Kathedrale
Wimborne	Kathedrale

Frankreich

Auxerre	Tour Gaillarde
Beaune	Warte
Beauvais	Dom
Benfeld	Rathaus
Besançon	Dom
Bordeaux	Tor
Bourges	Dom St. Etienne
Caen	Rathaus
Cambrai	*Kathedrale, zerstört*
Chartres	Dom/Kathedrale, außer Betrieb
Cluny	*Kathedrale, zerstört*
Fécamp	Kirche St. Trinité
Haguenau	Elsässisches Museum, 20. Jahrhundert
Le Mans	Dom
Limoges	Kirche
Lyon	Rathaus
Lyon	St.-Jean-Kirche
Metz	Dom
Molsheim	Alte Schlächtereien (»Metzig«)
Moulins	Uhrturm
Paris	Palais de Nouveauté/European Space Agency
Reims	Kathedrale
Rouen	Rue d'horloge
Saint-Omer	Kathedrale
Straßburg	Münster
Valenciennes	*Rathaus, zerstört*

Italien

Alessandria	Rathaus
Arezzo	Palazzo della Fraternita
Bene Vagienna	Chiesa Parrochiale Collegiata
Brescia	Turm
Cremona	Torrazzo
Mantua	
Messina	Kathedrale
Padua	Palazzo del Capitanio
Rimini	Uhrenturm
Venedig	Markusplatz, Zeitglockenturm

Japan

Nagasaki	»Nagasaki Holland Village«, Schlossnachbau, 20. Jahrhundert, eigenes Uhren-Gebäude

Kroatien

Dubrovnik	Uhrturm
Korçula	Kathedrale St. Markus
Rijeka	Stadtturm

Lettland

Riga	Schwarzhäupterhaus

Malta

Valetta	Großmeisterpalast

Niederlande

Asten	Marienkapelle der Großen Kirche
Franeker	Zimmerplanetarium, »horloge astron. d'Eisinga«

Norwegen

Oslo	Rathaus, 20. Jahrhundert

Österreich	
Bregenz	Kloster Mehrenau
Graz	Privathaus, Glockenspielplatz 4
Innsbruck	Moderne Kopie der Ulmer Uhr
Linz	Rathausturm

Polen	
Breslau	Rathaus
Danzig	St.-Marien-Kirche, Neubau unter Verwendung originaler Teile
Ohlau	
Stettin	Schloss

Schweden	
Fjelie	Kirche, 20. Jahrhundert
Lund	Dom
Rinkaby	Kirche
Stockholm	St.-Nikolai-Kirche
Strengnäa	Dom
Uppsala	*Dom, zerstört*

Schweiz	
Bern	Zeitglockenturm
Mellingen	Turm
Schaffhausen	Fronwagturm
Sion (Sitten)	Rathaus
Solothurn	Roter Turm
Winterthur	*Käfig- oder Zeitglockenturm, zerstört*
Zug	Uhrturm
Zürich	St.-Petrus-Kirche

Slowakei	
Bratislava	*Rathaus, zerstört*

Slowenien	
Ljubljana	Rathaus

Tschechien	
Budweis	Schwarzer Turm
Olmütz	Rathaus
Prag	Altstädter Rathaus

Literaturauswahl

BAIER, GERD: Die Marienkirche zu Rostock. Berlin 1988

BALTZER, J./BRUNS, F.: Die Bau- und Kunstdenkmäler der Freien und Hansestadt Lübeck. Bd. III, 1. Teil. Lübeck 1920

BEHRENS, PAUL: Die neue astronomische Uhr in St. Marien zu Lübeck. Lübeck ^{2}1986. (Im Nachdruck ab 1991 ist das Wort ›neue‹ im Titel entfallen.)

BOER, EMILIE / STROHMAIER, GOTTHARD: Mittellateinische Inschriften auf astronomischen Uhren des 14. Jhs. in Stralsund und Bad Doberan. In: Philologus, Z. f. klassische Philologie. Berlin/Wiesbaden 1979, Bd. 123, S. 108–114 (Über den Titel hinaus gehen die Verf. abschließend auch auf die Stendaler Uhr ein.)

BOMBOWSKI, FRIEDRICH: Bericht über die Brände der Marienkirche zu Rostock bei den Bombenangriffen am 26. April 1942, 1. und 2. Oktober 1942 und am 24. Februar 1944. Ev.-luth. Kirchgemeinde St. Marien Rostock, 1988

DEHIO, GEORG: Handbuch der deutschen Kunstdenkmäler. Bd. II Nordostdeutschland. Berlin 1906

Die Merkwürdigkeiten der Kirchen in Lübeck. (o.V.) Lübeck 1842

DIETZSCHOLD, CURT: Die Turmuhren mit Einschluß der sogenannten Kunstuhren. Weimar 1894; Reprint Leipzig 1984

DITTRICH, KONRAD: Die neue astronomische Uhr in St. Marien zu Lübeck mit Berechnung und Kalender-Beschreibung. Lübeck 2000

EHLERS, INGRID/ WITT, HORST: Die Wahrhaftige ›Abcontrafactur‹ der See- und Hansestadt Rostock des Krämers Vicke Schorler. Rostock 1989

EHLERS, INGRID (Hrsg.): Vicke Schorler. Rostocker Chronik: 1584–1625. Rostock 2000

ENDE, HORST: Die Nikolaikirche zu Wismar. München und Zürich ^{2}1990

ERDMANN, WOLFGANG: Zisterzienser-Abtei Doberan. Königstein/ T. 1995

ERDMANN, WOLFGANG: Zum Referat »Nikolaus Lilienfeldt – ein Ingenieur um 1400 und die Astronomische Uhr zu Stralsund«. Konzentrat eines Vortrages bei der Deutschen Gesellschaft für Chronometrie e.V., Arbeitskreis Turmuhren, zum Jahrestreffen in Darmstadt 16.–20. April 1997 (unveröffentlicht)

EWE, HERBERT (Hrsg.) / SCHROEDER, H. D. (Bearb.): Der Stralsunder Liber memorialis. Teil 1. Veröff. d. Stadtarchivs Stralsund, Schwerin 1964

FASSBENDER, PETER: Die astronomische Uhr in der St. Marienkirche zu Stendal. In: Schriften der »Freunde alter Uhren«. Bd. XXXIV (1995), S. 77–86

GEISBERG, MAX: Die alte Domuhr nach der Wiederherstellung. In: Das schöne Münster 5 (1933) 1, S. 1–16

GEITNER, HEIDRUN: St. Nikolai zu Wismar. München/Berlin ^{4}1997

GREWOLLS, ANTJE: St. Marien Wismar. Kiel 1996

GROTEFEND, HERMANN: Taschenbuch der Zeitrechnung des deutschen Mittelalters und der Neuzeit. Hannover ^{5}1922; Reprint Berlin 1984

GRUBER, K./KEYSER; E.: Die Marienkirche in Danzig. Berlin 1929

GRUSNICK, WOLFGANG/ZIMMERMANN, FRIEDRICH: Der Dom zu Lübeck. Königstein/T. 1989

H(AGEMEISTER), W.: Die alte Uhr in der Nikolai-Kirche zu Stralsund. In: Sonntags-(Unterhaltungs-)Beilage der »Stralsundischen Zeitung« Jg. 1895, Nr. 50, S. 268

HASELBERG, ERNST von: Die Baudenkmale des Regierungsbezirks Stralsund, Heft V. Stettin 1902

HASS, P.: Das Planisphaerium der astronomischen Uhr in der Marienkirche zu Lübeck. In: Mitt. d. Math. Ges. zu Hamburg. VI, 1927, S. 273–290

HASSE, MAX: Die Marienkirche zu Lübeck. München 1983

HEDLUNG, CARL-OLOF: Horlogium Mirabile Lundense. The medieval clock of Lund cathedral. Lund o.J.

HIRSCH, F(RITZ)/SCHAUMANN, G(USTAV)/BRUNS, F(RIEDRICH): Die Bau- und Kunstdenkmäler der Freien und Hansestadt Lübeck. Lübeck 1906

HÜTTENHAIN, ERICH: Zur Berechnung der Zahnräder des astronomischen Werkes an der Domuhr zu Münster in Westfalen. In: Uhrmacher-Woche, 1936, Nr. 12/13. Auszugsweiser Nachdruck in: Th. Wieschebrink ^{2}1983, S. 72–79

HÜTTENHAIN, TRUDE: Die astronomische Uhr im Dom zu Münster. Münster ^{7}1974

JANUSZAJTIS, ANDRZEJ: Zegar astronomiczny w Kosciele Mariackim w Gdansku. (Die astronomische Uhr in der Marienkirche von Danzig.) Danzig 1998

JÁSZAI, GÉZA: Dom und Domkammer in Münster. Königstein/T. 1981

JIMMERTHAL, H.: Die astronomische Uhr in der St. Marienkirche zu Lübeck. Lübeck 1861

JÜNGER, ERNST: Das Sanduhrbuch. Frankfurt 1954. (Zit. bei R. Wendorff 1980, S. 139f.)

KARLSEN, HELGE B.J.: Astrologie und Zeitmessung vor 400 Jahren. Das Zifferblatt für die Stundenregenten (Gubernatores) an einer großen Tischuhr von Johann Reinhold, Augsburg. In: Schriften der »Freunde alter Uhren«. Bd. XXI (1982) S. 39–45

KLÜVERN, HANS HEINRICH: Beschreibung des Hertzogthums Mecklenburg und dazu gehöriger Länder. Hamburg 1728

KUHS, KLAUS-JOACHIM: Die astronomische Uhr in der St.-Marien-Kirche zu Stendal. Anlage zu: Offene Türen, H. 3 (Ausgewählte Uhren an der Straße der Romanik im Nordosten Sachsen-Anhalts). Großwulkow 1998

LANGE, PAUL-FERDI: Die Pfarrkirche St. Nikolai zu Stralsund. Stralsund/Kiel 1992

LAUDAN, INGE/NATH, ULRICH/VETTER, JOACHIM: Die St.-Marien-Kirche zu Rostock. München/Berlin 1990

MANN, AUGUST: Beschreibung der astronomischen Uhr in der St. Marienkirche zu Rostock. Rostock 1885

MOHNICKE, GOTTLIEB CHRISTIAN/ZOBER, ERNST HEINRICH: Johann Berckmanns Stralsundische Chronik und die noch vorhandenen Auszüge aus alten verloren gegangenen Stralsundischen Chroniken. Stralsund 1833

MUB = Me(c)klenburgisches Urkundenbuch. 26 Bde. Schwerin 1863 – Leipzig 1977

NATH, ULRICH/SCHUKOWSKI, MANFRED: Die eingemauerte Uhr der Marienkirche. In: Beiträge z. Gesch. d. Stadt Rostock, Bd. 27 (2005), S. 114–126

NIEHENCK, GEORG: Gemeinnützige Aufsätze aus den Wissenschaften für alle Stände zu den Rostockschen Nachrichten vom Jahre 1777.

NONHOFF, STEPHAN: Im Lauf der Zeit. Wilhelm Nonhoff und seine Weltzeituhr. o.O., o.J.

PETER, CLAUS: Räderübersetzungen astronomischer Großuhren vom 14. bis 16. Jh. am Beispiel der Domuhr zu Münster im Vergleich mit anderen Uhren. Unveröffentlichtes Manuskript eines Vortrages auf dem III. Symposium Horologicum vom 3. bis 5. November 1994 in Stralsund aus Anlass des 600-jährigen Bestehens der dortigen Uhr

PETER, CLAUS: Die Glocken der Wismarer Hauptkirchen. Bestand und Quellen. In: Jahrbuch für Glockenkunde 5.–6. Bd. 1993/94, S. 69–94 sowie in: Wismarer Beiträge Heft 10, S. 42–57. Wismar 1994

PREISS, HANS: Die astronomische Uhr in der St. Marienkirche zu Rostock. In: Monatsschr. f. Feinmechanik u. Optik 77 (1960) 1, S. 24–28

RÖNNEBECK, KURT: Die St. Marienkirche zu Stendal. Unter Mitarbeit von DETLEV FROBEL. Stendal 1993

SALTZWEDEL, ROLF: Rats- und Bürgerkirche St. Marien zu Lübeck. Ein Wegweiser durch die Kirche. Lübeck 1990

SCHLIE, FRIEDRICH: Die Kunst- und Geschichtsdenkmäler des Großherzogtums Mecklenburg-Schwerin. Bd. I–V. Schwerin 1896–1902

SCHMIDT, ARNO: Die große Uhr in der Marienkirche in Danzig. In: Danziger Heimatkalender 1925, S. 52–56

SCHMIDT, ARNO: Die astronomische Uhr. (Danzig) In: Ostdeutsche Monatshefte 8 (1927) 5, S. 386–390

SCHMITT, HERBERT: Übersetzungsberechnung zur astronomischen Uhr in der Stendaler Marienkirche. Unveröffentl. Manuskript 1992

SCHMITT, HERBERT: Übersetzungsberechnung zur astronomischen Uhr in der Rostocker Marienkirche. Unveröffentl. Manuskript 1992

SCHMITT, HERBERT/SCHUKOWSKI, MANFRED: Neue Erkenntnisse über das Werk der astronomischen Uhr in der St.-Nikolai-Kirche zu Stralsund. Verfügbar im Stadtarchiv Stralsund. Gekürzt gedruckt in: Jahresschrift 2000 der Deutschen Gesellschaft für Chronometrie, Bd. 39 (2000), S. 33–53

SCHRÖDER, DIETERICH: Wismarische Erstlinge Oder einige Zur Erleuterung Der Mecklenburgischen Kirchen=Historie dienende Urkunden und Nachrichten, Welche in Wismar gesamlet, Und denen Liebhabern Nebst einigen Anmerckungen mitgetheilet. (1–7) Wismar 1732–1734

SCHRÖDER, DIETERICH: Mecklenburgische Kirchen=Historie des Papistischen Mecklenburgs. (Achtzehn Alphabete in 3 Bd.) Wismar 1739

SCHRÖDER, DIETERICH: Kirchen=Historie des Evangelischen Mecklenburgs vom Jahre 1518 bis 1742. Rostock 1788

SCHUKOWSKI, MANFRED: Die astronomische Uhr in der Marienkirche zu Rostock. In: Die Sterne, Leipzig 57 (1981) 6, S. 331–341

SCHUKOWSKI, MANFRED: Die astronomische Uhr in der Nikolaikirche Stralsund. In: Astronomie und Raumfahrt 20 (1982) 6, S. 168–171

SCHUKOWSKI, MANFRED: Die astronomische Uhr in Rostocks Marienkirche. In: Almanach für Kunst und Kultur im Ostseebezirk, 6 (1983) S. 21–24

SCHUKOWSKI, MANFRED: Vergleichende Betrachtung der astronomischen Uhren in Rostock und Danzig (Gdánsk). In: Die Sterne, 60 (1984) 1, S. 33–38

SCHUKOWSKI, MANFRED: Die Stralsunder astronomische Uhr. In: Urania, Leipzig 61 (1984) 8, S. 24–27

SCHUKOWSKI, MANFRED: Die astronomische Uhr in Rostock. In: Urania, Leipzig 61 (1985) 4, S. 58–62

SCHUKOWSKI, MANFRED: Die astronomische Schauuhr in Stendal. In: Urania, Leipzig 61 (1985) 11, S. 36–39

SCHUKOWSKI, MANFRED: Die astronomische Kunstuhr in Stralsund. In: Almanach für Kunst und Kultur im Ostseebezirk 11 (1988) S. 46–50

SCHUKOWSKI, MANFRED: Die astronomische Uhr in der Marienkirche zu Gdánsk (Danzig). In: Uhren und Schmuck, Berlin 26 (1989) 3, S. 86–89

SCHUKOWSKI, MANFRED: Zwei Monumentaluhren. (Rostock und Danzig) In: Almanach für Kunst und Kultur im Ostseebezirk 13 (1990) S. 47–53

SCHUKOWSKI, MANFRED: Die Rostocker Monumentaluhr. In: alpha. Mathematische Schülerzeitschrift. 24 (1990) 2, S. 48

SCHUKOWSKI, MANFRED: Eine Rarität – die astronomische Uhr zu Rostock. In: Astronomie in der Schule 29 (1992) 2, S. 31–32

SCHUKOWSKI, MANFRED: Die astronomische Uhr in St. Marien zu Rostock. Unter Mitarbeit von Wolfgang Erdmann und Kristina Hegner. Königstein/T. 1992

SCHUKOWSKI, MANFRED: Die astronomische Uhr in Stralsund. In: Astronomie + Raumfahrt 31 (1994) 4, S. 44–45

SCHUKOWSKI, MANFRED/HERRE, VOLKMAR: Zeit und Ewigkeit. Die astronomische Uhr. Schriftenreihe des Fördervereins St. Nikolai zu Stralsund e.V., H. 7. Stralsund 1994

SCHUKOWSKI, MANFRED: 600 Jahre astronomische Uhr in Stralsund. In: Heimathefte für Mecklenburg und Vorpommern 4 (1994) 4, S. 17–20

SCHUKOWSKI, MANFRED: Die Kalenderscheibe der astronomischen Uhr in St. Marien zu Rostock. Dokumentation ihrer gegenwärtigen Beschriftung und Berechnung bzw. Fortschreibung der Daten von 2018 bis 2150. 1994. Verfügbar Stadtarchiv Rostock

SCHUKOWSKI, MANFRED: Die Astronomische Uhr in St. Marien. In: Verschwunden – Vergessen – Bewahrt? Denkmale und Erbe der Rostocker Technikgeschichte. Rostock 1995, S. 166–168

SCHUKOWSKI, MANFRED: Astronomische Uhren in hansischen Kirchen. In: Verschwunden – Vergessen – Bewahrt? Denkmale und Erbe der Technikgeschichte in Mecklenburg und Vorpommern. Rostock 1997, S. 155–159

SCHUKOWSKI, MANFRED: Astronomische Monumentaluhren in Kirchen – Indikatoren für mittelalterliche Mentalitäten. In: Jürgen G.H. Hoppmann (Hrsg.), Melanchthons Astrologie. Der Weg der Sternenwissenschaft zur Zeit von Humanismus und Reformation. Katalog zur Ausstellung vom 15. September bis zum 15. Dezember 1997 im Reformationsgeschichtlichen Museum Lutherhalle Wittenberg. Wittenberg 1997

SCHUKOWSKI, MANFRED: Monumentale mittelalterliche Uhren. In: Westfälische Nachrichten, Münster, 16. Dezember 1997; Beilage Auf Roter Erde. Heimatblätter für Münster und das Münsterland. (Beilage der Westfälischen Nachrichten) Nr. 12/97

SCHUKOWSKI, MANFRED: Die astronomische Uhr in Wismars Marienkirche. In: Wismarer Beiträge. Schriftenreihe des Archivs der Hansestadt Wismar. Heft 13 (1998) S. 20–33

SCHUKOWSKI, MANFRED: Die astronomische Uhr in der Lübecker Marienkirche. In: Astronomie und Raumfahrt im Unterricht, 37 (2000) 4, S. 34–35, 45

SCHUKOWSKI, MANFRED: Zur Geschichte der Rostocker Kalenderscheibe. In: Beiträge zur Geschichte der Stadt Rostock, Bd. 24 (2001), S. 192–204

SCHUKOWSKI, MANFRED: »Gemeiner Stat und der Kirchen zum Ziehr und besten« Die Reparatur und Erweiterung der astronomischen Uhr in der St. Marienkirche zu Rostock 1641/43. In: Jahrb. f. Meckl. Kirchengesch. MECKLENBURGIA SACRA. Bd. 6 (2003), S. 59–79

SCHUKOWSKI, MANFRED: Die astronomische Uhr in der St. Marienkirche zu Rostock. Schriftenreihe d. Stift. St. Marienkirche zu Rostock, H. 5 (2004)

SCHUKOWSKI, MANFRED: Neue Erkenntnisse zur Uhrengeschichte von St. Marien zu Rostock. In. Beitr. z. Gesch. d. Stadt Rostock, Bd. 26, 2004, S. 98–109

SCHUKOWSKI, MANFRED: Die Monduhr im Lübecker Dom. In: Astronomie und Raumfahrt im Unterricht, 42 (2005) 3, 13–15

SCHULTE, CARL: Lexikon der Uhrmacherkunst. Bautzen ^{2}1902. Fotomechanischer Neudruck Leipzig 1980

SCHULTZ, ERNST: Die Domuhr in Münster. In: Kath. Kirchenblatt f. d. Stadt Münster 5 (1929) Nr. 42

SELLE, OTTO-EHRENFRIED/SCHUKOWSKI, MANFRED: Die astronomische Domuhr in Münster. In: Astronomie + Raumfahrt 33 (1996) 4, S. 34–36

SELLE, OTTO-EHRENFRIED: Chronos, Tod und Tutemann schmücken Astronomische Uhr. In: Auf Roter Erde. Heimatblätter für Münster und das Münsterland. (Beilage der Westfälischen Nachrichten) 3/1998

SOFFNER, MONIKA: St.-Marienkirche zu Rostock. Passau 1994

UHSEMANN, ERNST: Die Stralsunder St. Nikolaikirche. Stralsund ^{2}1924

UHSEMANN, ERNST: Die astronomische Uhr in St. Nikolai. In: »Stralsunder Tageblatt« v. 26. September 1936

UNGERER, ALFRED: Les horloges astronomiques et monumentales les plus remarquables de l'antiquité jusqu'a nos jours. Strasbourg 1931

VILKNER, HANS: Die astronomische Uhr in Stralsund. In: Uhren und Schmuck, Berlin 17 (1980) 6, S. 176–178

WÅHLIN, ERIK: Horologium mirabile lundense. Det underbara uret i Lund. Sveriges Kyrkliga Studiebund – Mellaskåne. Societas Horologium Mirabile Lundense 1983

WÅHLIN, THEODOR: Die wunderbare Uhr zu Lund. »Horologium Mirabile Lundense«. Lund/Leipzig 1928

WÅHLIN, THEODOR: Horologium mirabile lundense. Det astronomiska uret i lunds domkyrka. Lund 1923

WÅHLIN, THEODOR: Eine frühmittelalterliche astronomische Uhr in der St. Nikolaikirche zu Stralsund. In: Deutsche Uhrmacher-Zeitung 1928, Nr. 31, S. 562–565

WÅHLIN-DAHLBERG, KRISTINA: Horologium Mirabile Lundense – Det underbara Uret i Lund. Stockholm 1992

WARNCKE, JOHANNES: Die astronomische Uhr zu St. Marien in Lübeck. Lübeck 1924; ^{2}1935

WEHRMANN: Der Memorienkalender der Marienkirche in Lübeck. In: Z. d. V. f. Lüb. Gesch. 6 (1892) S. 49–161

WEIMANN, HORST (Hrsg.): Zwischen Brand (1942) und Kapitulation (1945). In: St. Marien. Jahrbuch des St.-Marien-Bauvereins. 7. Folge. Lübeck 1967, S. 68–83

WENDORFF, RUDOLF: Zeit und Kultur. Geschichte des Zeitbewußtseins in Europa. Wiesbaden 1980

WERLAND, PETER: Die Uhr im Dom zu Münster. In: Münsterischer Anzeiger 59 (1910), Nr. 887, 899 und 905 (18./22./24. Dezember 1910)

WERLAND, PETER: Die alte Uhr im Dom zu Münster. In: Velhagen & Klasings Monatshefte 39 (1924/25) Bd. 2, S. 560–568

WERLAND, PETER/SCHULTZ, ERNST: Die alte astronomische Uhr im Dom zu Münster. In: Das schöne Münster 1 (1929) 15

WERLAND, PETER: Die alte astronomische Uhr im Dom zu Münster. In: Die Uhrmacherkunst 55 (1930) Nr. 29, S. 578–588

WERLAND, PETER: Die Uhr der Heiligen Drei Könige im Dom zu Münster. Zur Wiederinstandsetzung der alten Domuhr zu Münster. In: Münsterischer Anzeiger 2, Blatt Nr. 21, 6. Januar 1933

WERLAND; PETER: Das Kalendarium unserer Domuhr. In: Das schöne Münster 6 (1934) 1, S. 1–16

WERLAND, PETER : Die alte Uhr im Dom zu Münster. Das schöne Münster, Neue Folge, Heft 8 (1956)

WERLAND, WALTER: Münster. Blickpunkte. Die astronomische Domuhr. Münster o.J.

WIESCHEBRINK, THEODOR: Die astronomische Uhr im Dom zu Münster. Münster [2]1983

WINCKLER, JOHANN DIETERICH: Nachrichten von niedersächsischen berühmten Leuten und Familien. Bd. 2, 1769. – Der Abschnitt über JOHANN HERMANN BECKER ist enthalten in: Deutsches Biographisches Archiv. Hrsg. v. Bernhard Fabian, bearb. unter Leitung v. Willi Gorzny. München/New York/London/Paris Microfiche-Edition, 71, 233–253

ZANDER, RICHARD: Die Marienkirche in Stendal. Stendal [4]1980

ZIMMERMANN, GÜNTER: Das Kalendarium der astronomischen Uhr in der Marienkirche zu Danzig. In: Mitt. d. Westpreußischen Geschichtsvereins 33 (1939) 4, S. 75–86

ZOBER, ERNST: Dr. Nicolaus Gentzkows Tagebuch (v.J. 1558–1567, in Auszügen) nebst drei Anhängen: Stralsunder Kleider und Hochzeitsordnung v.J. 1570; Fr. Wessels Schriften über die Altäre der Marienkirche in Stralsund und über dieselbe Kirche in der Wesselschen Bibel v.J. 1555ff.. Greifswald 1870

Glossar

Altar. »Opferstein«, »Opfertisch«. Der christliche A. hatte anfangs die Form eines steinernen Tisches (Mensa) mit einer Verkleidung (Antependium) aus Stoff oder festem Material. Er dient gottesdienstlichen Handlungen. Etwa im 14. Jh. wurde dem A. ein mit bildlichen Darstellungen versehener Aufsatz zugefügt, das → *Retabel.* Daraus entstand in der Gotik der bemalte oder geschnitzte Flügelaltar mit dem A.schrein zwischen meist drehbaren Flügeln über einem Untersatz, der → *Predella.* Spätgotische Altäre haben oft turmartige Aufbauten (Gesprenge).

Astrolabium (Astrolab). Astronomisches Messinstrument aus der Zeit vor der Erfindung des Fernrohres. Mit dem A. wurden vor allem Koordinatenmessungen von Gestirnen vorgenommen. Es besteht aus der feststehenden Grundscheibe (→ *Mater*), in die eine Scheibe (→ *Tympanum*) mit einem astronomisch begründeten Liniennetz eingelegt wird, der beweglichen Visiereinrichtung und einer durchbrochenen drehbaren Ekliptikscheibe (→ *Rete*) mit einem exzentrisch zum Drehpunkt liegenden Tierkreisring.
Das A. zeigt für einen gegebenen geografischen Ort die Abhängigkeit der Gestirnsörter von der Zeit. Daher ist es auch für die Zeitbestimmung geeignet.
Bei den ältesten astronomischen Monumentaluhren war die Uhrscheibe mit den Zeigern einem A. nachgebildet.

Astrologie. Lehre von der angeblichen Abhängigkeit des individuellen Schicksals von Gestirnskonstellationen. Die Wurzeln der A. reichen in die Zeit zurück, in der ohne Kenntnis der tatsächlichen Ursachen und Zusammenhänge himmlische (kosmische, astronomische) Erscheinungen zu deuten versucht wurden. Dabei wurden solche Erscheinungen und menschliches Leben in Beziehung gesetzt.
In der Tat ist der Mensch von kosmischen Gegebenheiten abhängig: Der Tag-Nacht-Wechsel bestimmt wesentliche Bereiche des menschlichen Biorhythmus. Die Jahreszeiten beeinflussen die Lebensweise. Die Sonnenstrahlung ist Bedingung allen irdischen Lebens. Sonne und Mond bewirken Ebbe und Flut. Ein Zusammenstoß der Erde mit kosmischen Kleinkörpern (Kometen, Planetoiden, großen Meteoriten) kann gravierende Auswirkungen haben.
Neben diesen und weiteren realen Wechselwirkungen zwischen Kosmos und Mensch ist die Behauptung, der individuelle Charakter

und Lebensweg seien durch die Stellung ausgewählter Gestirne zum Zeitpunkt der Geburt vorgegeben, eine reine Spekulation. Hatte die A. in diesem Sinne bis in das späte Mittelalter noch eine gewisse Berechtigung, ist sie mit wachsender Erkenntnis vom Wesen kosmischer Erscheinungen zu einer wissenschaftlich in keiner Weise begründeten Konstruktion entartet.

Astronomie. Sternkunde, Himmelskunde. Eine Naturwissenschaft, die die Objekte im Weltall, ihren Zustand, ihre Bewegung, ihre Entwicklung und räumliche Struktur auf der Grundlage der wirkenden Naturgesetze untersucht. Bis in die Mitte des 19. Jahrhunderts wurde allein die möglichst genaue Bestimmung der Örter der Himmelskörper für wesentlich angesehen. Mit der Herausbildung der Astrophysik (seit dem letzten Drittel des 19. Jh.), und ganz besonders mit der Radioastronomie und den Möglichkeiten der Raumfahrt (Erforschung aller Bereiche des elektromagnetischen Spektrums außerhalb der Erdatmosphäre) nahm die Astronomie einen außerordentlichen Aufschwung. Diese Entwicklung wurde durch die Fortschritte der Instrumenten-, der Rechen- und der Auswertetechnik zusätzlich befördert.
Die A. ist eine der ältesten Naturwissenschaften. Bereits im Altertum und im frühen Mittelalter gab es umfangreiche, aus langjährigen Beobachtungen gewonnene Kenntnisse über die Ortsveränderungen der Himmelskörper. Dabei wurde die Erde bis in die Mitte des 16. Jh. (Nikolaus Kopernikus, 1543) als Zentralkörper angesehen (→ *geozentrisches oder ptolemäisches Weltbild*).
Zu allen Zeiten waren die Himmelserscheinungen auch Objekte philosophischer, religiöser oder mystischer Deutungen.

Astronomische Uhr. Mechanische Uhr, die außer der Uhrzeit astronomische Angaben liefert. Im einfachsten Fall ist das die Mondphase (»Monduhr«). Bei komplizierten a. U.en kommen weitere Angaben dazu (Bewegung von Sonne und Mond in der Ekliptik, Planetenbewegungen u. a.). Monumentale a. U.en entstanden als Ausdruck der Repräsentation schon bald nach der Erfindung der Räderuhr mit Hemmung im 2. Drittel des 14. Jh. In den hansischen Raum fanden sie nach 1370 Eingang, als die Hanse nach dem Frieden zu Stralsund neuen Reichtum und Einfluss gewann und dem Höhepunkt ihrer Macht zustrebte. Oftmals wurden a. U.en mit mechanischen Figurenspielen und Musikwerken kombiniert und künstlerisch reich gestaltet. A. U.en in Kirchen sind sakrale Ausstattungsstücke und haben eine ikonografische Aufgabe.

Cisiojanus. Vor der Einführung unseres heutigen Kalenders wurde das Datum nicht nach der Tageszahl im Monat, sondern nach Tagen vor, an und nach einem Kirchenfest oder den Tagen der Kalenderheiligen bestimmt. Dazu war nötig, die Folge der Feste und Heiligentage zu kennen. Als Gedächtnisstütze wurden die Hauptfeste und -heiligen in – oftmals sinnlose – lateinische Hexameter gebracht, so dass sich daraus erkennen ließ, auf welchen Tag im Monat ein Fest oder der Tag eines Heiligen fiel. Oft wurden dabei die Namen verstümmelt (z.B. »Cisio Janus Epy sibi vendicat Oc Feli Mar An …« = »Circumcisio Januarius Epiphania Octava Epiph. Felicis Marcelli Anthonii …«). Der C. mußte von den Kindern mechanisch auswendig gelernt werden. Seinen Namen hat der C. von den Bezeichnungen für die ersten Januartage: ›Cisio‹ steht verkürzt für ›Circumcisio Christi‹ (Beschneidung Christi) am 1. Januar, und ›Janus‹ für Januar. Die Verse des C. waren in verschiedenen Landschaften und Zeiten unterschiedlich. Auch Reime in deutscher Sprache sind bekannt.

Ekliptik, -ebene. Die Ebene der Erdbahn um die Sonne (bzw. in geozentrischer Sicht: Die Ebene der Bahn der Sonne um die Erde). Die Projektion dieser Ebene auf die Himmelskugel ergibt einen Großkreis, die Ekliptik. Die Bahnen des Mondes und der anderen Planeten sowie der meisten ihrer größeren Monde verlaufen nahe der E. An den → *astronomischen Uhren* liegen die Bewegungen der Zeiger in der auf der Uhrscheibe gedachten E.

Epizykel (-theorie). Der Versuch, die ungleichförmigen scheinbaren Bewegungen der Planeten und des Mondes durch gleichförmige räumliche Bewegungen zu erklären. Dazu dachte man sich zunächst eine Kreisbahn mit dem Radius r_1 (›Deferent‹), auf dem ein »mittlerer Planet« (M) läuft. Dieser gedachte mittlere Planet wird von dem »wahren Planeten« (P) auf einem weiteren Kreis mit dem Radius r_2 (›Epizykel‹) gleichmäßig umlaufen. Die Resultierende aus beiden Bewegungen ergibt eine schleifenförmige Kurve (›Epizykloide‹). Die Bewegung des Mondes ist schwer mit einem Epizykel darstellbar. Sie erfordert die Einführung eines Epi-Epizykels. Dabei bewegt sich der Mittelpunkt der Kreisbahn des wahren Mondes nicht auf einem Deferenten, sondern auf einem Epizykel.
Die E. liegt dem → *ptolemäischen Weltbild* zugrunde, und auch Kopernikus konnte wegen der Irrtümer, mit denen sein neues Weltbild zunächst behaftet war, nicht auf sie verzichten. Sie stellt eine rein mathematische Konstruktion dar, mit der Beobachtung und Theorie

(ohne Kenntnis der wirklichen Bewegungen) in Übereinstimmung zu bringen versucht wurden.
An den → *astronomischen Uhren* mit Planetenzeigern (z.B. Münster; ehemals Lübeck) werden die → *Planetenbewegungen* mit ihren Recht- und Rückläufigkeiten durch entsprechende Getriebe realisiert.

Frühlingspunkt (»Widderpunkt«). Einer der Schnittpunkte des → *Himmelsäquators* mit der → *Ekliptik*. Wenn sich die Sonne von der Erde gesehen vor diesem Punkt der Himmelskugel befindet, ist Frühlingsanfang. Zur Zeit Hipparchs vor 2150 Jahren befand sich der F. im Sternbild Widder (daher Widderpunkt). An diesem ehemaligen Ort beginnt noch heute das astrologische Tierkreiszeichen des Widders.
Der andere Schnittpunkt heißt »Herbstpunkt«. Beide Schnittpunkte zusammen heißen Äquinoktialpunkte, weil die Sonne zu den Zeiten der Tagundnachtgleichen (›Äquinoktien‹) in ihnen steht.
Der F. rückt an der Himmelskugel jährlich um rund 50,3″ nach Westen. Diese Wanderung ist durch die Kreiselbewegung der Erdachse verursacht (→ *Präzession*), die die Äquatorebene langsam dreht. Gegenwärtig befindet sich der F. im Sternbild Fische nahe der Grenze zum Sternbild Wassermann. Der F. ist der Nullpunkt einiger astronomischer Koordinatensysteme.

Gemeinjahr. Kalenderjahr mit 365 Tagen (52 Wochen 1 Tag). Alle Jahre, deren letzte beiden Ziffern nicht ohne Rest durch 4 teilbar sind (01, 02, 03, 05, …) sowie die vollen Jahrhundertjahre, die nicht ohne Rest durch 400 teilbar sind (1700, 1800, 1900, 2100 …), sind G. (Gegenstück: → *Schaltjahr*).

Geozentrisches Weltbild (ptolemäisches W.). Die von Claudius Ptolemäus (um 90–um 160 u. Z.) zusammengefassten Vorstellungen über den Aufbau der Welt. Im Zentrum der Welt steht nach dem g. W. die Erde, umkreist von den sieben klassischen »Wandelsternen« Sonne, Mond, Merkur, Venus, Mars, Jupiter und Saturn. Ihre z. T. komplizierten scheinbaren Bewegungen wurden mittels der → *Epizykeltheorie* in immer verfeinerter Weise erklärt. Den Außenrand des Kosmos bildet die Fixsternsphäre, die von Ost nach West um die Erde kreist (Gegenstück: → *Heliozentrisches oder kopernikanisches W.*).

Gregorianischer Kalender. Ein Kalender, bei dem die mittlere Jahreslänge über einen Zeitraum von 400 Jahren dem → *tropischen Jahr* sehr viel besser angepasst ist als beim → *Julianischen Kalender*. Nach dem G. K. werden in 400 Jahren 97 Schalttage zugefügt (volle Jahrhundertjahre, die nicht ohne Rest durch 400 teilbar sind, sind → *Gemeinjahre*, z.B. 1700, 1800, 1900, 2100 usw.) Dieser Zeitraum besteht demnach aus 400 x 365 + 97 = 146.097 Tagen. Auf ein Jahr entfallen 365,2425 Tage. Das ergibt nur einen Unterschied von 0,0003 Tagen gegenüber dem → *tropischen Jahr*. Erst nach 3.333 Jahren wird der G. K. um einen Tag vom tropischen Jahr abweichen.
Der G. K. löste 1582/84 im Ergebnis der Gregorianischen Kalenderreform in den meisten katholischen Ländern den → *Julianischen Kalender* ab. In Preußen wurde er 1610 eingeführt. In Norwegen, Dänemark und vielen protestantischen deutschen Ländern (darunter Mecklenburg) folgte auf Sonntag, den 18. Februar 1700 unmittelbar Montag, der 1. März 1700. In einzelnen Ländern (Russland, Bulgarien, Serbien, Rumänien, Griechenland, Türkei) wurde bis ins 20. Jh. nach dem → *Julianischen Kalender* verfahren.

Heliozentrisches Weltbild (kopernikanisches W.). Ein Weltbild, das auf den Erkenntnissen von Nikolaus Kopernikus (1473–1543) fußt: Die Sonne ist der Zentralkörper, um den die Erde und die anderen Planeten kreisen. Lediglich der Mond bewegt sich um die Erde. Das h. W. war lange Zeit wissenschaftliches und theologisches Streitobjekt. Im Jahre 1600 z. B. mußte Giordano Bruno (* 1548) wegen seines Eintretens für die neue Weltsicht den Scheiterhaufen der Inquisition besteigen. Besondere Verdienste um die Durchsetzung des h. W. haben Johannes Kepler (1571–1630), der die Gesetze der Planetenbewegung (**Wie** bewegen sich die Planeten?) entdeckte, und Isaac Newton (1643–1727), der das Gravitationsgesetz (**Warum** bewegen sich die Planeten um die Sonne?) formulierte.
Aus heutiger Sicht ist das h. W. ein Bild vom Sonnensystem, der engeren Heimat der Erde im Kosmos. Denn im Laufe insbesondere der letzten 160 Jahre wurden zahlreiche Kenntnisse über die Struktur der Welt außerhalb des Sonnensystems, über das Milchstraßensystem und die Welt im Großen gewonnen. Dadurch hat der Terminus ›Weltbild‹ heute eine andere, weitere Bedeutung als noch bis ins 18. Jh.

Himmelsäquator. Die in den Weltraum ausgedehnte Äquatorebene der Erde bildet an der scheinbaren Himmelskugel den H. Der H. schließt mit der → *Ekliptik* einen Winkel von ca. 23,5° ein. Die Schnittpunkte zwischen diesen beiden Großkreisen an der scheinbaren Himmelskugel wandern infolge der → *Präzession* jährlich um ca. 50″ nach Westen. Der H. ist die Grundebene eines astronomischen Koordinatensystems.

Ikonografie. Zweig der Kunstwissenschaft. Lehre von den Darstellungsinhalten, ihrer Sinndeutung und Gestaltung. Die christliche I. ist von hervorragender Bedeutung für das Verständnis der mittelalterlichen Kunst, auch an den astronomischen Kirchenuhren.

Jahr. Zeitraum eines Umlaufes der Erde um die Sonne. Je nach dem Bezugspunkt (Frühlingspunkt, Stern, Perihel der Erdbahn) werden verschiedene astronomische J.e definiert. Von ihnen ist für die Kalenderrechnung das → *tropische J.* wesentlich. Im Kalenderwesen wird der Zeitraum von 365 bzw. 366 Tagen als J. bezeichnet (→ *Gemeinjahr*, → *Schaltjahr*).

Julianischer Kalender. Von Julius Cäsar (100–44 v. u. Z.) im Jahre 46 v. u. Z. festgelegter Kalender, bei dem auf drei → *Gemeinjahre* mit je 365 Tagen immer ein 4. Jahr mit 366 Tagen (→ *Schaltjahr*) folgte. In 100 Jahren gab es 75 Gemein- und 25 Schaltjahre (75 x 365 + 25 x 366 = 36.525 Tage). Im Mittel hatte ein ›Julianisches Jahr‹ 365,25 Tage. Es war damit um 0,0078 Tage (ca. elf Minuten) länger als ein → *tropisches Jahr*. Im 16. Jh. war bereits eine merkliche Verschiebung (zehn Tage) zwischen dem kalendarischen und dem astronomischen Frühlingsanfang eingetreten.
Da das Datum des Ostern als des wichtigsten christlichen Festes vom Zeitpunkt des Frühlingsanfanges abhängt, drängte die Kirche auf eine Kalenderreform. Sie mündete 1582 in den → *Gregorianischen Kalender*.

Kalender. Einteilung der Zeit nach dem Sonnen- oder dem Mondlauf (→ *Sonnenkalender*, → *Mondkalender*). Unser Kalender ist ein Sonnenkalender. Ihm sind die drei natürlichen Zeitmaße → *Tag*, → *(synodischer) Monat* und → *Jahr* zugrundegelegt.
– jüdischer. Der j. K. basiert auf dem → *Lunisolarjahr*. Der Monatsbeginn wird durch Rechnungen bestimmt. In einem 19-jährigen Schaltzyklus erhalten das 3., 6., 8., 11., 14., 17. und 19. Jahr Schaltmonate. Es gibt mangelhafte, regelmäßige und überzählige Gemeinjahre mit 353, 354 bzw. 355 Tagen. Die zugehörigen Schaltjahre haben 383, 384 bzw. 385 Tage.
Gezählt werden die Jahre »seit Erschaffung der Welt«. Dieser Zeitpunkt wurde auf den 7. Oktober 3761 v. u. Z. gelegt. Im Laufe unseres Jahres 2000 begann das 5761. Jahr des j. K.
– römischer. Ein Sonnenkalender, bei dem die Tage der Monate mit Kalenden, Nonen und Iden bezeichnet wurden. (Tabelle 2). Jahresbeginn war bis 154 v. u. Z. der 1. März. Darauf weisen bis heute die Namen der Monate September (»Siebenter«) bis Dezember (»Zehnter«) hin. Ab 153 v. u. Z. wurde der 1. Januar, in der Nähe des kürzesten lichten Tages liegend, der Jahresanfang. Gezählt wurde ab ›urbe condita‹, der Gründung Roms, die für 753 v. u. Z. angenommen wurde. Die Monatsnamen und -längen dieses r. K. finden sich bis heute in unserm Kalender.

Koinzidenz. Übereinstimmung, Gleichklang. Zusammentreffen oder -fallen zweier Ereignisse. Zwei Pendel z.B., von denen das eine eine Schwingungsdauer von 2 s, das andere eine von 3 s hat, schwingen alle 6 s in gleicher Phase, sie koinzidieren. An → *astronomischen Uhren*, an denen sich der Sonnenzeiger einmal im Jahr dreht, der Mondzeiger einmal in 27,32 Tagen (→ *siderischer Monat*), koinzidieren diese beiden Zeiger nach jeweils 29,53 Tagen (→ *synodischer Monat*), d. h. immer nach diesem Zeitraum haben sie die gleiche Lage. Dieselbe K. haben auch jene Typen astronomischer Uhren, bei denen der Sonnen(= Stunden)zeiger sich an einem → *Sonnentag*, der Mondzeiger an einem → *Mondtag* um 360° drehen.

Kulmination(en) eines Himmelskörpers. Die Punkte in der scheinbaren täglichen Bahn eines Himmelskörpers, in denen er seine größte positive (›oberer K.spunkt‹) oder negative (›unterer K.spunkt‹) Höhe erreicht.
Bei Sternen, deren Höhe h größer ist als die geografische Breite φ, liegen oberer und unterer K.sort über dem Horizont (»Zirkumpolarsterne«). Ist h < φ, liegt der obere K.punkt über, der untere unter dem Horizont.
Zum Zeitpunkt ihrer K. befinden sich die Gestirne im Ortsmeridian (Nord-Süd-Kreis, Mittagskreis).

Lunation. Ein kompletter Durchlauf aller Mondphasen, z. B. von Neumond zum nächsten Neumond oder von Vollmond zum nächsten Vollmond. Eine L. dauert 29,53 Tage (→ *synodischer Monat*).

Lunisolarjahr (gebundenes Mondjahr). Eine Kombination von reinem Mondjahr (freier → *Mondkalender*) und Sonnenjahr (→ *Sonnenkalender*). Bei ersterem ergeben zwölf → *synodische Monate* mit abwechselnd 29 und 30 Tagen ein Mondjahr zu 354 Tagen (genau: 354,367 d). Letzteres ist abhängig vom scheinbaren Sonnenlauf. Der Zeitraum zwischen zwei aufeinander folgenden Durchgängen der Sonne durch den → *Frühlingspunkt* (= 1 → *tropisches Jahr*) dauert 365,2422 Tage. Die Differenz zwischen Sonnen- und Mondjahr

(knapp elf Tage) wird beim L. durch die Einfügung von Schaltmonaten in einem 19-jährigen Zyklus ausgeglichen. Er enthält zwölf Gemeinjahre mit je zwölf und sieben Schaltjahre mit je 13 Monaten. Dadurch wird der Jahresbeginn immer wieder in die Nähe der gleichen Jahreszeit geführt. Das L. beruht auf der Erkenntnis, dass 19 → *tropische Jahre* fast gleich 235 → *synodischen Monaten* sind (Differenz nur 2 h 4 min 46 s) (→ *Metonscher Zyklus*).
Dem jüdischen → *Kalender* z.B. liegt das L. zugrunde.

Mater. Grundscheibe des → *Astrolabiums*. An den → *astronomischen Uhren* vom Astrolabtyp entspricht die Uhrscheibe der M. und dem → *Tympanum* des Astrolabs. Da die astronomischen Uhren ortsfest sind, kann auf die Trennung von Mater und Tympanum verzichtet werden, wie sie bei → *Astrolabien* üblich ist, die in verschiedenen geografischen Breiten verwendbar sein sollen.

Metonscher Zyklus. Von dem griechischen Mathematiker Meton (um 432 v.u.Z.) formulierte Erkenntnis, dass 19 tropische → *Jahre* (19 x 365,2422 = 6939,6018 Tage) fast gleich 235 synodische → *Monate* (235 x 29,53058912 = 6939,688443 Tage) sind. Die Differenz beträgt nur 0,086643 Tage (2 h 4 min 46 s).
Der M. Z. ist die Grundlage für das → *Lunisolarjahr*. Er liegt der Goldenen Zahl zugrunde, die im Mittelalter wesentlich für die Ermittlung des Ostertermins war, und die sich darum an den Kalendarien mittelalterlicher astronomischer Kirchenuhren findet.

Minuskel. Kleinbuchstabe; Majuskel (Großbuchstabe).

Monat. 1. *Kalendarisch*: Einteilung des → *Jahres* in 12 Teile, von 28 oder 29 (Feb), 30 (Apr, Jun, Sep, Nov) oder 31 (Jan, Mär, Mai, Jul, Aug, Okt, Dez) Tagen. 2. *Astronomisch*: Zeitraum eines Mondumlaufes. Je nach dem Bezugspunkt gibt es verschieden definierte M.e: a) Siderischer M. = Zeitraum zwischen zwei aufeinander folgenden Durchgängen des Mondes durch den Stundenkreis eines Sterns = 27,321661 Tage. b) Synodischer M. = Zeitraum zwischen zwei aufeinander folgenden gleichen Stellungen des Mondes in bezug auf die Sonne (= gleiche Mondphasen) = 29,530589 Tage. c) Drakonitischer M. = Zeitraum zwischen zwei aufeinander folgenden Durchgängen des Mondes durch seinen aufsteigenden Knoten = 27,212220 Tage. Die M.e (a) bis (c) spielen bei astronomischen Uhren eine Rolle, während andere Arten von M.en hier ohne Bedeutung sind (tropischer M., anomalistischer M.).

Mondalter. Die seit dem letzten Neumond verstrichene Anzahl von Tagen. Aus dem M. ist die Mondphase zu erkennen.

Mondkalender. Einteilung der Zeit nach dem Wiederholungszyklus der Mondphasen. Da der synodische → *Monat* keine ganze Zahl von Tagen umfasst (29,530589 Tage), enthalten die Monate des M.s abwechselnd 29 und 30 Tage. Der sich summierende Rest (12 x 0,030589 = 0,367 Tage im Mondjahr) wird durch Schalttage ausgeglichen (→ Kalenderscheibe der Danziger astronomischen Uhr). Das Mondjahr umfasst zwölf Monate mit insgesamt 354 Tagen. Es ist damit um rund elf Tage kürzer als das → *tropische Jahr*. Ein auf einem solchen Mondjahr basierender M. heißt freier M. Der Jahresanfang eines freien M.s wandert durch alle Jahreszeiten.
Hält man am synodischen → *Monat* als Monatslänge fest und fügt gleichzeitig in einer 19-jährigen Periode nach festgelegtem Rhythmus (12 Jahre mit 12, 7 Jahre mit 13 Monaten) Schaltmonate ein, so bleibt der Jahresanfang in der Nähe derselben Jahreszeit. Ein solcher dem Mond- und dem Sonnenlauf angepasster Kalender heißt gebundener M. (Metonscher Zyklus, → *Kalender*, jüdischer). Er liegt dem → *Lunisolarjahr* zugrunde.

Mondtag (Mondstunde). Mittlerer Zeitraum zwischen zwei aufeinander folgenden oberen → *Kulminationen des Mondes*. Der M. dauert etwa 24 h 50 min 30 s.
Im täglichen Leben spielt der M. nur noch bei der Berechnung der Gezeiten eine Rolle (Zeitraum von einer zur nächsten Flut = ½ M.).
An den hansischen Monumentaluhren des älteren Typs entspricht ein Umlauf des Mondzeigers um 360° einem M.
Eine Mondstunde ist 1/24 M. = 1 h 2 min 6 s. Sie hat im täglichen Leben keine Bedeutung. Einzig an der zerstörten Lübecker Marienkirchuhr befand sich eine Mondstundenuhr.

Planetenbewegung (rechtläufig, rückläufig). Alle Planeten bewegen sich im gleichen Richtungssinn um die Sonne. Der mitbewegte Beobachter auf der Erde sieht die scheinbaren P.en gegenüber dem Himmelshintergrund. Normalerweise bewegen sich die Planeten gegenüber den Sternen von West nach Ost. Eine solche P. heißt rechtläufig. Befindet sich der Planet gegenüber der Erde jedoch in Opposition, d.h. der Sonne gegenüber stehend, so wird er von der mit größerer Geschwindigkeit laufenden Erde überholt. Er scheint sich dann gegenüber den Sternen von Ost nach West zu bewegen. Diese Bewegungsphase heißt rückläufig. Wenn zur Recht- und Rückläufigkeit eine Abweichung von der → *Ekliptikebene* hinzukommt, scheint der Planet am Himmel eine Schleifenbewegung auszuführen.

Präzession. Kreiselbewegung der Erde, durch die die Erdachse einen Doppelkegel im Raum beschreibt. Die unter einem Winkel von etwa 23,5° gegen die Erdbahnebene (→ *Ekliptik*) geneigte rotierende Erde kann als Kreisel aufgefasst werden. Unter der Gravitationswirkung von Sonne und Mond, die die Äquatorebene in die Ebene der Ekliptik zu drehen versucht, weicht erstere rechtwinklig aus. Die Erdachse durchläuft aus diesem Grund in 25.700 Jahren (»Platonisches Jahr«) den o. g. Doppelkegel (»P.kegel«).
Die Verlagerung der Erdachse ist mit einer Drehung der Äquatorebene verbunden. Daraus folgt eine Verschiebung des → *Frühlingspunktes* um jährlich 50,3″. Eine weitere Folge der P. ist die allmähliche Verschiebung des Himmelsnordpoles. Weist die Verlängerung der Erdachse gegenwärtig in die Nähe des Polarsternes (αUMi), so wird sie im Jahre 13.500 u. Z. nahe dem Stern Wega (αLyr) zu finden sein. Erst um 27.700 u. Z. wird der Polarstern seinen Namen wieder zu Recht tragen.

Predella. Untersatz für den Altarschrein (→ *Altar*).

Retabel. Altarrückwand, -aufsatz (→ *Altar*).

Rete. »Spinne«, »Netz« (lat.). Beweglicher Teil des → *Astrolabiums*, der um die Zentralbohrung (entspricht einem der Himmelspole) drehbar ist. Wichtigster Teil des R. ist der exzentrisch liegende Ring der → *Tierkreiszone*. An den astronomischen Uhren des Astrolabtyps stellt der exzentrisch gelagerte Tierkreisring das Rete dar. Zusammen mit der Lineatur und Bemalung der → *Mater* und den stabförmigen Zeigern ermöglicht es eine Vielzahl astronomischer Ablesungen.

Schaltjahr. Jahr, dem ein zusätzlicher Tag oder Monat eingefügt wird. Gegenstück: → *Gemeinjahr.*

Siderischer Monat. Zeitraum zwischen zwei aufeinander folgenden Durchgängen des Mondes durch den Stundenkreis ein und desselben Sterns. Ein s. M. dauert 27,321661 Tage (→ *Monat*).

Siderischer Tag. Zeitraum zwischen zwei oberen Kulminationen ein und desselben Sterns. Ein s. T. hat eine Länge von 23 h 56 min 4,1 s.

Sonnenkalender. Ein Kalender, dem der scheinbare Lauf der Sonne am Himmel zugrunde liegt. Die Einheit des S.s ist das Sonnenjahr, der Zeitraum eines Umlaufes der Erde um die Sonne. Da sich die Jahreszeiten im Zeitraum eines Sonnenjahres wiederholen, kann man sagen, dass dem S. der Wiederholungszyklus der Jahreszeiten zugrunde liegt.

Sonnentag. Mittlerer Zeitraum zwischen zwei aufeinander folgenden unteren Kulminationen der Sonne (24 h) (→ *Tag*).

Sternbild. Im allgemeinen Sprachgebrauch eine Gruppe von Sternen, die zu einer bildhaften Darstellung verbunden ist. In der Astronomie ist ein S. ein genau abgegrenztes Himmelsgebiet. Der gesamte Himmel ist in 88 S.er aufgeteilt.
Die Namen vieler S.er entstammen der griechischen Mythologie (Andromeda, Cassiopeia, Orion u. a.). In der Astronomie werden die S.er neben ihrem deutschen Namen mit ihrer lateinischen Bezeichnung oder deren Abkürzung benannt: Großer Bär – Ursa Maior (UMa); Zwillinge – Gemini (Gem); usw.
Infolge des Umlaufes der Erde um die Sonne verschieben sich die S.er von Tag zu Tag um ca. 1° nach Westen. Daher ändern sich die sichtbaren S.er im Laufe des Jahres. Je nach ihrer Sichtbarkeit am Abendhimmel unterscheidet man Sommer-S.er (z. B. Leier und Schwan) und Winter-S.er (z. B. Orion und Großer Hund).
Die S.er nahe der → *Ekliptik* werden als → *Tierkreis-S.er* bezeichnet.

Sterntag. Zeitraum zwischen zwei aufeinander folgenden oberen Kulminationen des → *Frühlingspunktes.* Ein S. dauert 23 h 56 min 4,09 s. Er ist damit um 3 min 55,91 s kürzer als der → *Sonnentag.*
Ein → *tropisches Jahr* hat 365,2422 Sonnen-, aber 366,2422 S.e.
An den → *astronomischen Uhren* des Astrolabtyps dreht sich der Tierkreiszeiger einmal an einem S.

Synodischer Monat. Mittlerer Zeitraum zwischen zwei aufeinander folgenden gleichen Stellungen des Mondes zur Sonne (= zwei aufeinander folgende gleiche Mondphasen). Der s. M. dauert 29 d 12 h 2,9 s (29,530589 d).
Wegen der vielfachen komplizierten Einflüsse auf die Mondbahn kann der tatsächliche s. M. um bis zu 13 Stunden vom mittleren Wert abweichen.
An den → *astronomischen Uhren* wird der s. M. zum einen durch den Zeitraum zwischen einer Bedeckung des Sonnen(= Stunden)zeigers

durch den Mondzeiger bis zur nächsten angezeigt. Zum andern gibt die Mondphasenanzeige (Kugel oder Scheibe) den s. M. unmittelbar als Zeitraum zwischen zwei gleichen Mondphasen an.

Tag. Kleinstes der drei natürlichen Zeitmaße (andere: → *Monat*, → *Jahr*). Mittlerer Zeitraum einer Umdrehung der Erde um ihre Achse. Je nach dem Bezugspunkt gibt es den → *siderischen*, → *Stern-*, → *Sonnen-* oder → *Mondtag* (Zeitraum zwischen zwei gleichartigen Kulminationen eines Sterns, des → *Frühlingspunktes*, der Sonne oder des Mondes).
An den → *astronomischen Uhren* des Astrolabtyps werden der Stern-, der Sonnen- und der Mondtag durch die Umlaufzeiten des Tierkreiszeigers, des Sonnen- und des Mondzeigers angegeben. An jeder Uhr entspricht der Umlauf des Stundenzeigers entweder einem ganzen oder einem halben Sonnentag (12-Stunden- oder 24-Stunden-Zifferblatt).

Tierkreis (-zone). Himmelszone beiderseits der → *Ekliptik*, in der sich 13 → *Sternbilder* finden: Widder, Stier, Zwillinge, Krebs, Löwe, Jungfrau, Waage, Skorpion, (Schlangenträger), Schütze, Steinbock, Wassermann, Fische. (Das Sternbild Schlangenträger wird oft nicht zu den T.-Sternbildern gerechnet, weil es die uralte 12er-Teilung der T.z. ›stört‹.) Die Bezeichnung T. (= Zodiakus) rührt daher, dass sieben der zwölf Sternbilder Tiernamen tragen.

Tierkreissternbild. 12 (13) → *Sternbilder* längs des → *Tierkreises*.

Tierkreiszeichen. Astrologische Einteilung des → *Tierkreises* in zwölf Abschnitte von je 30°, denen jeweils ein T. zugeordnet ist.
Zur Zeit der Benennung der T. vor mehr als 2000 Jahren stimmten sie mit den → *Tierkreissternbildern* überein. Durch die Wanderung des → *Frühlingspunktes* infolge der → *Präzession* sind T. und Tierkreissternbilder inzwischen um ca. 30° auseinander gedriftet. Daher befindet sich heute das T. des Widders im Sternbild Fische, das T. des Stieres im Sternbild Widder usw.
In der → *Astrologie* und in der → *Astronomie* haben sich für die Tierkreiszeichen bzw. die Tierkreissternbilder seit dem Mittelalter die folgenden Symbole eingebürgert: ♈–*Widder*, ♉–*Stier*, ♊–*Zwillinge*, ♋–Krebs, ♌–*Löwe*, ♍–*Jungfrau*, ♎–*Waage*, ♏–*Skorpion*, ♐–*Schütze*, ♑–*Steinbock*, ♒–*Wassermann*, ♓–*Fische*.
An allen mittelalterlichen monumentalen → *astronomischen Uhren* werden die T. in ihrer astrologischen Funktion dargestellt. Das ist daran zu erkennen, dass die Sonne zu Frühlingsbeginn an der Grenze vom T. Fische zum T. Widder steht. (In der Natur befindet sie sich dann im Sternbild Fische nahe der Grenze zum Sternbild Wassermann.) Lediglich an der neuen astronomischen Uhr in der Lübecker Marienkirche, einem Werk der 2. Hälfte des 20. Jh., werden nicht die astrologischen, sondern die astronomischen Sachverhalte dargestellt.

Tropisches Jahr. Zeitraum zwischen zwei aufeinander folgenden Durchgängen der Sonne auf ihrer scheinbaren jährlichen Bahn durch den → *Frühlingspunkt*. 1 t.J. = 365,2422 Tage. Das t.J. gibt den Rhythmus, in dem sich die Jahreszeiten wiederholen. Darum ist es die Grundlage unseres → *Kalenders*.

Tympanum. Einlegescheibe für das → *Astrolabium* mit den Linien der → *Wendekreise*, dem → *Himmelsäquator*, den Höhen- und den Azimutkreisen, dem Ortsmeridian, der Ost-West-Linie (›Horizon rectus‹), der Horizontlinie für eine gegebene geografische Breite, den Linien für die jahreszeitlich unterschiedlich langen Stunden (›Horae temporales‹) und weiteren astronomisch determinierten Darstellungen. Oft wurden mehrere Tympana für unterschiedliche geografische Breiten angefertigt, um das → *Astrolabium* an verschiedenen Orten einsetzen zu können. Bei den (ortsfesten) → *astronomischen Uhren* des Astrolabtyps ist das Liniennetz direkt auf die Uhrscheibe gezeichnet, die der → *Mater* des Astrolabs entspricht.

Weltbild. Vorstellung vom Aufbau des Weltalls. Bis ins 18. Jh. war das W. auf ein Bild vom Sonnensystem beschränkt.
In den ältesten W.ern wurde die Erde als Scheibe gesehen, die von der Himmelskugel mit den daran befestigten Sternen überwölbt wird. Das nach dem alexandrinischen Gelehrten Claudius Ptolemäus (um 90 u. Z.–um 160 u. Z.) benannte → *ptolemäische W.* sah die kugelförmige Erde im Zentrum des Kosmos. Sie wird von den Wandelsternen, zu denen auch Sonne und Mond zählten, umlaufen. Das ganze System ist von der Sphäre der Fixsterne umhüllt.
Nikolaus Kopernikus (1473–1543) legte den Grund für das nach ihm benannte → *kopernikanische W.*, nach dem die Sonne das Zentrum des Sonnensystems ist.
Das moderne W. sieht das Sonnensystem als Teil des Milchstraßensystems weit außerhalb von dessen Zentrum. Das Milchstraßensystem wiederum ist eine von vielen Milliarden Welteninseln (Galaxien), die wiederum in sich strukturiert sind (Galaxienhaufen, Haufen von Galaxienhaufen).

Weltweise. Bezeichnung für die Bildnisse von Gelehrten in den Ecken des Zifferblattes oder des Kalenderraumes von astronomischen Uhren in Kirchen des hansischen Gebietes. Oftmals sind ihnen Sinnsprüche beigegeben, die an einigen Uhren original erhalten sind (Stralsund, Doberan, Stendal).

Wendekreis. Da der Äquator mit der → *Ekliptik* einen Winkel von 23° 26′ bildet, gibt es einen Ort in der Jahresbahn der Erde um die Sonne, bei dem die Sonne mittags senkrecht auf die Orte der Nordhalbkugel mit der geografischen Breite 23° 26′ n. Br. scheint. Das ist der Beginn des Sommers auf der Nordhalbkugel. Die Projektion dieser geografischen Breite auf die Himmelskugel ergibt einen Kleinkreis mit der Deklination + 23° 26′, den W. des Krebses. Auf ihm befindet sich die Sonne zum Zeitpunkt der Sommersonnenwende.
Entsprechend gibt es einen Kreis auf der Südhalbkugel mit der geografischen Breite 23° 26′ s. Br., der bei Beginn des Sommers auf der Südhälfte der Erde senkrecht von der Sonne beschienen wird. Für die Nordhälfte der Erde ist das der Zeitpunkt der Wintersonnenwende. Für die Bewohner der nördlichen Hälfte der Erde hat die Sonne ihren tiefsten Stand erreicht. Die Projektion des südliches W.es an die Himmelskugel ergibt einen Kleinkreis mit der Deklination – 23° 26′. Er heißt der W. des Steinbocks.
An den → *astronomischen Uhren* vom Astrolabtyp sind die W.e als äußerster bzw. innerster der konzentrischen Kreise auf die → *Mater* gezeichnet.

Widderpunkt. → *Frühlingspunkt*

Zodiakus. → *Tierkreis*

Liste der lateinischen Inschriften

Danzig, Astronomische Uhr

Inschriften in vier Ringen der Kalenderscheibe:
Ring 7 von außen: Primus cyklus presentis spere sive kalendarie incipitur Anno domini 1463 currente et durabit per 19 annos inmediate sequentes usque ad annum 1481 completum in quo /termin/abitur. Est nota quod hore et minuta que ponuntur post aureum numerum in ciclis hic descriptis computende sunt post meridiem eiusdem diei in quo reperitur aureus numerus figuratus. Quia dies naturalis completur in meridie et habet 24 horas equales secundum calculationem astronomicam continet 60 minuta. (Deutsche Beschriftung → S. 60.)
Ring 11: Secundus ciclus presentis kalendarie incipietur Anno domini 1482 currente et durabit ad annum domini 1500 completum et hore et minuta reperte post aureum numerum sunt similiter computan de post meridiem eiusdem diei in quo reperitur aureus numerus signatus, ut dictim est in primo ciclo. Sciendum quod annus incipitur a primo die Januarii secundum ecclesiam Romanan et eodem die aureus numerus littera dominicales et cetera omni anno variantur et renovantur. – Der ander cikel dyßer speren hebit sich an Am lofenden Johre des herren MCCCCLXXXII vnde weret durch das vulkomende iore MV^{c} Vnde dy stunden vnde minuten dy gefunden werden noch der gulden czal sint ouch czu rechende noch deme mittage desselbigen tages do dy guldene czal gefunden wirrt also vorberiret ist in deme ersten cikel. Czu wissen das sich das ior an hebit An deme neuwen iorestage. So vorwandelt sich dy gulden czal vnde der sontages buchstab et cetera.
Ring 15: Tercius ciclus incipietur Anno domini 1501 currente et durabit usque ad annum 1519 completum. Hore autem et minuta reperte post aureum numerum sunt computande pariformiter ut supra dictum est in ciclis precedentibus. Notandum quod per motum solis et lune anni et tempora ab invicem distungwuntur. Ideo eorum medie coniunctiones in presenti spera sive kalendario per aureum numerum horas et minuta describuntur. – D(er dritte) cikel hebit sich an Am lofenden Jore des herren MV^{c} vnde 1 Jor vnde endet sich in deme volkomenden iore MV^{c}XIX /Dy stunden vnde minu/ten dy do gefunden werden noch der gulden czal sint glicherwis czu rechende also vor beriret ist in den vorighen cikelen. Czu merckende das durch den lof der sonnen vnde des monden dy iore vnde cziten syn vnder scheyden. dorvmme ist ire entphengunge in dyßer spere geschreven.

Ring 19: Quartus ciclus incipietur Anno domini 1520 currente et terminabitur 1538 completo cetera uisupra ut dictum est in aliis ciclis. Ut … istis ciclis scilicet Anno domini 1538 completis cicli presentis spere sive kalendarie sunt renovandi aut continuandi cum addicione 5 horas et 28 min fere ut patebit unicuique iuste et recte practicanti sive calculanti. – Der virde cikel hebit sich an Am lofenden iare des herren MV[c] vnde XX vnde endet sich an dem vulkomenden Jore MV[c]XXXVIII et cetera als vorgefirrt ist in dene anderen cicelen. So denne volbrocht sint dieße IIII cicelen also an deme volkomenden Jare des herren MV[c]XXXVIII so sint sy czu newgerende mit der czusatczunge V stunden et XXVIII minuten also dy rechte practica bewyset. (Nach Zimmermann 1939, S. 79 f.)

Doberan, Astronomische Uhr

Schriftbänder der Weltweisen:

Ptolemäus (o. l.): Vir sapiens dominabitur astris
Alfons X. (o. r.): Sic sol zodiacum circuit sive annum suum
Hali (u. l.): Motus solis et planetarum in obliquo circulo sunt
Albumasar (u. r.): Post dominum unicum vita sunt sol et luna

Lübeck, Astronomische Uhr

Gesims oberhalb der Kalenderscheibe, rechte Hälfte:

Adspectum caeli, Solis, Lunaeque nitorem
Lumina, per certos ignem ducentia cursus,
Ut fluat hora fugax atque irrevocabilis annus
Hoc tibi, conspiciens oculis haurice licebit.
Sed resonos quoties modulos campana remittit
Protinus astripotens Numen laudare memento.

Gesims oberhalb der Kalenderscheibe, linke Hälfte:

Hoc Horologium factum est primum Anno Christi 1405 Hanc Rempubli. gubernantibus D. Proconsulibus Henrico Westhoff et Goswino Clingenberch, Provisoribus huius Ecclesiae. Ipso die purificationis Mariae.

Fläche links des Kalenderraumes:

- Horol.(ogium) hoc. Astron.(omicum) ante ann.(os) CCCXLIIX constr.(uctum) temp.(oris) iniur.(ias) subinde expertum reparatum est:
- I) A.C. MDLXII. a. suis. natalibus. CLVII praefectis. h.t. viris Clariss. Ant. a. Stiten Cos. Magn. et Henr. Koehler. Senat. fer. asc. Chr.
- II) A.C. MDCXXIX. pot. renov. prim. LXVII. praefectis h.t. Reip. Lub. Cos. Magn. Laur. Moeller. nec. non. Juergen. Paulsen. et. Joh. Fuechting. utroque. Senat. et. Dieter. Brömse.
- III) A.C. MDCCLIII. post. ren. alteram. CXXIV. addito. austoque decore. extern. suis. quasi. ex. ruinis. redd. Praesul. Cons. Magn. Henrico Rust. Herm. Brüningk. et Joh. Gerh. Fürstenau. Senatorib. et Henr. Wöhrmann. Cive.

Fläche rechts des Kalenderraumes:

- IV) A.C. MDCCCIX. post. renov.tertiam LVII. hoc Horologium iterum reparatum, est novus constructus est orbis solis lunaeque eclipses ad annum MDCCCLXXV. usque indicans, Praefectis H.T. Cos. Magn. Dre. Johanne Casparo Lindenberg, Nocolao Jacobo Keusch Senat., Diederico Stolterfoht et Henrico Nölting. Civibus.

Inschriften in den Monatssektoren der Kalenderscheibe von 1405:

Incensiones ⋆ Januarij annuatim
Istius ecclesie … cotti dieque
Incensiones ⋆ Februarij annuatim
Respice qui regis hic intus quod bene regis
Incensiones ⋆ Martij annuatim
Sensum prophete doccant homines sibi de re
Incensiones ⋆ Aprilis annuatim
Lunarem motum rectum medium cito totum
Incensiones ⋆ Maij annuatim
Si voluis rotam seruando tempore quotam
Incensiones ⋆ Junij per circulum anni
Quam statuit mere procurator retinere
Incensiones ⋆ Julij per circulumanni
Istius ecclesie … cotti dieque
Incensiones ⋆ Augusti per circulum anni
Respice qui regis hic intus que bene regis
Incensiones ⋆ Septembris annuatim
Sensum prophete doceant homines sibi de te
Incensiones ⋆ Octobris annuatim
Lunarem motum rectum medium cito totum
Incensiones ⋆ Nouembris annuatim
Si voluis rotam seruando tempore quotam
Incensiones ⋆ Decembris annuatim
Quam statuit mere procurator retinere
(Jimmerthal 1861, S. 11 f.)
★ = Mondphasen

Lund, Astronomische Uhr

Zwischen Uhrscheibe und Kalenderraum:
Hocce Horologium mediaevale, per III saecula neglectum, anno MDCCCXXXVII dirutum, anno salutis nostrae MCMXXIII denuo est constructum.

Evangelistensymbole in den Zwickeln der Kalenderscheibe:
Matthäus als Engel (o. l.): ecce magi ab oriente veneru(n)t c(aput) ii
Johannes als Adler (o. r.): erat lux vera q(uae) illu(m)inat o(mn)em ho(m)i(n)em c(aput) i
Lukas als geflügelter Stier (u. l.): mane nobiscu(m) inclinate e(st) iam dies c(aput) xxiv
Markus als geflügeltet Löwe (u. r.): c(aput) xiii (con)gregabit electos suos a iv ventis

Münster, Astronomische Uhr

Oberhalb des Stundenringes:
In hoc horologio mobili poteris haec aliaque multa dinoscere: Tempus aequalium et inaequalium horarum: Medium motum omnium planetarum: Ascendens vel descendens signum: Ortus insuper et occasus aliquarum stellarum fixarum. Ad haec regnum planetarum in horis astronomicis utrinque a lateribus opris. Superne vero oblationes trium regum. Inferne autem Kalendarium cum festis mobilibus.

Evangelistensymbole in den Zwickeln der Uhrscheibe:
Matthäus als Engel (o. r.): Ecce magi ab oriente veniunt
Johannes als Adler (o. l.): Nonne duodecim sunt hore diei
Lukas als geflügelter Stier (u. l.): Tenebre facte sunt in universa(m) terra(m)
Markus als geflügelter Löwe (u. r.): Veniunt ad monume(n)tum orto iam sole

Texte zu den Monatsbildern auf der Kalenderscheibe:
Januar: Pocula Janus amat comeditque et potat ad ignem
Februar: Contrahit inde gelu fluvios Februarius algens
März: Deinde putat vites et scindit Martius arva
April: Aprilis terras aperit cum florida prodit
Mai: Ros et frons nemorum Maio sunt fomes amoris
Juni: Tondet oves nostras hinc Junius ille ludentes
Juli: Fena metit pecori nostrati Julius alma
August: Augustusque spicas demessas cogit in agris
September: Semina committit sulcis September aratis
Oktober: Post hec October coctas bene colligit uvas
November: Letatur porcos mactando quisque November
Dezember: Ligna focis findit spolians virgulta December

Stendal, Astronomische Uhr

Schriftbänder der Weltweisen:
Astra inclinant sed non necessitant (l. o.)
Astrologorum decreta non sunt peremptoria (r. o.)
Erunt in signa tempora et dies in annos (l. u.)
Nolite timere a signis celi que timent gentes (r. u.)

Stralsund, Astronomische Uhr

Schriftzeile oberhalb des Kalenderraumes:
Anno d(omi)ni MCCCXCIIII. In die s(an)ct(i) nicolai co(m)pletu(m) est op(us) p(er) nicolau(m) lillienvelt. Orate p(ro) F(ac)torib(us) et largitoribus q(ui) c(um) dili(g)encia co(m)pler(u)nt.

Schriftbänder der Weltweisen:
Ptolemäus (o. l.): Inferiora reguntur a superioribus
Alfons X. (o. r.): Motus solis et planetarum in obliquo circulo
Hali (u. l.): Dies est elevacio solis super orizontem
Albumasar (u. r.): Sapiens vir dominabitur astris

Schriftbänder links und rechts im Unterbau:
›**Der Morgen**‹ (li.): Post deum omnium vivencium vita sol et luna
›**Der Abend**‹ (re.): Matutinae imensa munera sed sepe male finiunt

Tabelle 1: Figurenspiele an den Uhren im Hanseraum

Danzig, Marienkirche

Wiederherstellung 1983/98

• Eineinhalb Minuten vor 12 Uhr mittags eröffnen die Bläser seitlich vom Kalender die Szenerie. Die Engelsfiguren, die die Türen neben der obersten Bühne bewachen, schütteln Glöckchen in ihren Händen.

• Dann öffnen sich die Türen in den oberen Ecken der Uhrscheibe. Hinter der linken Tür wird auf einem Relief die Verkündigungsszene dargestellt, hinter der rechten Tür wird die Huldigung der Drei Könige sichtbar.

• Die Diakone neben den Türen der unteren der beiden Bühnen läuten die Glöckchen in ihren Händen, und der Greis rechts neben der Kalenderscheibe bewegt dazu seinen rechten Arm im Takt. Im Innern der Uhr spielt eine Orgel die Hymne der Muttergottes, der Patronin dieser Kirche.

• Auf der Bühne zwischen den Engeln treten die vier Evangelisten aus der linken Tür, verweilen in der Mitte und wenden sich den Besuchern zu. In gleicher Weise kommen die zwölf Apostel aus der rechten Tür der unteren Bühne, bilden ein Halbrund und drehen sich zu den Zuschauern. Die Musik verstummt, und das Bild erstarrt.

• Es folgt der Viertelstundenschlag durch Eva und der Stundenschlag durch Adam. Dann belebt sich die Szene erneut: Die Engel läuten, der Greis dirigiert, die Musik ertönt, Evangelisten und Apostel verlassen die Szene.

• Hinter den Aposteln erscheint der Tod, schüttelt seine Sense und versucht, ins Paradies zu gelangen. Aber die Tür schließt sich vor ihm, er stürzt zu Boden, und die Musik verstummt. Am Schluß des Schauspiels, das insgesamt drei Minuten dauert, schließen sich die Türen in den oberen Zwickeln der Uhrscheibe wieder.

Lübeck, Dom

Erbaut 1628

• Die Allegorie des Glaubens schlägt die Viertelstundenglocke. Zur vollen Stunde schlägt die Figur des Todes die Stundenglocke.

• Die Augäpfel des Sonnengesichtes im Zentrum der Uhrscheibe bewegen sich im Rhythmus der Pendelschwingungen.

Lübeck, Marienkirche

a) in der Fassung von 1566 (1942 zerstört):

• Mittags um 12 Uhr traten der Kaiser und die sieben Kurfürsten aus der rechten Tür, verneigten sich vor Christus, erhielten seinen Segen und verschwanden durch die linke Tür.

• Ein alter Mann mit Stundenglas und Glockenhammer schlug die Stundenglocke.

• Zwei Engel hoben ihre Posaunen, das Trompetenwerk ertönte. Ratsdiener verneigten sich.

b) An der neuen Uhr von 1976:

• Rundgang von Menschen aus aller Welt (schwarzer Missionar, weißer Arzt, Inderin, Indianer, Japanerin, Afrikanerin, Eskimofrau, Fischer) vor Christus, dem sie sich zuwenden, vor dem sie sich verneigen und der sie segnet.

• Ein alter Mann mit Sanduhr schlägt die Stundenglocke mit einem Hammer.

Lund, Dom

An das historische Vorbild aus dem 15. Jahrhundert angelehnterNachbau von 1923

• Umgang der Heiligen Drei Könige, die sich Maria und dem Kind zuwenden und sich verneigen. Sie werden von einem Herold und drei Dienern begleitet (diese ohne Huldigungsgesten). Die Figuren treten aus der linken Tür und verschwinden in der rechten.

• Zwei Bläser links und rechts der Huldigungsszene setzen ihre Posaunen an den Mund. Die Hymne »In dulci jubilo« ertönt.

• Zwei Geharnischte auf der Uhr geben einander soviel Hiebe, wie die Stundenglocke schlägt

Münster, Dom

Ausstattung von 1540

• Mittags um 12 Uhr Umgang der Heiligen Drei Könige. Aus der rechten Tür kommend ziehen sie unter den Klängen des Glockenspiels vor der Gottesmutter mit dem Jesuskind auf ihrem Schoß vorbei. Zwei Diener begleiten sie. Die Könige wenden sich der Madonna mit dem Kinde zu und verbeugen sich. Über dieser Szene zieht der Stern von Bethlehem. Früher folgte das Kind mit seinem Kopfe der Bewegung der Könige.

• Tutemann und Frau auf dem Gesims links neben dem Aufsatz der Uhr: Beim Stundenschlag bläst der Tutemann das Horn. Vor jedem Hornstoß dreht er sich seiner Frau zu, die nach jedem Hornstoß die Glocke schlägt.

• Chronos und Tod (seit 1696) auf dem Gesims des Pfeilers rechts vom Aufsatz: Der Tod schlägt die Viertelstundenglocke, und Chronos dreht die Sanduhr um.

Rostock, Marienkirche

a) Bis 1641

• Nach dem Bau der Uhr um 1472 lief im damaligen Aufsatz offenbar ein anderes Szenarium ab als seit 1643 (vielleicht dem der Danziger Schwesteruhr gleich oder ähnlich). Außerdem befand sich bis 1621 ein Figurenspiel offenbar auch bei einer Uhr über dem Altar.

• Spätestens 1641 wurden die beiden Türen in den oberen Ecken der Uhrscheibe funktionslos, die auch an der Danziger Uhr vorhanden sind. Für Danzig ist belegt, dass beim Öffnen der Türen die Verkündigung des Engels an Maria und die Anbetung des Kindes durch die Heiligen Drei Könige zu sehen waren. Die vielfachen Analogien zwischen der Danziger und der Rostocker Uhr lassen eine gleiche oder ähnliche Darstellung auch in der Rostocker Marienkirche vermuten. Seit 1641/43 sind diese Türen von den Symbolen der Evangelisten Matthäus und Johannes überdeckt und lassen sich nicht mehr öffnen.

b) Seit 1643

• Mittags und nachts um 12 Uhr öffnet sich die rechte Tür, und sechs Apostel ziehen an Christus vorüber. Fünf von ihnen (Petrus, Johannes, Jakobus d. Ä., Jakobus d. J., Paulus) wenden sich ihm zu, werden gesegnet und gehen durch die linke Tür ab. Vor Judas, dem letzten in dieser Reihe, schlägt die Tür zu. Dort muß er bis zum nächsten Umgang warten.

Wismar, Marienkirche

1945 zerstört

• Die halbrunde Bühne in der Mitte oberhalb der Uhrscheibe lässt einen ehemals vorhandenen Figurenumgang sicher erscheinen. Ob er aus der Entstehungszeit der Uhr (1. Viertel des 15. Jh.) oder vom Umbau 1543 stammt, bleibt ebenso offen wie die Frage nach der Art der Darstellung und dem Zeitpunkt ihrer Zerstörung. D. Schröder ging um 1740 im »Papistischen Mecklenburg« (S. 1223) schon nicht mehr darauf ein.

• Stattdessen aber nannte er auf der Rückseite der Uhr oberhalb des Altars bei der Stunden und Halbstundenglocke zwei Böcke vor einer Scheibe, die sich bei jedem Stundenschlag stießen. Ein kleiner Kerl schlug mit einem Hammer auf die Glocke und bewegte bei jedem Schlag den Kopf und den rechten Arm. 1841 wurden Männchen und Böcke entfernt (Schlie Bd. II, S. 44), Letztere kehrten 1900 an ihren Platz zurück.

Tabelle 2: Astronomische Uhren, die außer der Uhrzeit nur die Mondphase zeigen (Ausland nur in Auswahl)

Stadt	*Standort*	*Bemerkung*
Amberg	Rathaus	
Arnstadt	Rathaus	F
Aschersleben	Rathausturm	F
Bad Berka	Rathaus	
Bad Liebenwerda	Nikolaikirche	
Bad Schmiedeberg	Au-Tor	
Bad Tölz	Altes Rathaus	dU
Bad Urach	Rathaus[1)]	
Benfeld (F)	Rathaus	dU
Bietigheim-Bissingen	Rathaus	
Breslau (PL)	Rathaus	dU
Budweis (CZ)	Schwarzer Turm	
Dubrovnik (HR)	Uhrturm	
Görlitz	Kirche St. Peter und Paul	
Görlitz	Rathaus	F, dU
Grimma	Rathaus	
Günzburg	Unteres Tor	
Hannover	Gartenkirche	
Hann. Münden	St.-Blasiuskirche	
Jena	Rathaus	F
Kaufbeuren	Rathaus	
Kirchheim unter Teck	Rathaus	
Korçula (HR)	Kathedrale	
Landshut	St.-Martinskirche	
Leipzig	Altes Rathaus	dU
Leipzig	Krochhochhaus	F
Lübeck	Dom	F, dU
Linz (A)	Rathausturm	
Ljubljana/Laibach(SLO)	Altes Rathaus	dU
Molsheim (F)	Metzig (Alte Schlächtereien)	dU
Marburg	Rathaus	F
Marburg	Schloss	
Markgröningen	Rathaus	F
München	Bayr. Nationalmuseum	
Nürnberg	Liebfrauenkirche	F, dU
Ochsenfurt	Rathaus	F, dU
Pirna	Rathaus	F
Plauen	Rathaus	F
Pößneck	Rathaus	F
Rijeka (HR)	Stadtturm	
Rostock	Fünfgiebelhaus	F
Sangerhausen	Jakobikirche	
Schwäbisch Hall	Michaelskirche	F
Sigmaringen	Schloss	
Stettin (PL)	Schloss	
Stuttgart	Rathaus[2)]	F
Überlingen	Wallfahrtskirche Birnau	
Weißenfels	Rathaus	

[1)] Mondphasenanzeige z.Z. nur aufgemalt
[2)] außerdem Wochentag

F = Figuren- oder Glockenspiel
dU = dekoratives Umfeld

Tabelle 3: Tierkreissternbilder und Tierkreiszeichen

Name	*Eintritt der Sonne in das Tierkreis-*	
	Sternbild	*Zeichen*
Widder	18. April	21. März
Stier	13. Mai	20. April
Zwillinge	21. Juni	21. Mai
Krebs	20. Juli	21. Juni
Löwe	10. August	23. Juli
Jungfrau	16. September	23. August
Waage	30. Oktober	23. September
Skorpion	22. November	23. Oktober
Schütze	18. Dezember	22. November
Steinbock	19. Januar	21. Dezember
Wassermann	16. Februar	20. Januar
Fische	11. März	19. Februar

Tabelle 4: Zeigerumlaufzeiten an den astronomischen Uhren

Zeiger	ideale Umlaufzeit	Anzeigen
A. Älterer Typ		
Tierkreiszeiger (TKZ)	23 h 56 min 4,1 s	Tägliche und jährliche scheinbare Bewegung des Sternenhimmels.
Sonnenzeiger = Stundenzeiger (SZ)	24 h	a) Gegenüber der Uhrscheibe: Täglicher scheinbarer Sonnenlauf. Uhrzeit. b) Gegenüber dem TKZ: Ort der Sonne in den Tierkreiszeichen. Jährliche scheinbare Sonnenbewegung. Ungefähres Datum.
Mondzeiger	24 h 50 min 28,3 s	a) Gegenüber der Uhrscheibe: Ort des Mondes in bezug auf den Horizont. b) Gegenüber dem TKZ: Ort des Mondes in den Tierkreiszeichen. c) Gegenüber dem SZ: Winkel zwischen Sonne und Mond in bezug auf den Beobachter. Daraus ergibt sich die Mondphase.
B. Jüngerer Typ		
Stundenzeiger	24 h	Uhrzeit.
Sonnenscheibe mit -zeiger	365 d	Ort der Sonne in den Tierkreiszeichen. Ungefähres Datum.
Mondscheibe mit -zeiger	27 d 7 h 43min 11,5 s	a) Ort des Mondes gegenüber den Tierkreiszeichen. b) Winkel zwischen Sonne und Mond (vom irdischen Beobachter gesehen) ≡ Mondphase.
Zeitraum zwischen zwei aufeinander folgenden Bedeckungen von Sonnen- und Mondzeiger	29 d 12 h 44 min 2,9 s	Mittlerer Zeitraum zwischen zwei aufeinander folgenden gleichen Mondphasen (1 Lunation) = synodischer Monat.

Tabelle 5: Zuordnung der »Wandelsterne« zu den Stunden der Wochentage

Stunde	Sonntag	Montag	Dienstag	Mittwoch	Donnerstag	Freitag	Sonnabend
1	***Sonne***	***Mond***	***Mars***	***Merkur***	***Jupiter***	***Venus***	***Saturn***
2	Venus	Saturn	Sonne	Mond	Mars	Merkur	Jupiter
3	Merkur	Jupiter	Venus	Saturn	Sonne	Mond	Mars
4	Mond	Mars	Merkur	Jupiter	Venus	Saturn	Sonne
5	Saturn	Sonne	Mond	Mars	Merkur	Jupiter	Venus
6	Jupiter	Venus	Saturn	Sonne	Mond	Mars	Merkur
7	Mars	Merkur	Jupiter	Venus	Saturn	Sonne	Mond
8	Sonne	Mond	Mars	Merkur	Jupiter	Venus	Saturn
9	Venus	Saturn	Sonne	Mond	Mars	Merkur	Jupiter
10	Merkur	Jupiter	Venus	Saturn	Sonne	Mond	Mars
11	Mond	Mars	Merkur	Jupiter	Venus	Saturn	Sonne
12	Saturn	Sonne	Mond	Mars	Merkur	Jupiter	Venus
13	Jupiter	Venus	Saturn	Sonne	Mond	Mars	Merkur
14	Mars	Merkur	Jupiter	Venus	Saturn	Sonne	Mond
15	Sonne	Mond	Mars	Merkur	Jupiter	Venus	Saturn
16	Venus	Saturn	Sonne	Mond	Mars	Merkur	Jupiter
17	Merkur	Jupiter	Venus	Saturn	Sonne	Mond	Mars
18	Mond	Mars	Merkur	Jupiter	Venus	Saturn	Sonne
19	Saturn	Sonne	Mond	Mars	Merkur	Jupiter	Venus
20	Jupiter	Venus	Saturn	Sonne	Mond	Mars	Merkur
21	Mars	Merkur	Jupiter	Venus	Saturn	Sonne	Mond
22	Sonne	Mond	Mars	Merkur	Jupiter	Venus	Saturn
23	Venus	Saturn	Sonne	Mond	Mars	Merkur	Jupiter
24	Merkur	Jupiter	Venus	Saturn	Sonne	Mond	Mars

Tabelle 6: Berechnung häufig vorkommender Angaben an Kalenderscheiben

Art der Angabe	*Berechnung*	*Beispiel: Jahr 2000*
Goldene Zahl (GZ) 1 … 19	Rest* von $\frac{\text{Jahreszahl} + 1}{19}$	$\frac{2001}{19}$ = 105 Rest **6**
Sonnenzirkel (SZ) 1 … 28	Rest* von $\frac{\text{Jahreszahl} + 9}{28}$	$\frac{2009}{28}$ = 71 Rest **21**
Römer-Zinszahl (RZ) 1 … 15	Rest* von $\frac{\text{Jahreszahl} + 3}{15}$	$\frac{2003}{15}$ = 133 Rest **8**

* Beträgt der Rest Null – lässt sich also der jeweilige Zähler glatt durch den Nenner dividieren – so ist die GZ = 19, der SZ = 28, die RZ = 15.

Tabelle 7: Gültigkeitszeiträume der Jahresdaten an den Kalenderscheiben

	Zeitraum der Jahresringe				
Stadt	*gegenwärtig*	*Anzahl der Jahre*	*ehemals*	*Anzahl der Jahre*	*Bemerkungen*
Danzig	1463–1538	76	–	–	Ursprüngliche Beschriftung erhalten.
Rostock	1885–2017	133	1472 (?) –?	?	Beschriftung 2018–2150 (133 Jahre) liegt vor
			1643–1744	102	
			1745–1877	133	
Wismar	1749–1848	100	?	?	Letzte Beschriftung vor der Zerstörung 1945
Lübeck	1855–1999 (alte Uhr)	145	1562–1744	183	Der Jahresring der Scheibe von 1405 ist nicht erhalten
			1753–1875	123	
	1911–2070 (neue Uhr)	160	–	–	
Lund	1923–2123	201	?	?	
Münster	1540–2071	532	?	?	Gültigkeit durch Gregorianische Kalenderreform beeinträchtigt

Anmerkungen zu Tabelle 8

[1] Unsere heutige Datierung erschien am Ende des 12. Jahrhunderts mit Heinrich VI. in der deutschen Königskanzlei

[*] Merkwort MOMJUL (März, Oktober, Mai, Juli):
Im MOMJUL fallen
- die Nonen auf den 7. (sonst auf den 5.)
- die Iden auf den 15. (sonst auf den 17.)

[2] Zu den Kalenden setzte man den folgenden Monat (20. Mai = XIII Kal. Junii)

Tabelle 8:
Vergleich des römischen Kalenders mit unserm Kalender[1]

Römisches Datum	*Monate*				
		Januar August Dezember	*März* Mai* Juli* Oktober**	*April Juni September November*	*Februar*
Calendae		1.	1.	1.	1.
VI	die ante Nonas	–	2.	–	–
V	die ante Nonas	–	3.	–	–
IV	die ante Nonas	2.	4.	2.	2.
III	die ante Nonas	3.	5.	3.	3.
pridie	ante Nonas	4.	6.	4.	4.
Nonae		5.	7.	5.	5.
VIII	die ante Idus	6.	8.	6.	6.
VII	die ante Idus	7.	9.	7.	7.
VI	die ante Idus	8.	10.	8.	8.
V	die ante Idus	9.	11.	9.	9.
IV	die ante Idus	10.	12.	10.	10.
III	die ante Idus	11.	13.	11.	11.
pridie	ante Idus	12.	14.	12.	12.
Idus		13.	15.	13.	13.
XIX	die ante Calendas[2]	14.	–	–	–
XVIII	die ante Calendas	15.	–	14.	–
XVII	die ante Calendas	16.	16.	15.	–
XVI	die ante Calendas	17.	17.	16.	14.
XV	die ante Calendas	18.	18.	17.	15.
XIV	die ante Calendas	19.	19.	18.	16.
XIII	die ante Calendas	20.	20.	19.	17.
XII	die ante Calendas	21.	21.	20.	18.
XI	die ante Calendas	22.	22.	21.	19.
X	die ante Calendas	23.	23.	22.	20.
IX	die ante Calendas	24.	24.	23.	21.
VIII	die ante Calendas	25.	25.	24.	22.
VII	die ante Calendas	26.	26.	25.	23.
VI	die ante Calendas	27.	27.	26.	24.
V	die ante Calendas	28.	28.	27.	25.
IV	die ante Calendas	29.	29.	28.	26.
III	die ante Calendas	30.	30.	29.	27.
pridie	ante Calendas	31.	31.	30.	28.

Tabelle 9:
Vergleich der alten mit der neuen Lübecker Uhr

***Das Vorbild der ehemaligen Uhr zeigt sich*:**

- In der Gesamtkomposition der neuen Uhr: Die Dreiteilung in Kalenderraum, Uhrscheibe und Figurenaufsatz wurde beibehalten. Die architektonische Grundanlage blieb erhalten.
- In der christlichen Aussage der Figuren und des Spruches.
- In der Gestaltung von Uhr- und Kalenderscheibe: 2 x I … XII Stundenring, Tierkreisring, zentrale Christusfigur, Umlaufrhythmus von Sonnen- und Mondzeiger sowie Tierkreisscheibe, Mondphasenkugel / Angabe von Tages- und Sonntagsbuchstaben, Heiligenkalender, Goldenen Zahlen und Osterdaten sowie den für die Uhr charakteristischen Finsternisangaben (2000–2036: 44 Finsternisse).

***Die wesentlichen sichtbaren Unterschiede zur ehemaligen Uhr sind*:**

- Der veränderte Standort: Ostwand des nördlichen Querhauses statt des für die hansischen Uhren typischen Standortes im Chorscheitel.
- Die Modernisierung des Äußeren, Ersatz der Kurfürsten des Umganges durch acht Figuren verschiedener Hautfarbe und Stände.
- Statt der früheren Stellung von Sonne und Mond zu den astrologischen Tierkreiszeichen werden jetzt die tatsächlichen astronomischen Örter beider Himmelskörper am Sternenhimmel angezeigt. Stand die Sonne zu Frühlingsbeginn an der ehemaligen Uhr an der Grenze der Tierkreiszeichen Fische und Widder (fiktive astrologische Anzeige), findet man sie jetzt zur gleichen Zeit zwischen den Sternbildern Wassermann und Fische (realer astronomischer Ort).
- Der exzentrische Tierkreisring wurde aufgegeben und durch einen konzentrischen ersetzt. Damit wurde auf eine Reihe von Angaben verzichtet, die das Astrolabium der ehemaligen Uhr hergab (z. B. Sonnen- und Mondaufgangszeiten und -untergangszeiten, Größe der Tag und Nachtbögen von Sonne und Mond in den verschiedenen Jahreszeiten, Mittagshöhen, Temporalstunden).
- Die Planetenzeiger für Merkur, Venus, Mars, Jupiter und Saturn fehlen, ebenso wie die Weltweisen in den Ecken der Uhrscheibe.
- Die geschnitzten Figuren der zwölf Tierkreiszeichen um die Kalenderscheibe sind durch 13 Sternfigurationen des Tierkreises ersetzt.
- Uhrwerk und Kalender berücksichtigen den 29. Februar der Schaltjahre. Am Kalender ergaben sich dadurch ungewöhnliche Zuordnungen von Tages- und Sonntagsbuchstaben zu den Tagen und Jahren.
- Die alte Uhr trug eine Vielzahl von Inschriften. Sie sind jetzt auf eine einzige reduziert.

Personenregister

Ortsregister

Sachregister

T

U

Bildnachweis

Thomas Helms, Schwerin: Titelbild, 21 li, 23 li, 23 re, 26, 34 re, 41 m, 47 li, 86, 95, 96 li, 99 li, 99 re, 100, 106, 107, 110 re, 112, 114 oli, 114 ore, 114 uli, 114 ure, 117 re, 123

Archiv des Autors: 9, 10 li, 14 re, 27 li, 27 re, 45 li, 58, 81, 83 li, 110 li, 117 li, 122 re

Manfred Schukowski, Rostock: 10 m, 12 li, 12 re, 13 li, 13 mre, 13 re, 14 li, 15 m, 15 re, 16 o, 16 u, 17 li, 17 re, 18 li, 18 re, 19 li, 19 re, 21 re, 22 li, 22 re, 25 li, 25 re, 27 m, 28 li, 28 re, 29, 30 re, 32 re, 33 li, 33 re, 34 li, 35 re, 36, 37 re, 38 li, 38 m, 39, 40 li, 41 li, 41 re, 42 li, 42 re, 43 li, 43 re, 44, 45 re, 47 re, 48, 51, 52 li, 52 re, 53 li, 53 m, 53 re, 54 o, 54 u, 55 li, 55 re, 56 li, 56 m, 56 re, 61 uli, 61 ure, 62 li, 70, 73 oli, 73 uli, 73 re, 74, 76, 77 li, 77 re, 78 oli, 78 ore, 78 u (4), 79, 80, 82 li, 82 re, 83 re, 84, 85 li, 88, 89, 91 li, 91 re, 93 re, 96 re, 97 o, 97 u, 98 li, 98 re, 101, 102 re, 103 li, 103 m, 103 re, 105 li, 105 m, 105 re, 108 re, 111 li, 111 re, 115 li, 116, 121

Herbert Schmitt, Ulm: 10 re, 13 mli, 32 li, 40 m, 40 re, 64, 65 li, 65 re, 104, 113 li

Stadtarchiv Rostock: 11 li, 11 re,

Karl Eschenburg, Warnemünde: 15 li, 102 li

Manfred Schukowski, Rostock (Entwurf) / *Thomas Helms, Schwerin* (Umzeichnung): 30 li, 31, 35 li, 63 re, 108 li, 113 re, 115 re

Amt für Stadtwerbung und Touristik Münster: 37 li

Ulrich Nath, Rostock: 63 li

Andrzej Januszajtis, Danzig: 57, 59 li, 62 re

S. D.: 59 re

Andreas Ciesielski, Kückenshagen: 61 oli, 61 ore;

St.-Annen-Museum Lübeck: 38 re, 66 o. 66 u, 67 li, 67 re, 68, 69 li, 69 re, 71, 72

Museen für Kunst- und Kulturgeschichte Lübeck: 75 o, 75 u

Klas Hyltén-Cavallius, Lund: 85 re

Christoph Berndt, Münster: 87

Ignaz Lins, Münster: 93 li

Klaus-Joachim Kuhs, Wüst: 109

Stadtgeschichtliches Museum der Hansestadt Wismar: 119

Sammlung Ulrich Nath: 122 li